高等职业教育系列教材

JSP 动态网站开发案例教程

主　编　刘素芳
副主编　刘　芳
参　编　刘张榕　郑志娴

机械工业出版社

本书系统地介绍了使用JSP技术开发动态网站的相关知识、方法与实现过程。主要内容包括JSP概述、JSP开发环境、JSP语法、JSP内置对象、JSP数据库应用、JavaBean技术、Servlet技术、MVC模式和Web人事管理系统设计。

本书根据Java Web程序员的岗位能力要求和学生的认知规律精心组织教材内容。全书采用任务驱动方式展开，以程序案例为主导，通过43个完整的案例和1个Web人事管理系统，将知识点融入案例，以案例带动知识点的学习。同时将知识介绍和技能训练有机结合，融“教、学、练”三者于一体，适合“项目驱动、案例教学、理论实践一体化”的教学模式。同时，本书提供了完整的配套教学资源。

本书可作为高职高专院校计算机及相关专业的教材，也可作为JSP初学者及网站开发人员的参考用书。

本书免费提供电子课件和案例代码，需要的教师可登录www.cmpedu.com免费注册、审核通过后下载，或联系编辑索取（QQ：1239258369，电话：010-88379739）。

图书在版编目(CIP)数据

JSP动态网站开发案例教程/刘素芳主编.—北京：机械工业出版社，2012.4（2022.2重印）
高等职业教育系列教材
ISBN 978-7-111-37271-4

Ⅰ.①J… Ⅱ.①刘… Ⅲ.①JAVA语方-网页制作工具-高等职业教育-教材 Ⅳ.①TP312②TP393.092

中国版本图书馆CIP数据核字(2012)第013891号

机械工业出版社(北京市百万庄大街22号 邮政编码100037)
责任编辑：鹿 征
责任印制：郜 敏
北京富资园科技发展有限公司印刷

2022年2月第1版·第7次印刷
184mm×260mm·15.75印张·385千字
标准书号：ISBN 978-7-111-37271-4
定价：49.00元

电话服务
客服电话：010-88361066
010-88379833
010-68326294

网络服务
机 工 官 网：www.cmpbook.com
机 工 官 博：weibo.com/cmp1952
金 书 网：www.golden-book.com
机工教育服务网：www.cmpedu.com

高等职业教育系列教材计算机专业
编委会成员名单

出版说明

《国家职业教育改革实施方案》（又称“职教20条”）指出：到2022年，职业院校教学条件基本达标，一大批普通本科高等学校向应用型转变，建设50所高水平高等职业学校和150个骨干专业（群）；建成覆盖大部分行业领域、具有国际先进水平的中国职业教育标准体系；从2019年开始，在职业院校、应用型本科高校启动“学历证书+若干职业技能等级证书”制度试点（即1+X证书制度试点）工作。在此背景下，机械工业出版社组织国内80余所职业院校（其中大部分院校入选“双高”计划）的院校领导和骨干教师展开专业和课程建设研讨，以适应新时代职业教育发展要求和教学需求为目标，规划并出版了“高等职业教育系列教材”丛书。

该系列教材以岗位需求为导向，涵盖计算机、电子、自动化和机电等专业，由院校和企业合作开发，多由具有丰富教学经验和实践经验的“双师型”教师编写，并邀请专家审定大纲和审读书稿，致力于打造充分适应新时代职业教育教学模式、满足职业院校教学改革和专业建设需求、体现工学结合特点的精品化教材。

归纳起来，本系列教材具有以下特点：

1）充分体现规划性和系统性。系列教材由机械工业出版社发起，定期组织相关领域专家、院校领导、骨干教师和企业代表召开编委会年会和专业研讨会，在研究专业和课程建设的基础上，规划教材选题，审定教材大纲，组织人员编写，并经专家审核后出版。整个教材开发过程以质量为先，严谨高效，为建立高质量、高水平的专业教材体系奠定了基础。

2）工学结合，围绕学生职业技能设计教材内容和编写形式。基础课程教材在保持扎实理论基础的同时，增加实训、习题、知识拓展以及立体化配套资源；专业课程教材突出理论和实践相统一，注重以企业真实生产项目、典型工作任务、案例等为载体组织教学单元，采用项目导向、任务驱动等编写模式，强调实践性。

3）教材内容科学先进，教材编排展现力强。系列教材紧随技术和经济的发展而更新，及时将新知识、新技术、新工艺和新案例等引入教材；同时注重吸收最新的教学理念，并积极支持新专业的教材建设。教材编排注重图、文、表并茂，生动活泼，形式新颖；名称、名词、术语等均符合国家有关技术质量标准和规范。

4）注重立体化资源建设。系列教材针对部分课程特点，力求通过随书二维码等形式，将教学视频、仿真动画、案例拓展、习题试卷及解答等教学资源融入到教材中，使学生学习课上课下相结合，为高素质技能型人才的培养提供更多的教学手段。

由于我国高等职业教育改革和发展的速度很快，加之我们的水平和经验有限，因此在教材的编写和出版过程中难免出现疏漏。恳请使用本系列教材的师生及时向我们反馈相关信息，以利于我们今后不断提高教材的出版质量，为广大师生提供更多、更适用的教材。

机械工业出版社

前　言

JSP（Java Server Pages）是基于 Java Servlet 以及整个 Java 体系的 Web 开发技术，利用这一技术可以建立先进的、安全的和跨平台的动态网站。JSP 以 Java 技术为基础，又在许多方面做了改进，具有动态页面与静态页面分离、能够脱离硬件平台的束缚及编译后运行等优点。JSP 已经成为开发动态网站的主流技术之一。

本书主要有以下特点：

1. 合理的知识结构

本书的定位是读者在具备 Java 语言的基础上使用 JSP 技术进行 Web 开发，重点介绍 JSP 开发的主要技能。本书以应用为主，融合大量实例介绍理论知识，以具体应用带动知识点的学习，由浅入深、循序渐进地讲解了如何利用 JSP 技术创建灵活、安全和健壮的 Web 站点。

2. 完整的案例教学

本书围绕实用项目，经过精心设计将项目分解为多个既独立又具有一定联系的教学案例（43 个），每个案例的讲解都按照“案例学习目标”→“案例知识要点”→“案例完成步骤”这些环节详细展开，体现了“在做中学、学以致用”的教学理念。

读者学习案例的过程，就是学习 JSP 知识和技能的过程，达到“知识案例的一体化”；读者在完成案例的同时，也就完成了项目的某一功能，达到“案例项目的一体化”。

3. 习题和实训

本书各章都有习题和实训，习题用于复习本章理论知识，实训用于培养读者的实践技能。

本书共 9 章，内容由浅入深，涵盖了 JSP 的各个主要知识点。具体安排如下所示。

第 1 章为 JSP 概述，介绍了 JSP 基本概念、常用 Web 开发技术和 JSP 开发模式。

第 2 章介绍了 JSP 开发环境，具体包括 JDK 的安装配置、Tomcat 的安装配置、JSP 开发工具、创建第 1 个 JSP 程序和 JSP 页面执行流程。

第 3 章介绍了 JSP 语法，详细介绍了 JSP 页面结构、JSP 页面中的注释、JSP 脚本元素、JSP 指令标记和 JSP 动作标记。

第 4 章介绍了 JSP 内置对象，具体包括 request 对象、out 对象、response 对象、session 对象、application 对象、pageContext 对象、config 对象、page 对象和 exception 对象。

第 5 章为 JSP 数据库应用，介绍了 JDBC 技术、JDBC 连接方式、JDBC 常用应用程序接口和应用 JDBC 实现对数据库记录的增加、删除、修改和查询操作。

第 6 章介绍了 JavaBean 技术，具体包括 JavaBean 基础、编写 JavaBean、在 JSP 中应用 JavaBean、JavaBean 与 HTML 表单的交互以及 JavaBean 的典型应用。

第 7 章介绍了 Servlet 技术，具体包括 Servlet 的基本概念、编写和配置 Servlet、调用 Servlet、Servlet 的生命周期和 Servlet 的典型应用。

第 8 章介绍了 MVC 模式，具体包括 MVC 模式概念、JSP 中的 MVC 模式、模型的生命周期与视图更新和 MVC 模式的典型应用。

第 9 章通过开发 Web 人事管理系统，介绍了 Web 人事管理的系统功能分析、系统功能模块设计、数据库需求分析、数据库概念结构设计、数据库逻辑结构设计和系统功能模块开发。

本书纳入**“福建省高等职业教育教材建设计划”**，在编写过程中得到了福建省教育厅的大力支持，在此表示忠心感谢!

本书由刘素芳任主编，刘芳任副主编，刘张榕、郑志娴参与了部分章节的编写工作。

由于编者水平有限，书中难免存在错误和疏漏之处，欢迎广大读者和同仁提出宝贵意见和建议。本书配有完整课件和案例代码，如果需要，请登录机械工业出版社教材服务网 http：//www. cmpedu. com 下载。

编　者

目　录

出版说明

前言

第 1 章　JSP 概述 …… 1

1.1　JSP 简介 …… 1

1.1.1　JSP 的基本概念 …… 1

1.1.2　JSP 的优势 …… 1

1.2　JSP 与其他 Web 开发技术的比较 …… 2

1.2.1　ASP/ASP.NET 技术 …… 2

1.2.2　PHP 技术 …… 2

1.2.3　各种 Web 技术性能比较 …… 3

1.3　JSP 开发模式 …… 3

1.4　习题 …… 5

第 2 章　JSP 开发环境 …… 6

2.1　JSP 运行环境简介 …… 6

2.2　JDK 的安装与配置 …… 6

2.3　Tomcat 的安装与配置 …… 9

2.4　JSP 开发工具 …… 12

2.4.1　Eclipse 的安装与配置 …… 12

2.4.2　案例 1　在 Eclipse 中创建 JSP 程序 …… 15

2.4.3　案例 2　独立创建 JSP 程序 …… 19

2.5　JSP 页面执行流程 …… 21

2.6　习题 …… 21

2.7　实训 …… 22

第 3 章　JSP 语法 …… 23

3.1　JSP 页面的基本结构 …… 23

3.1.1　JSP 页面的组成元素 …… 23

3.1.2　案例 1　包含 5 种元素的 JSP 页面 …… 24

3.2　JSP 页面中的注释 …… 25

3.2.1　HTML 注释 …… 25

3.2.2　JSP 注释 …… 25

3.2.3　案例 2　使用注释的 JSP 页面 …… 25

3.3　脚本元素 …… 26

3.3.1　声明 …… 27

3.3.2　表达式 …… 27

3.3.3　脚本小程序 …… 27

3.3.4　案例 3　使用声明、表达式和脚本小程序的 JSP 页面 …… 28

3.4　JSP 指令标记 …… 29

3.4.1　page 指令 …… 29

3.4.2　include 指令 …… 30

3.4.3　taglib 指令 …… 30

3.4.4　案例 4　使用 page、include 指令的 JSP 页面 …… 30

3.5　JSP 动作标记 …… 31

3.5.1　include 动作 …… 31

3.5.2　param 动作 …… 32

3.5.3　forward 动作 …… 32

3.5.4　plugin 动作 …… 32

3.5.5　useBean 动作 …… 33

3.5.6　案例 5　使用 include、param 动作的 JSP 页面 …… 33

3.5.7　案例 6　使用 forward、param 动作的 JSP 页面 …… 34

3.6　习题 …… 35

3.7　实训 …… 36

第 4 章　JSP 内置对象 …… 42

4.1　JSP 内置对象概述 …… 42

4.2　request 对象 …… 43

4.2.1　request 对象的常用方法 …… 43

4.2.2　案例 1　使用 request 对象获取客户端请求的 HTTP 头信息并显示 …… 43

4.2.3　案例 2　使用 request 对象获取表单信息、处理汉字 …… 45

4.3　out 对象 …… 47

4.3.1 out 对象的常用方法 …………… 47
4.3.2 案例 3 使用 out 对象输出各种类型数据到客户端 …………… 48
4.4 response 对象 …………………… 49
4.4.1 response 对象的常用方法 ……… 50
4.4.2 案例 4 使用 response 对象自动刷新页面 ……………………… 50
4.4.3 案例 5 使用 response 对象重定向页面 ……………………… 51
4.4.4 案例 6 使用 response 对象动态响应 contentType 属性 ……………… 52
4.5 session 对象 …………………… 54
4.5.1 session 对象的常用方法 ……… 54
4.5.2 案例 7 使用 session 制作站点计数器 ……………………… 55
4.5.3 案例 8 制作登录模块 ………… 56
4.6 application 对象 ……………… 59
4.6.1 application 对象的常用方法 …… 59
4.6.2 案例 9 使用 application 制作站点计数器 ……………………… 60
4.6.3 案例 10 制作简单的聊天室 …… 61
4.7 其他对象 ……………………… 65
4.7.1 pageContext 对象 …………… 65
4.7.2 config 对象 ………………… 65
4.7.3 page 对象 …………………… 65
4.7.4 exception 对象 ……………… 66
4.7.5 案例 11 使用 exception 对象获取异常信息 ……………………… 66
4.8 习题 ………………………… 67
4.9 实训 ………………………… 68
第 5 章 JSP 数据库应用 …………… 73
5.1 JDBC 技术概述 ……………… 73
5.1.1 JDBC 的技术简介 …………… 73
5.1.2 JDBC 的连接方式 …………… 74
5.2 JDBC 应用程序接口 ………… 74
5.2.1 驱动程序管理器 DriverManager 类 ……………………… 74
5.2.2 数据库连接接口 Connection …… 75
5.2.3 SQL 声明类 Statement ………… 76
5.2.4 数据结果集接口 ResultSet …… 78
5.3 JDBC 数据库操作实例 ………… 79
5.3.1 案例 1 使用 JDBC – ODBC 桥驱动连接数据库 …………………… 79
5.3.2 案例 2 使用本地协议纯 Java 驱动程序连接数据库 ………………… 84
5.3.3 案例 3 查询员工档案信息 …… 88
5.3.4 案例 4 删除员工档案信息 …… 90
5.3.5 案例 5 修改员工档案信息 …… 94
5.3.6 案例 6 新增员工档案信息 … 100
5.3.7 案例 7 分页显示员工档案信息 ………………………… 105
5.3.8 案例 8 连接 Access 数据库 … 108
5.3.9 案例 9 连接 MySQL 数据库 … 110
5.4 习题 ………………………… 112
5.5 实训 ………………………… 113
第 6 章 JavaBean 技术 …………… 116
6.1 JavaBean 简介 ……………… 116
6.1.1 JavaBean 的概念 …………… 116
6.1.2 JavaBean 的优势 …………… 116
6.1.3 JavaBean 分类 ……………… 117
6.1.4 JavaBean 规范 ……………… 117
6.2 JavaBean 开发 ……………… 117
6.2.1 创建 JavaBean ……………… 117
6.2.2 案例 1 编写一个简单的 JavaBean ……………………… 117
6.3 JavaBean 使用 ……………… 119
6.3.1 <jsp: useBean>动作标记 …… 119
6.3.2 <jsp: setProperty>动作标记 ……………………… 119
6.3.3 <jsp: getProperty>动作标记 ……………………… 121
6.3.4 案例 2 使用 JavaBean ……… 121
6.3.5 案例 3 使用 JavaBean 与 HTML 表单交互 ……………………… 123
6.4 JavaBean 在 JSP 中的典型应用 ………………………… 126
6.4.1 案例 4 使用 JavaBean 封装数据库访问操作 ……………………… 126
6.4.2 案例 5 使用 JavaBean 封装编码转换操作 ……………………… 130

6.5 习题 …………………………… 131
6.6 实训 …………………………… 132
第7章 Servlet 技术 ……………… 135
7.1 Servlet 简介 ……………………… 135
7.1.1 Servlet 的概念………………… 135
7.1.2 Servlet 的特点………………… 136
7.1.3 Servlet 的优势………………… 136
7.1.4 Servlet 与 JSP 的区别 ………… 137
7.1.5 案例1 编写一个简单的 Servlet ……………………… 137
7.2 Servlet 技术原理 ………………… 138
7.2.1 Servlet 的常用类与接口 ……… 138
7.2.2 Servlet 的程序结构 …………… 142
7.2.3 Servlet 的生命周期 …………… 142
7.3 Servlet 开发 ……………………… 143
7.3.1 创建 Servlet …………………… 143
7.3.2 案例2 配置、调用 Servlet … 144
7.3.3 案例3 应用 Servlet 获取指定 HTML 表单数据 ……………………… 145
7.4 Servlet 在 JSP 中的典型应用 … 147
7.4.1 案例4 编写生成4位随机验证码的 Servlet ……………………… 147
7.4.2 案例5 在 Servlet 中实现页面转发 ………………………… 152
7.4.3 案例6 应用 Servlet 获取所有 HTML 表单数据 ……………… 157
7.4.4 案例7 应用 Servlet 获取 Cookie 数据 ………………………… 159
7.4.5 案例8 应用 Servlet 获取 Session 数据 ………………………… 162
7.5 习题 …………………………… 164
7.6 实训 …………………………… 165
第8章 MVC 模式 ………………… 168
8.1 MVC 模式简介 ………………… 168
8.2 JSP 中的 MVC 模式 …………… 168
8.3 模型的声明周期与视图更新 … 169
8.3.1 request 周期的 JavaBean ……… 169
8.3.2 session 周期的 JavaBean ……… 170
8.3.3 application 周期的 JavaBean …… 171
8.4 MVC 模式应用实例 …………… 172
8.4.1 案例1 MVC 模式计算三角形面积 ………………………… 172
8.4.2 案例2 MVC 模式操作数据库完成会员注册 ……………………… 175
8.5 习题 …………………………… 179
8.6 实训 …………………………… 180
第9章 Web 人事管理系统 ………… 181
9.1 系统功能分析 ………………… 181
9.1.1 系统功能分析 ………………… 181
9.1.2 系统功能模块设计 …………… 182
9.2 数据库模型 …………………… 182
9.2.1 数据库需求分析……………… 182
9.2.2 数据库概念结构设计 ………… 183
9.2.3 数据库逻辑结构设计 ………… 184
9.3 系统功能模块实现 …………… 186
9.3.1 公用组件及管理首页开发 …… 186
9.3.2 用户管理模块开发 …………… 189
9.3.3 档案管理模块开发 …………… 193
9.3.4 培训管理模块开发 …………… 214
9.3.5 职称管理模块 ………………… 227
9.3.6 奖惩管理及调动管理模块 …… 241
参考文献…………………………… 242

第1章 JSP概述

学习目标

通过本章节的学习，读者可以达到以下学习目标：

- 了解并掌握JSP基本概念、常用Web技术的优缺点。
- 掌握JSP的开发模式。

教学要求

知识要点	能力要求	相关知识
JSP简介	理解并掌握	JSP基本概念及优势
JSP与其他Web开发技术的比较	掌握	常用Web开发技术：PHP、ASP/ASP.NET、JSP等
JSP的开发模式	掌握	JSP开发模式介绍

1.1 JSP简介

1.1.1 JSP的基本概念

JSP（Java Server Pages）是基于Java Servlet以及整个Java体系的Web开发技术。利用这一技术可以建立安全的、跨平台的Web应用程序。JSP的安全性和跨平台性得益于Java语言，这是因为Java语言具有不依赖于平台、面向对象和安全等优良特性，已经成为网络程序设计的佼佼者。许多和Java有关的技术都得到了广泛的应用和认可，JSP技术就是其中之一。JSP以Java技术为基础，又在许多方面做了改进，具有动态页面与静态页面分离、能够脱离硬件平台的束缚及编译后运行等优点。JSP已经成为开发动态网站的主流技术之一。

1.1.2 JSP的优势

JSP基于强大的Java语言，具有良好的伸缩性，且在跨平台、执行速度等特性上具有很大的技术优势，主要体现在以下几个方面。

（1）将内容的生成和显示进行分离

使用JSP技术，Web页面开发人员可以使用HTML或者XML标识来设计和格式化显示页面，同时使用JSP标记或JSP脚本小程序来生成页面上的动态内容。生成动态内容的程序代码被封装在JavaBean组件或JSP标记中，且所有的JavaBean组件或脚本程序都运行于服务器端。由于核心逻辑被封装在JSP标记或JavaBean组件中，Web管理员或页面设计者，能够方便地编辑和使用JSP页面，而不影响内容的生成。

（2）可重用性

JSP 中可重用、跨平台的组件（JavaBean 或 Enterprise JavaBean 组件）可用于执行应用程序所要求的多次使用的或是更为复杂的处理。例如开发人员可以将多次使用到的对数据库的操作封装到组件中，在开发过程中可以多次使用这些组件来提高代码的重用性。

（3）跨平台

几乎所有的平台都支持 Java、JSP + JavaBean。从一个平台移植到另一个平台，JSP 和 JavaBean 甚至不需要重新编译，因为 Java 字节码都是标准的字节码，与平台无关。JSP 完全继承了 Java 编程语言“一次编写、随处运行”的特性。

（4）执行效率高

当 JSP 页面被第一次请求执行时，JSP 引擎首先将 JSP 页面文件转译成一个 Java 文件，再将这个 Java 文件编译生成字节码文件，然后通过执行字节码文件响应用户的请求，而当该 JSP 页面再次被请求执行时，JSP 引擎将直接执行这个字节码文件来响应用户，因此执行效率高。

1.2 JSP 与其他 Web 开发技术的比较

目前流行的动态网页开发技术主要有以下几种：ASP、ASP. NET、PHP 和 JSP 等，它们各有优缺点。

1.2.1 ASP/ASP. NET 技术

ASP（Active Server Pages）是 Microsoft 公司早期推出的动态网页开发技术。它通过在页面代码中嵌入 VBScript、JavaScript 或 JScript 脚本语言，生成动态、交互且高效率的 Web 应用程序。

动态网页开发初期，ASP 技术由于其简单易学、安装方便、功能实用及效率高等优点迅速占领了广大市场，应用非常普遍。

但是随着技术的发展，ASP 逐步显示出其局限性和缺陷，Microsoft 公司也已经不再对 ASP 提供技术支持和版本更新。

ASP. NET 是 Microsoft 公司继 ASP 之后推出的动态网页开发技术，它是 . NET 框架的一部分。ASP. NET 可以使用任何与 . NET 兼容的语言，如 Visual Basic. NET、C# 和 JScript. NET 等来编写 ASP. NET 应用程序。ASP. NET 页面编译后其性能比脚本语言更为出色，并且任何 ASP. NET 应用程序都可以使用整个 . NET 框架先进而强大的功能，极大地简化了开发人员的工作量，使得 Web 应用程序开发变得更加方便、快捷，而且其程序的功能也更加强大。

1.2.2 PHP 技术

PHP 的全称最早为 Personal Home Page，是 Rasmus Lerdorf 于 1994 年为了维护个人网站，而用 C 语言开发的一些 CGI 工具程序集，用来取代其网站原先使用的 Perl 程序。之后发展为一个开放源码的动态网页语言。英文全称也变为 Hypertext Preprocessor，即超级文本预处理语言。

PHP是跨平台的、服务器端的嵌入式脚本语言，其语法类似于C，并且混合了C++、Java语言和Perl语言的一些特性。借助PHP，开发人员能够快速地编写网页动态代码。PHP中提供了许多已经定义好的函数，开发人员也可以把一些复杂的操作封装到函数或类中。PHP可以被多个平台支持，主要应用于UNIX和Linux平台，而且PHP是完全免费的，可以从PHP官方网站（http：//www. php. net）自由下载，不受限制地获得源码。由于PHP的对外开放性，其代码经过许多开发人员的检测，因此具有良好的安全性。

但是PHP也具有较明显的缺点，例如，PHP不支持面向对象编程、接口不统一、缺乏正规的商业支持，不支持多层分布结构和分布式计算等。

1.2.3 各种Web技术性能比较

上述的ASP. NET技术、PHP技术、JSP技术是目前市场上主流的3种动态网站开发技术。

总体来讲，这3种技术的核心工作原理基本上都是一致的，符合Web程序的工作过程，即用户在客户端发出Web请求，服务器接收用户请求，并根据用户的请求做出响应，之后再将服务器的运行结果反馈给客户端。

3种技术各有特点和优势。ASP. NET简单易学，但是不可以跨平台；PHP技术以及JSP技术可以自由跨平台，而且页面执行效率高，但是语法整体较为复杂。下面从Web服务器支持、运行平台支持、开发难易程度、运行速度、可扩展性和安全性几个方面来进行比较，见表1-1。

表1-1 各种Web技术性能比较

比较参数	JSP	ASP. NET	PHP
Web服务器支持	Tomcat、Resin等大多数通用的Web服务器	Microsoft IIS	Apache
运行平台支持	绝大部分平台	Windows	Windows/Linux/UNIX
开发难易程度	容易	较容易	简单
运行速度	快	较快	较快
可扩展性	好	较好	较差
安全性	好	好	好

1.3 JSP开发模式

使用JSP技术开发动态网站可以使用多种开发模式，如完全使用JSP进行开发、使用JSP+JavaBean进行开发、使用MVC模式进行开发、使用Struts等框架进行开发、使用J2EE进行开发等。下面简要介绍完全使用JSP、JSP+JavaBean及MVC开发模式。

1. 完全使用JSP

完全使用JSP开发动态网站时，所有的程序代码都在JSP页面中。即JSP页面包含所有代码，包括 HTML 标记、CSS 标记、JavaScript 标记、JSP 标签、JSP 脚本程序段等。用户通过 JSP 页面提交客户端请求，JSP 页面接受请求，经过处理后将处理结果仍然发送到 JSP 页面中。其执行过程如图 1-1 所示。

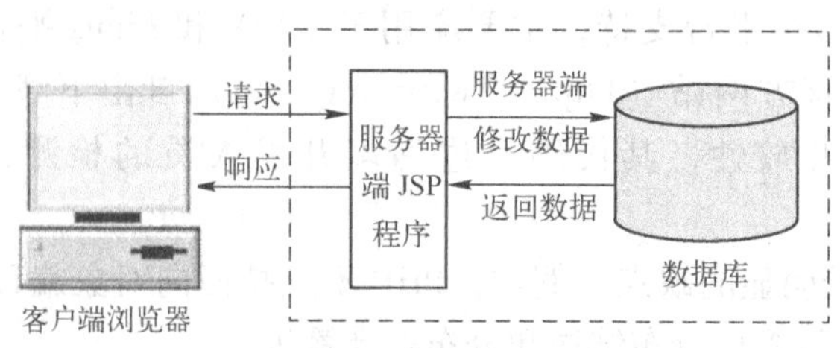

图 1-1　完全使用 JSP 的执行过程

这种开发模式简单易学，适合初学者。但是由于所有代码都在 JSP 页面中，降低了程序的可读性，如果出现错误，也不容易查找和调试，增加了维护难度。不建议采用完全使用 JSP 模式进行动态网站开发。

2. JSP + JavaBean

使用 JSP + JavaBean 开发程序时，将部分可以重复利用的程序代码抽取出来封装到 JavaBean 中，当用户提交请求时，JSP 页面响应请求，同时调用 JavaBean 负责相关数据存取、逻辑运算等处理，最后将结果回传到 JSP 页面返回给用户。JSP + JavaBean 开发模式实现了页面的显示和页面商业逻辑相分离。其执行过程如图 1-2 所示。

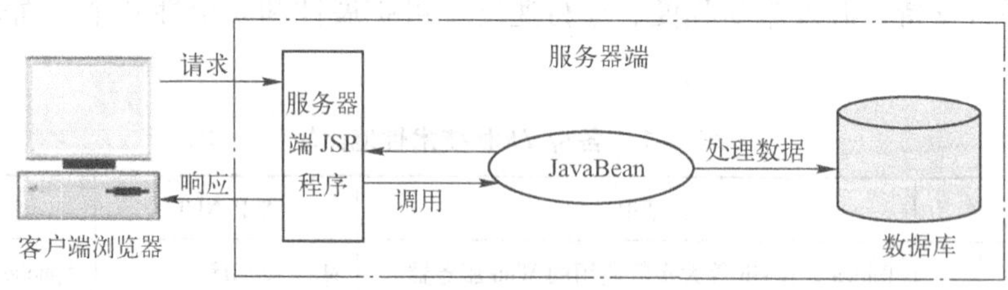

图 1-2　JSP + JavaBean 开发模式的执行过程

这种开发模式会导致页面里嵌入大量的 Java 代码，当需要处理的商业逻辑很复杂时，该模式会使页面内包含大量的 Java 代码，不利于系统后期维护。因此该模式不适合大型系统的开发，但是可以较好地满足中小型 Web 应用的需要。

3. MVC

MVC（Model-View-Controller，模型 - 视图 - 控制器）是 Xerox PARC 在 20 世纪 80 年代为编程语言 Smalltalk - 80 发明的一种软件设计模式，至今被广泛使用。最近几年被推荐为 J2EE 平台的设计模式。

MVC 应用程序被分为 3 个核心部件：模型、视图、控制器。其中模型（Model）用于存储数据对象；视图（View）用于显示数据；控制器（Controller）用于处理业务逻辑。

而在 JSP 技术中，JSP 页面用于数据的显示，即适合作为用户的视图；Servlet 用于数据的处理，即适合作为控制器；JavaBean 用于数据的存储，即适合作为模型。JSP + JavaBean + Servlet 技术组合很好地实现了 MVC 模式。其执行过程如图 1-3 所示。

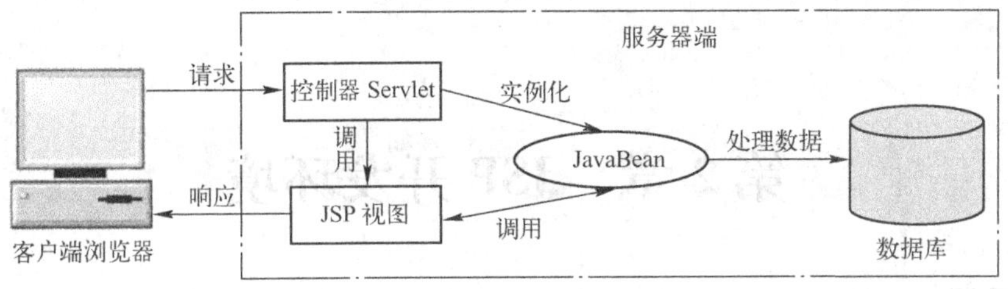

图 1-3　MVC 开发模式的执行过程

1.4　习题

（1）目前的动态网页技术主要包括哪些？

（2）JSP 的全称是什么？JSP 技术有什么优点？

第 2 章　JSP 开发环境

学习目标

通过本章节的学习，读者可以达到以下学习目标：

- 了解 JSP 开发环境。
- 掌握 JDK 及 Tomcat 的安装与配置。
- 掌握 Eclipse 开发工具的使用。
- 掌握通过 Eclipse 开发 JSP 动态网站的基本过程。
- 掌握在 Tomcat 服务器环境下编写、调试和运行 JSP 程序。

教学要求

知识要点	能力要求	相关知识
JSP 运行环境简介	了解	JSP 运行环境
JDK 的安装和配置	掌握	JDK 的安装和配置
Tomcat 的安装与配置	掌握	Tomcat 的安装与配置
JSP 开发工具	掌握	Eclipse 的安装与配置、在 Eclipse 中创建 JSP、独立创建 JSP
JSP 页面执行流程	理解并掌握	JSP 页面执行流程

2.1　JSP 运行环境简介

编写 JSP 程序前，需要先搭建 JSP 的运行环境。即在计算机上安装 JDK，并设置相关的环境变量；在计算机上安装 JSP 引擎（或理解为 Web 服务器），如 Tomcat、Resin 和 J2EE 服务器等。

基于 Java 的 Web 应用系统的开发和运行环境包括客户端环境、服务器端环境。客户端运行环境只需要浏览器，如 IE 浏览器等。服务器端运行环境的搭建根据 Web 服务器的不同应该选择不同的方案。本书案例的开发环境选择 JDK + Tomcat。Tomcat 既可作为 JSP 引擎，又可作为 Web 服务器，配置比较简单，适合初学者。

2.2　JDK 的安装与配置

1. 下载 JDK

JDK 可以到 Oracle 公司网站上提供的下载地址免费下载最新版本，本书案例下载页面如图 2-1 所示，下载 JavaSE 6 版本。

2. 安装 JDK

下载完毕后，直接运行所下载的 jdk-6-windows-i586. exe，并按照提示进行安装，安装过程中可以更改默认的安装路径（如 D:\java\jdk1.6.0）。

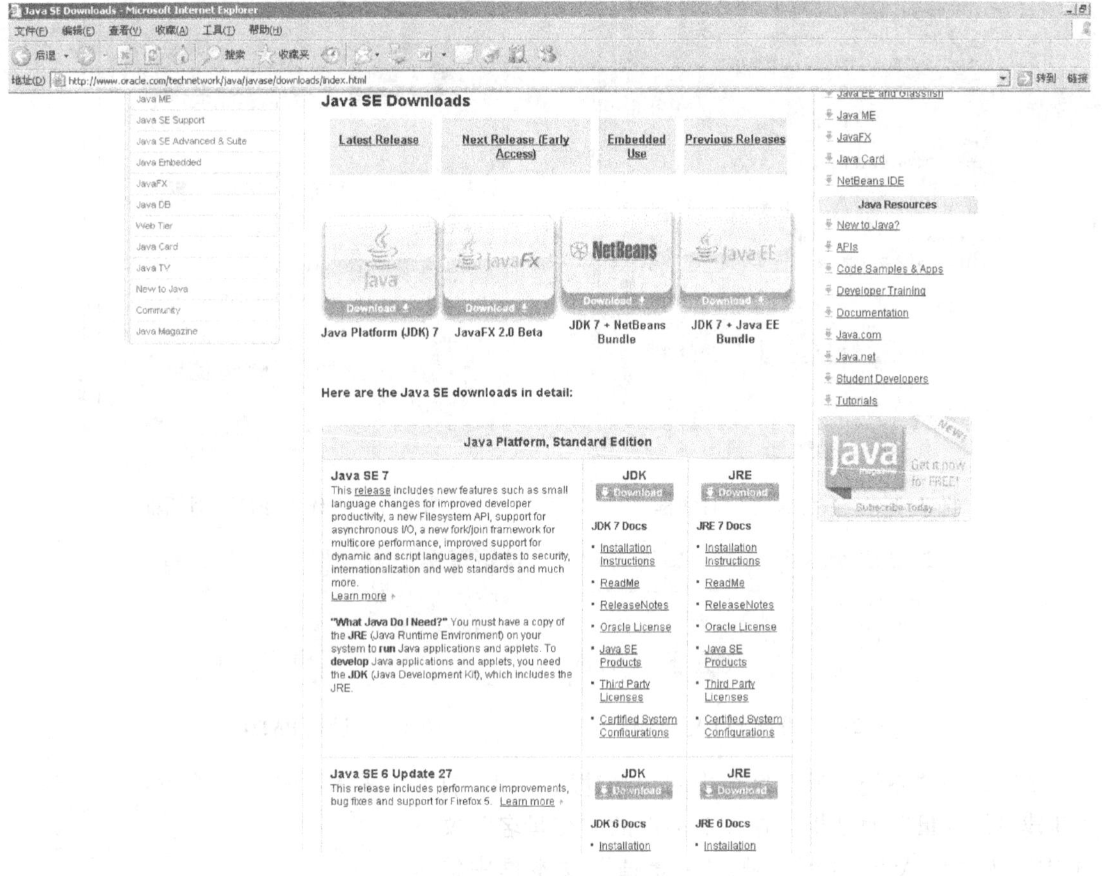

图 2-1　Java SE 6 下载界面

3. 配置环境变量

安装完 JDK 后，需要设置环境变量，具体步骤如下所示。

1）选中操作系统中“我的电脑”选项后，单击鼠标右键，在弹出的快捷菜单中选择“属性”命令，之后在弹出的对话框中选择“高级”选项卡，如图 2-2 所示。

2）在“高级”选项卡中，单击“环境变量”按钮，打开“环境变量”对话框，如图 2-3 所示。

3）单击“系统变量”区域中的“新建”按钮，打开“新建系统变量”对话框，在该对话框的“变量名”文本框中输入“JAVA_ HOME”，在“变量值”文本框中输入 JDK 的安装路径“D:\java\ jdk1.6.0”，如图 2-4 所示。之后再单击“确定”按钮，完成环境变量“JAVA_HOME”的配置。

4）单击“系统变量”区域中的“新建”按钮，打开“新建系统变量”对话框，在该对话框的“变量名”文本框中输入“PATH”，在“变量值”文本框中输入“D:\java\ jdk1.6.0\ bin”或“%JAVA_HOME% \ bin”，如图 2-5 所示。之后再单击“确定”按钮，完成环境变量“PATH”的配置。

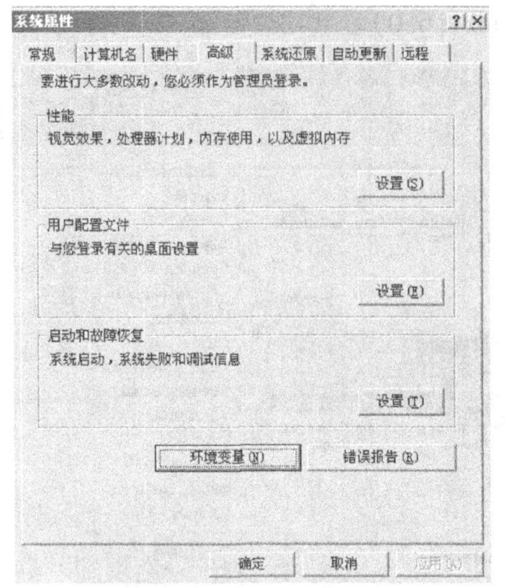

图 2-2　“系统属性”对话框

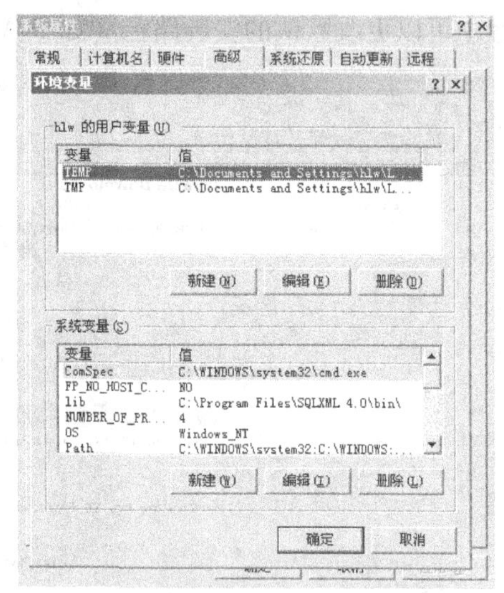

图 2-3　“环境变量”对话框

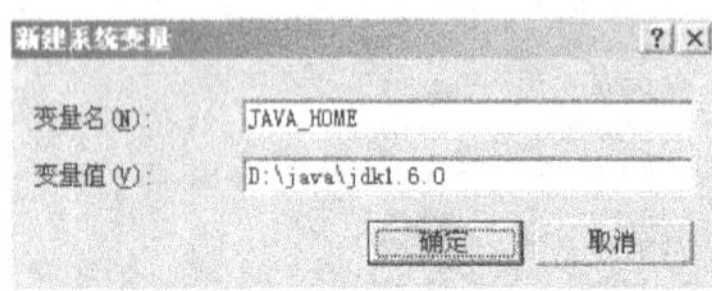

图 2-4　设置 JAVA_HOME

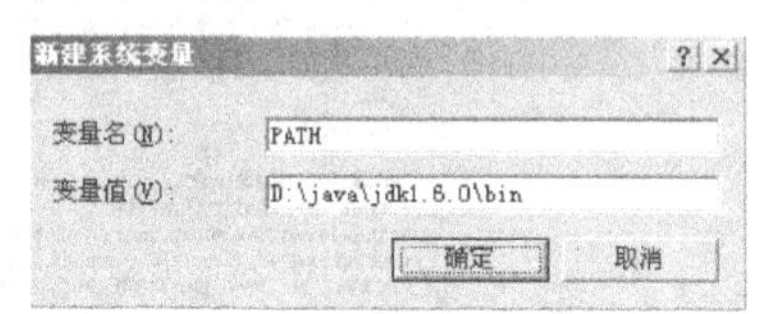

图 2-5　设置 PATH

5）单击“系统变量”区域中的“新建”按钮，打开“新建系统变量”对话框，在该对话框的“变量名”文本框中输入“CLASSPATH”，在“变量值”文本框中输入“.；D:\java\jdk1.6.0\lib\dt.jar；D:\java\jdk1.6.0\lib\tools.jar；D:\java\jdk1.6.0\jre\lib\rt.jar；”如图 2-6 所示。之后单击“确定”按钮，完成环境变量“CLASSPATH”的配置。

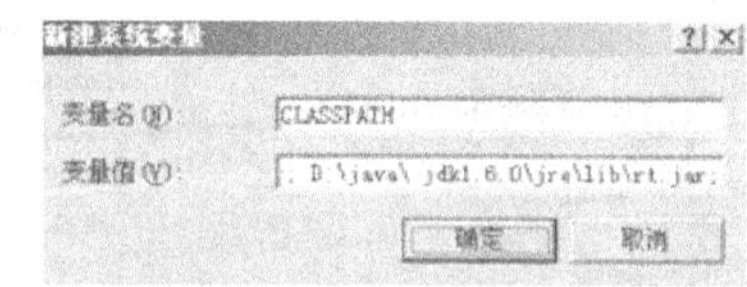

图 2-6　设置 CLASSPATH

说明：如果系统曾经设置过环境变量 JAVA_ HOME、PATH、CLASSPATH，就可单击该变量进行编辑操作，将需要的值加入即可，也可以不设置 JAVA_ HOME 环境变量。

为了验证用户环境变量设置是否正确，可用记事本编写一个简单的 HelloWorld 程序，对其进行编译、执行，以确定 JDK 环境基本正确。

打开记事本程序，输入如下代码：

```
import java.io.*;
public class HelloWorld {
    public static void main(String[] args) {
        System.out.println("Hello World!");
    }
}
```

将程序保存为 HelloWorld.java。打开命令提示符窗口，进入到 HelloWorld.java 所在目录，之后输入如下命令：

```
javac HelloWorld.java
java HelloWorld
```

如果该窗口显示“Hello World”字符串，表示 JDK 配置成功。

2.3 Tomcat 的安装与配置

1. 下载 Tomcat

Tomcat 服务器是当今使用最广泛的 Servlet/JSP 服务器，它运行稳定、性能可靠，是学习 JSP 技术和中小型企业应用的最佳选择。

1）访问 Tomcat 的官方网站地址，可看到各个版本的下载信息，如图 2-7 所示。

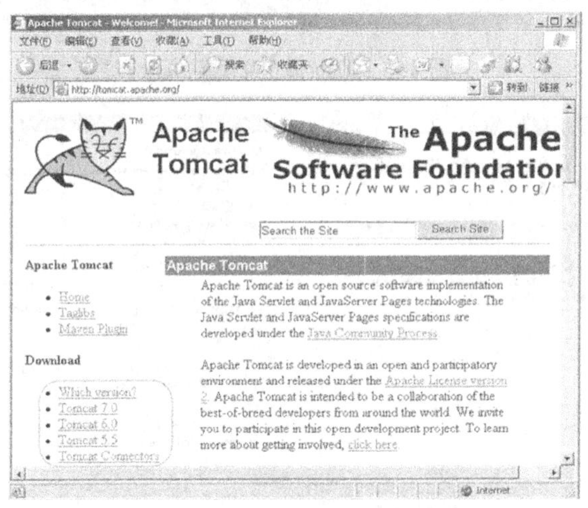

图 2-7　Tomcat 主页

2）选择要下载的版本，本书案例下载版本 Tomcat 6.0，进入如图 2-8 所示的下载页面。下载 Windows 环境下的程序包 apache-tomcat-6.0.18.exe。

2. 安装 Tomcat

apache-tomcat-6.0.18.exe 程序包下载完成后，双击运行 apache-tomcat-6.0.18.exe 即可进行安装，具体步骤如下。

1）双击 apache-tomcat-6.0.18.exe 文件，打开安装向导对话框，如图 2-9 所示，单击“Next”按钮。

2）在弹出的“License Agreement”（协议许可）对话框中，如图 2-10 所示，单击“I Agree”按钮，接受许可协议，继续安装。

3）在弹出的“Choose Components”（选择安装组件）对话框中，选择需要安装的组件，通常保留其默认选项，如图 2-11 所示。单击“Next”按钮，继续安装。

4）在弹出的“Choose Install Location”（选择安装位置）对话框中，在“Destination Folder”处直接输入安装路径，或单击“Browse”按钮来选择安装路径，如图 2-12 所示。之后单击“Next”按钮，继续安装。

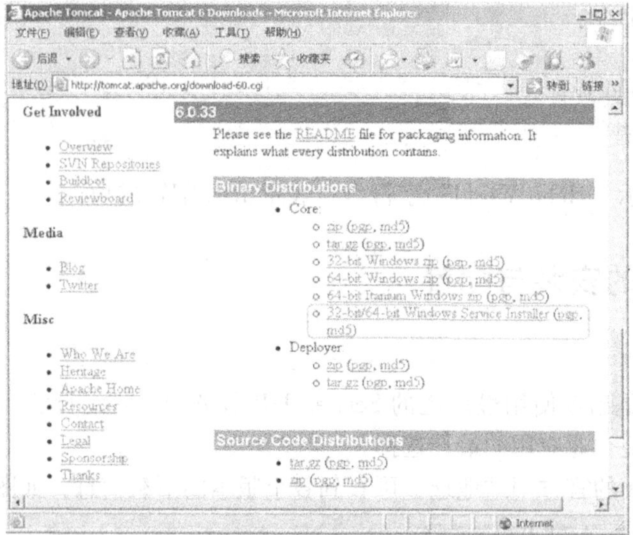

图 2-8　Tomcat 6.0 下载页面

图 2-9　安装向导对话框

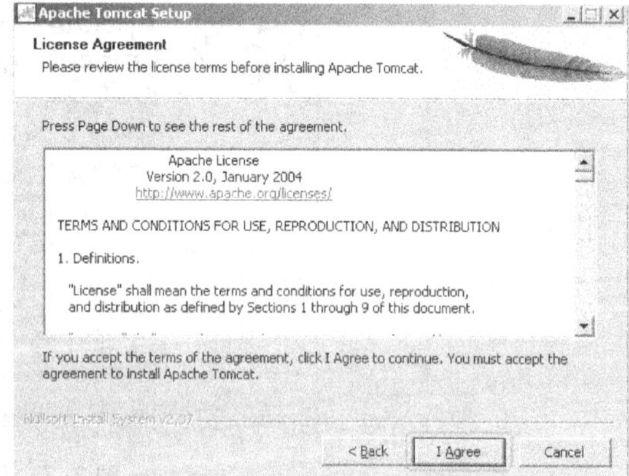

图 2-10　协议许可对话框

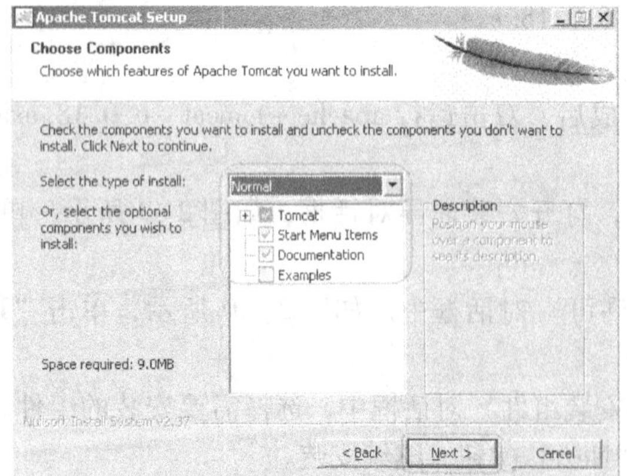

图 2-11　选择安装组件对话框

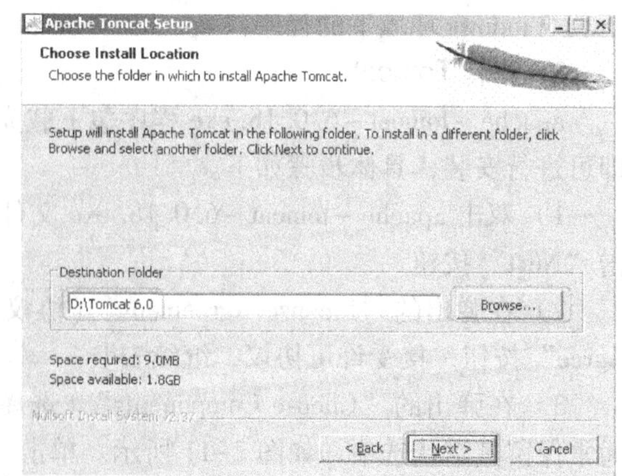

图 2-12　选择安装位置对话框

5）在弹出的“Configuration”（配置）对话框中，指定 Tomcat 服务器的端口号、用户名和密码，通常保留默认配置，如图 2-13 所示。单击“Next”按钮，继续安装。

6）在弹出的“Java Virtual Machine”（Java 虚拟机）对话框中，指定 Java 虚拟机路径，即 JDK 的安装路径（本书案例为 D:\Java\ jre1. 6. 0），如图 2-14 所示。之后单击“Install”按钮，继续安装。

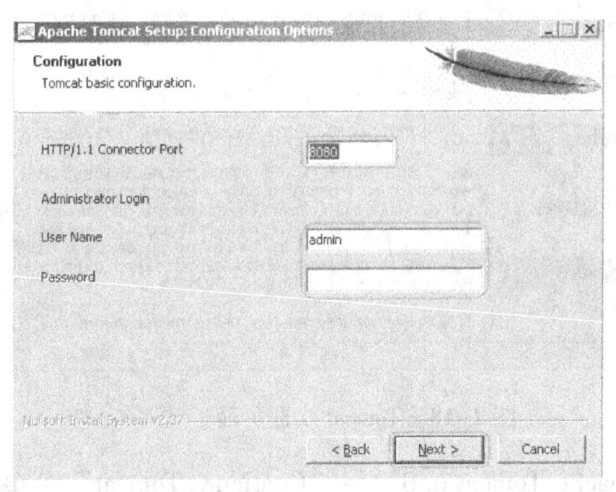

图 2-13　配置对话框

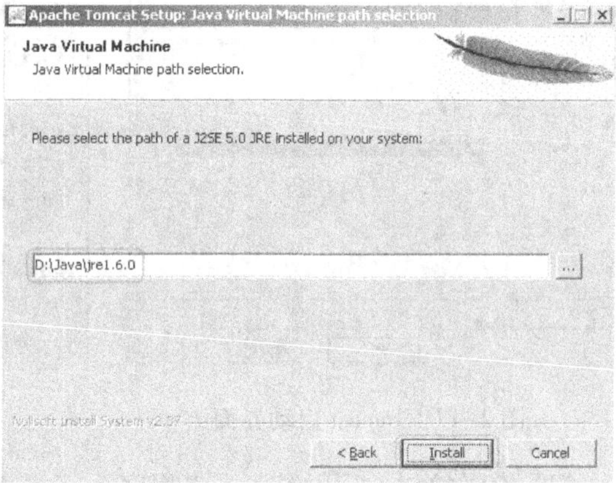

图 2-14　Java 虚拟机选择路径对话框

7）安装程序开始安装各种组件，如图 2-15 所示。安装结束后，打开如图 2-16 所示对话框，单击“Finish”按钮完成安装。

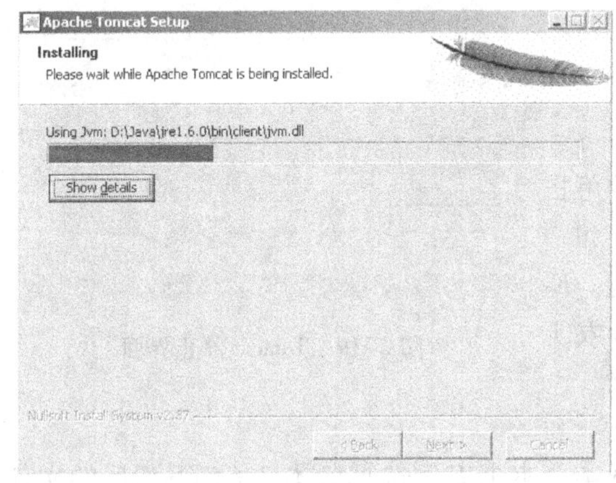

图 2-15　正在安装对话框

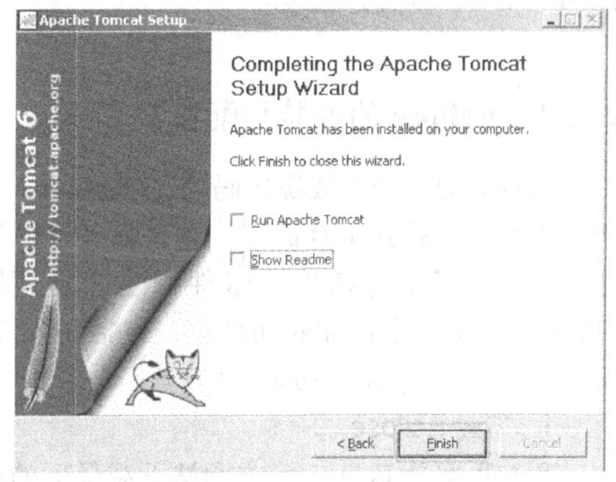

图 2-16　完成安装对话框

3. 启动、停止 Tomcat

安装完成后，需要启动并访问 Tomcat，具体步骤如下。

1）依次单击“开始”→“程序”→“Apache Tomcat 6. 0”→“Configure Tomcat”菜单项，弹出如图 2-17 所示对话框，单击“Start”按钮，启动 Tomcat。

2）打开浏览器，在地址栏中输入“http：//localhost：8080”或“http：//127. 0. 0. 1：8080”访问 Tomcat 服务器，若出现如图 2-18 所示的 Tomcat 默认页面，则说明 Tomcat 安装配置成功。

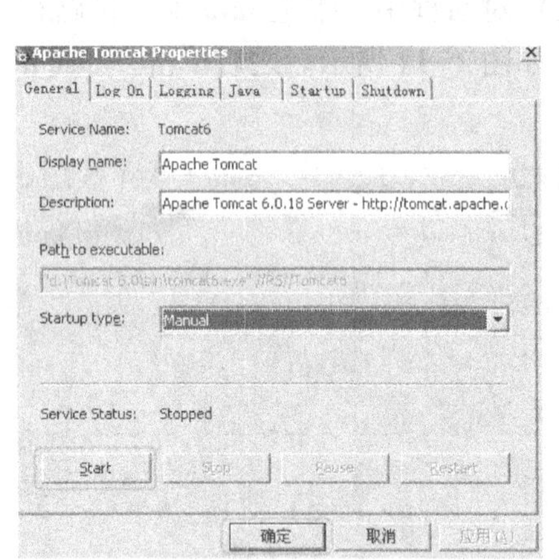

图 2-17　Tomcat 启动界面

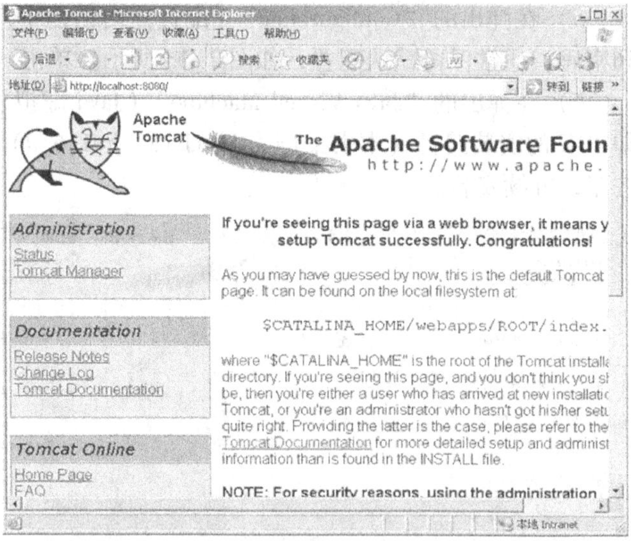

图 2-18　Tomcat 欢迎页面

3）依次单击“开始”→“程序”→“Apache Tomcat 6.0”→“Configure Tomcat”菜单项，弹出如图 2-19 所示对话框，单击“Stop”按钮，可以停止 Tomcat。

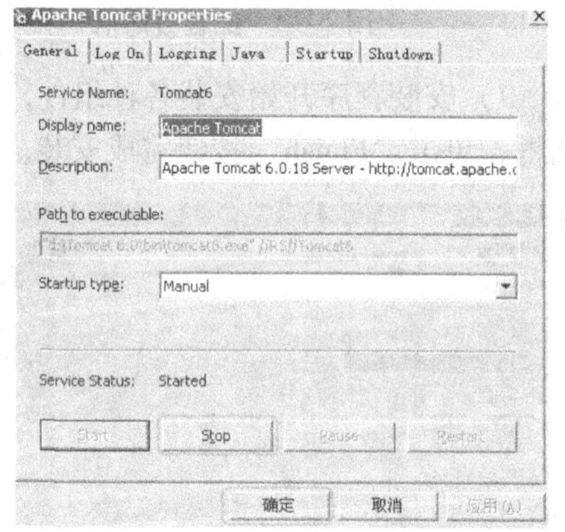

图 2-19　Tomcat 停止界面

2.4　JSP 开发工具

2.4.1　Eclipse 的安装与配置

Eclipse 是一个开放源代码的、基于 Java 的可扩展开发平台。就其本身而言，它只是一个框架和一组服务，用于通过插件或组件构建开发环境。Eclipse 附带了一个标准的插件集，包括 Java 开发工具（Java Development Tools，JDT）。

1. 下载 Eclipse

用户可登录 Eclipse 官方网站下载最新的版本。本书案例选择版本 3.6，下载后的文件名为 eclipse - jee - indigo - win32. zip。

说明： Eclipse 3.6 有 3 个版本，1 是 Eclipse Classic，是 Eclipse 的经典版本，包括 Java 开发工具和插件开发工具，但不能开发 Web 项目，另外这个版本还包含了 Eclipse 平台本身的源代码；2 是 Eclipse IDE for Java Developers，是专门为 Java 开发者优化的 Eclipse 版本，该版本在 Eclipse classic 的基础上增加了一些 Java 开发常用的插件，如 CVS 客户端（源码管理）、XML 编辑器、Mylyn、Maven 集成（配置管理）和 WindowBuilder（开发图形界面）等；3 是 Eclipse IDE for Java EE Developers，主要用来开发 Java 企业版和 Web 项目，也可以开发基本的 Java 项目。

本书案例选择 Eclipse IDE for Java EE Developers 版本。

2. 安装、启动 Eclipse

1）下载完成后，将 eclipse - jee - indigo - win32. zip 文件解压到本地计算机，本书案例选择目录 D:\ eclipse。

2）双击 Eclipse 安装目录下的 eclipse. exe 文件，即可启动 Eclipse。初次启动 Eclipse 时，需要设置工作空间，本书案例将工作空间设置在 D:\eclipse\workspace 目录下，如图 2-20 所示。

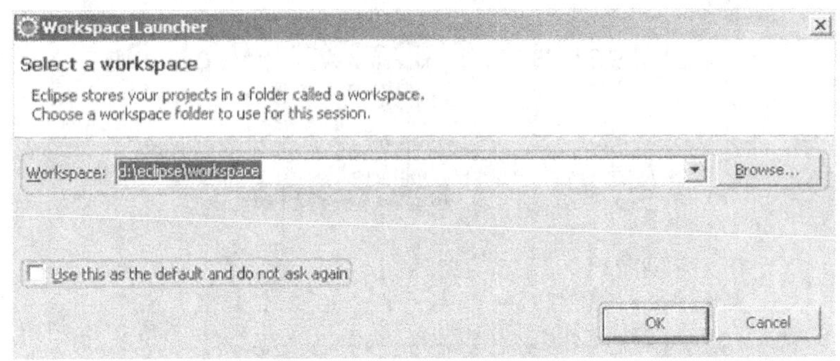

图 2-20　设置工作空间

3）每次启动 Eclipse 时，都会弹出设置工作空间的对话框，如果想在以后启动时，不再进行工作空间设置，可以选中图 2-20 中的“Use this as the default and do not ask again”复选框。

4）单击图 2-20 中的“OK”按钮，启动 Eclipse，进入如图 2-21 所示的界面。

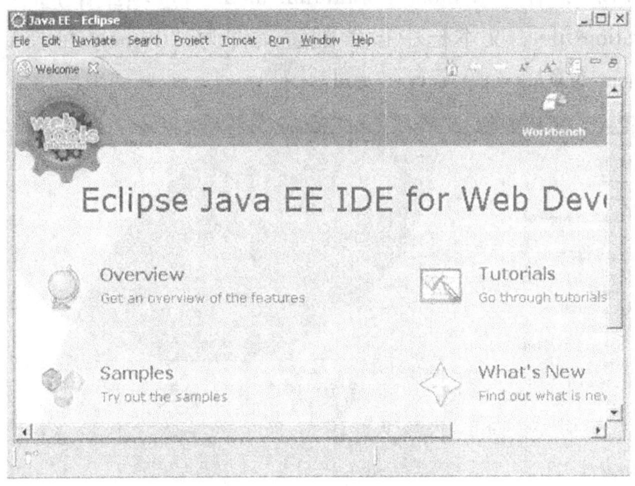

图 2-21　Eclipse 欢迎页

3. 安装 Tomcat 插件

为了能够在 Eclipse 中集成 Tomcat 并进行 JSP 程序的开发，可以在 Eclipse 中使用 Tomcat 插件。下面先介绍 Tomcat 插件的安装步骤。

1）到 Eclipse 官方网站下载最新的 Tomcat 插件，之后将解压后的文件复制到 eclipse/plugins 目录下即可。

2）重新启动 Eclipse，若 Eclipse 主菜单中多了一个 Tomcat 菜单项，表示 Tomcat 插件已经正确安装。如图 2-22 所示，依次单击 “Window” → “Preferences” 菜单项，打开 “Preferences” 对话框，如图 2-23 所示。

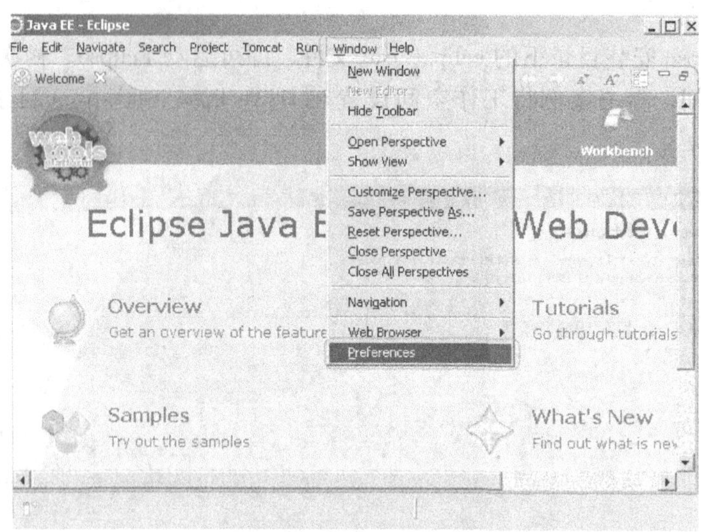

图 2-22　Eclipse 主菜单图

3）选中左侧列表中的 “Tomcat” 选项，如图 2-23 所示。在 “Tomcat version” 选项组中选中 “Version 6. x” 单选按钮；在 “Tomcat home” 文本框中输入 Tomcat 的安装路径，本书案例为 D:\Tomcat 6.0；在 “Context declaration mode” 选项组中选中 “Server. xml” 单选按钮；在 “Configuration file” 文本框中设置配置文件为 “Tomcat 目录 \ conf \ server. xml”，本书案例为 D:\Tomcat 6.0 \ conf \ server. xml。

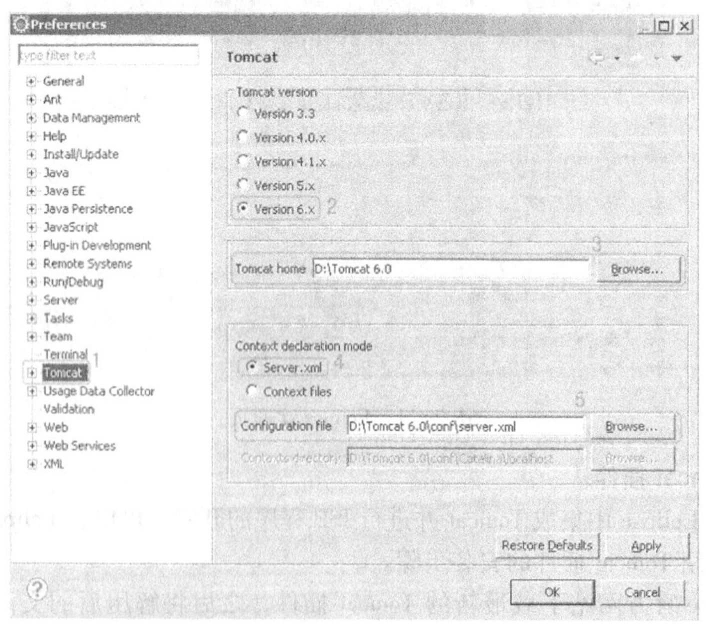

图 2-23　“Preferences” → “Tomcat” 插件配置页

4）单击展开左侧列表中的“Tomcat”选项，如图2-24所示。选中“Advanced”选项，在右侧的“Tomcat base”文本框中输入Tomcat的安装路径，本书案例为D:\Tomcat 6.0。

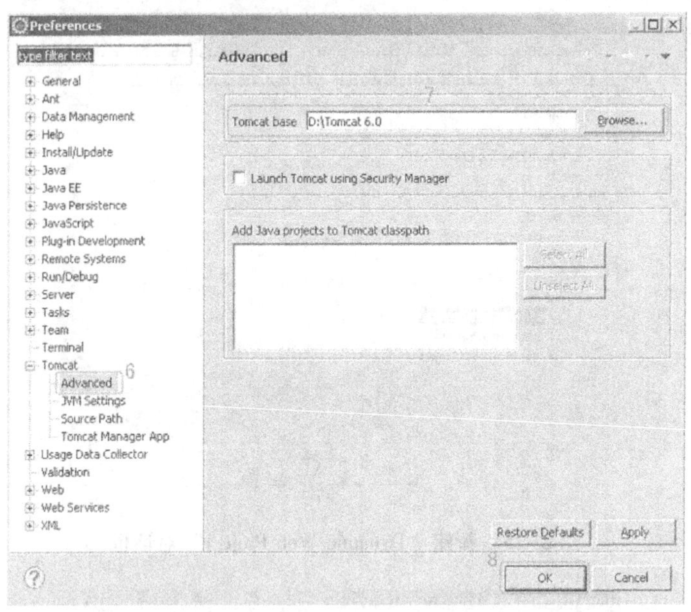

图2-24 “Advanced”配置页

5）单击“OK”按钮结束配置。

2.4.2 案例1 在Eclipse中创建JSP程序

【案例学习目标】掌握在Eclipse环境下开发、调试和运行Web应用系统。

【案例知识要点】在配置好的Eclipse开发环境中，编写简单的JSP程序、调试JSP程序、运行JSP程序。

【案例完成步骤】

- 新建Web项目。
- 创建服务器。
- 编写JSP文件。
- 运行JSP文件。

本案例完成详细步骤如下。

1. 新建Web项目

1）启动Eclipse，选择一个工作空间，本书案例将工作空间设置在D:\eclipse\workspace目录下，进入到Eclipse的开发界面。

2）依次单击“File”→“New”→“Project”菜单项，打开如图2-25所示对话框，选择“Web”→“Dynamic Web Project”选项，单击“Next”按钮。

3）在弹出的“Dynamic Web Project”对话框中，如图2-26所示，在“Project name”文本框中输入项目名称“ch2”，“Dynamic web module version”下拉菜单中选择2.5，之后单击“Finish”按钮，完成Web项目的创建。

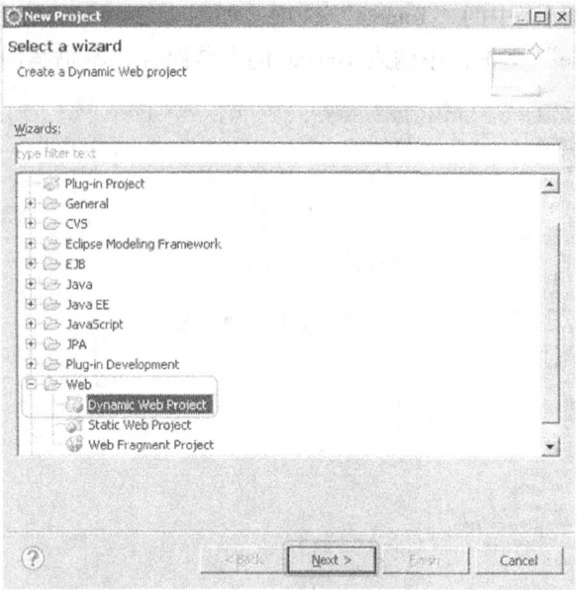

图 2-25　新建“Dynamic Web Project”对话框

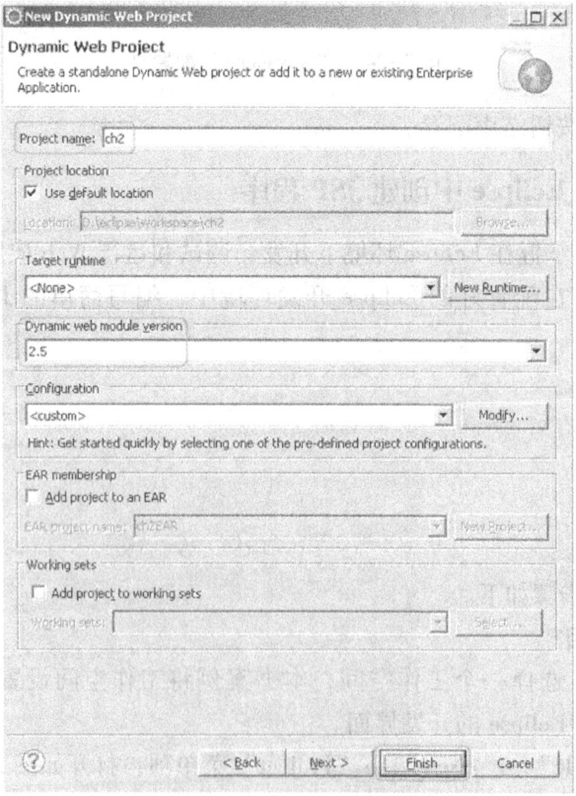

图 2-26　指定 Web 项目属性对话框

2. 创建服务器

1）依次单击“File”→“New”→“Othert”菜单项，打开如图 2-27 所示的对话框，选中“Server”选项，单击“Next”按钮。

2）在弹出的“Define a New Server”对话框中，选择“Apache”→“Tomcat v6.0 Server”，如图2-28所示，之后单击“Next”按钮。

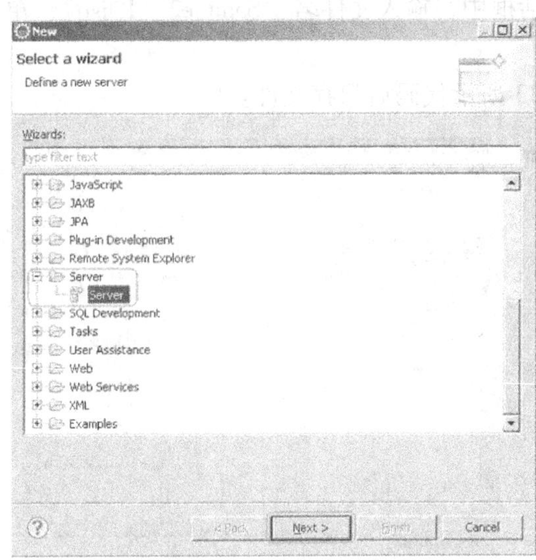

图2-27 新建“Server”对话框

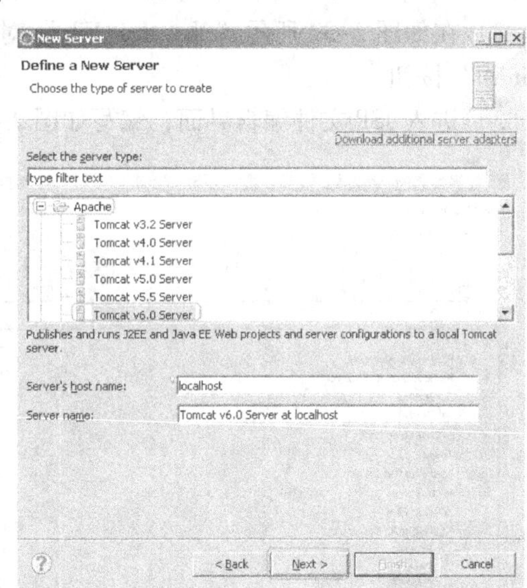

图2-28 新建“Tomcat v 6.0 Server”对话框

3）在弹出的“Tomcat Server”对话框中，单击“Browse”按钮，指定Tomcat的安装路径，本书案例为D:\Tomcat 6.0，如图2-29所示，之后继续单击“Next”按钮。

4）在弹出的“Add and Remove Projects”对话框中，选择新建的“ch2”项目后，单击“Add”按钮，将指定Web项目添加到新建的服务器中，如图2-30所示，之后单击“Finish”按钮，完成服务器的创建。

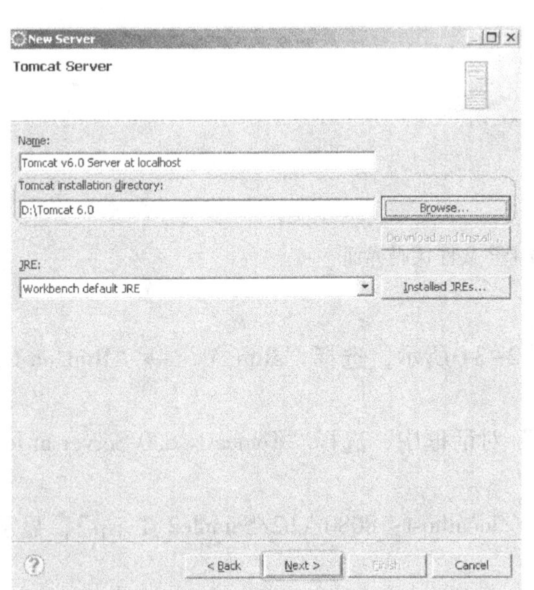

图2-29 指定“Tomcat Server”目录对话框

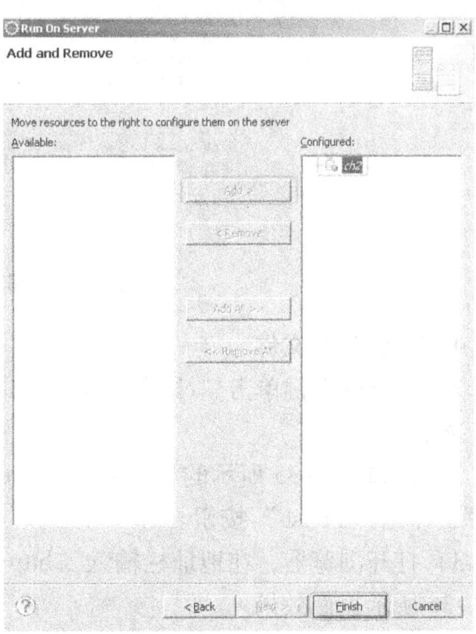

图2-30 添加Web项目到服务器对话框

3. 编写 JSP 文件

1）依次单击“File”→“New”→“Othert”菜单项，打开如图 2-31 所示的对话框，选择“Web”→“JSP File”，单击“Next”按钮。

2）在如图 2-32 所示“New JSP File”对话框中，输入文件名“Sample2_ 1. jsp”，单击“Finish”按钮。

3）进入 JSP 文件编辑界面，编写如图 2-33 所示代码后保存文件。

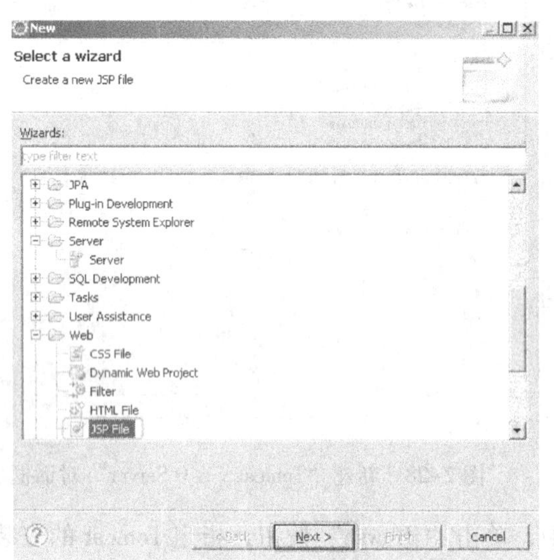

图 2-31 新建“JSP File”对话框

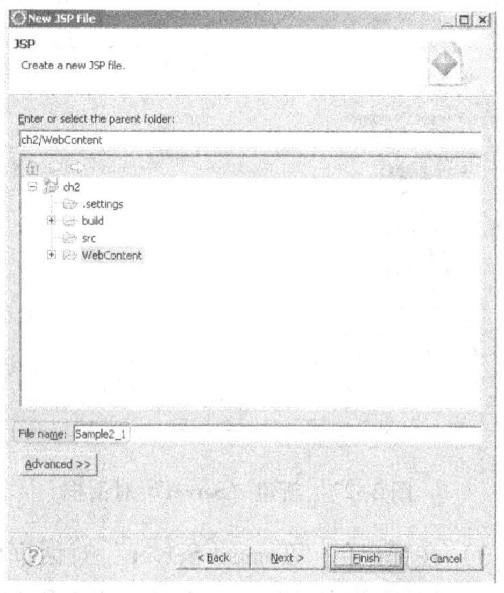

图 2-32 输入 JSP 文件名对话框

图 2-33 编写 JSP 文件代码界面

4. 运行 JSP 文件

1）用鼠标右键单击“ch2”项目，如图 2-34 所示，选择“Run As”→“Run on Server”选项。

2）在如图 2-35 所示的“Run on Server”对话框中，选择“Tomcat v 6.0 Server at localhost”，单击“Finish”按钮。

3）打开浏览器，在地址栏输入“http：//localhost：8080/ch2/Sample2_1. jsp”，显示如图 2-36 所示页面效果。

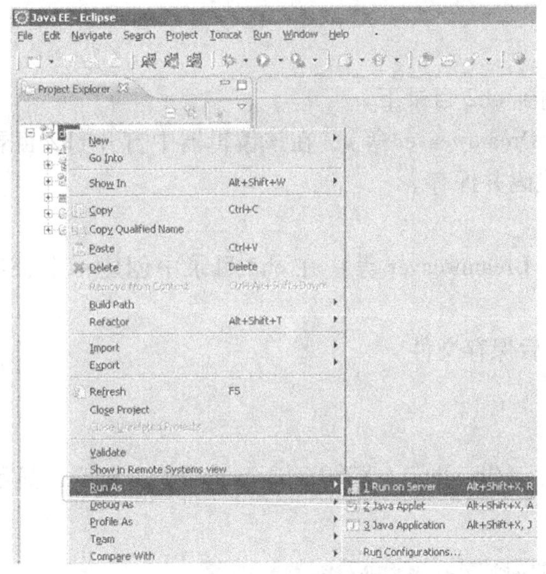

图 2-34 “Run on Server”菜单

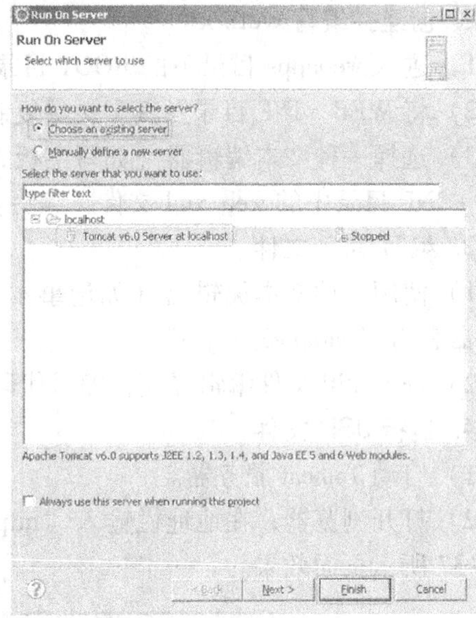

图 2-35 选择“Run on Server”对话框

图 2-36 Sample2_1. jsp 运行界面

2.4.3 案例 2 独立创建 JSP 程序

【案例学习目标】掌握在 Tomcat 服务器环境下编写、调试和运行 JSP 程序。

【案例知识要点】选择任一编辑器中，编写简单的 JSP 程序；将 JSP 程序部署到 Tomcat 服务器中；调试、运行 JSP 程序。

【案例完成步骤】

- 新建 Web 应用系统目录。
- 创建并编写 web. xml。
- 编写 JSP 文件。
- 运行 JSP 文件。

本案例完成详细步骤如下。

1. 新建 Web 应用系统目录

1）进入 Tomcat 安装目录（本书案例为 D:\Tomcat 6. 0）下的 webapps 目录。

2）在 webapps 目录下新建一个目录，命名为“ch2”。

说明：webapps 目录下的任何一个子目录都可以作为一个 Web 服务目录。可以在 webapps 目录下新建子目录，例如新建 ch2 子目录，那么 ch2 就可以成为一个 Web 服务目录。

2. 创建并编写 web. xml

1）进入 webapps 目录下的 ROOT 目录。

2）将 WEB - INF 目录及其子文件复制到 ch2 目录下。

3）选择一种文本编辑器（如写字板、Dreamweaver 等），在该编辑器中打开 ch2 目录下 WEB - INF 目录中的 web. xml 文件，编写代码并保存。

3. 编写 JSP 文件

1）使用一种文本编辑器（如记事本、Dreamweaver 等）在 ch2 目录中创建一个 JSP 文件，命名为“Sample2_2. jsp”。

2）进入 JSP 文件编辑界面，编写代码后保存文件。

4. 运行 JSP 文件

1）启动 Tomcat 服务器。

2）打开浏览器，在地址栏输入“http：//localhost：8080/ch2/Sample2_2. jsp”，显示如图 2-37 所示页面效果。

图 2-37 Sample2_2. jsp 运行界面

【案例代码】 web. xml 文件代码如下所示：

```
<? xml version = "1.0" encoding = "ISO - 8859 - 1"? >
<web - appxmlns = "http://java.sun.com/xml/ns/javaee"
    xmlns:xsi = "http://www.w3.org/2001/XMLSchema - instance"
    xsi:schemaLocation = "http://java.sun.com/xml/ns/javaee
http://java.sun.com/xml/ns/javaee/web - app_2_5.xsd"
    version = "2.5" >
   <display - name > My Web Application </display - name >
   <description >
      A application for ch2
   </description >
</web - app >
```

Sample2_2. jsp 页面代码如下所示：

```
<%@ page language = "java" contentType = "text/html; charset = GB2312"
    pageEncoding = "GB2312" % >
<! DOCTYPE html PUBLIC " -//W3C//DTD HTML 4.01 Transitional//EN " " http://www.w3.org/TR/html4/
loose.dtd" >
<html > <head >
<meta http - equiv = "Content - Type" content = "text/html; charset = GB2312" >
<title > Insert title here </title >
</head >
<body > <b >
<% out.println( "Welcome to My Application!" );
```

```
    out. println("这是我的第一个 JSP 程序!");
%>
</B></body></html>
```

2.5 JSP 页面执行流程

要运行一个 JSP 页面，需要在客户端打开浏览器并输入要请求的页面地址，运行后可以在浏览器中显示结果。这也是 HTTP 的一个请求 - 响应过程，即客户端发出请求，服务器端获取请求并进行处理，最后将处理结果返回到客户端。但是 JSP 页面的请求在 Tomcat 服务器上是如何工作呢?

JSP 运行机制如图 2-38 所示。当服务器上的一个 JSP 页面被第一次请求执行时，服务器上的 JSP 引擎首先将 JSP 页面文件转译成一个 Java 文件，再将这个 Java 文件编译生成字节码文件（class 文件），然后通过执行字节码文件响应客户端的请求。若该 JSP 页面再次被请求执行时，JSP 引擎将直接执行这个字节码文件来响应客户端，这也是 JSP 比 ASP 速度快的一个原因。

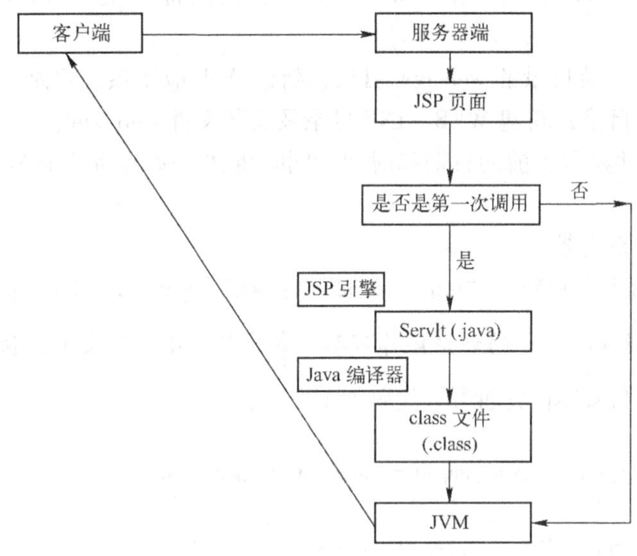

图 2-38　JSP 运行机制

2.6 习题

1. 填空题

（1）Tomcat 服务器的默认端口号是________________。

（2）在 Tomcat 成功安装和启动后，可以在浏览器中输入__________________测试安装配置是否正常。

2. 简答题

（1）JDK 安装成功后要设置哪些环境变量?

（2）Tomcat 是什么? 有什么作用?

2.7 实训

【实训目的】 掌握 JSP 开发、运行环境搭建和配置；掌握在 Tomcat 服务器环境下编写、调试和运行 JSP 程序。

【实训内容】

1）JDK 的安装与配置。

2）Tomcat 服务器的安装与配置。

3）在 Tomcat 服务器环境下编写、调试和运行 JSP 程序。

【实训步骤】

1）运行下载的 jdk - 6 - windows - i586. exe，按照提示安装 JDK 1. 6，注意安装路径。

2）配置环境变量 JAVA_ HOME、CLASSPATH、PATH（环境变量值设置见本章第 2. 2 节 JDK 的安装与配置）。

3）运行下载的 apache - tomcat - 6. 0. 18. exe，按照提示安装 Tomcat 6. 0，注意安装路径。

4）进入 Tomcat 安装目录的 webapps 目录，新建 Web 应用系统目录，命名为“myweb”。

5）进入 myweb 目录，新建 WEB - INF 目录及其子文件 web. xml。

6）编写 JSP 文件显示当前的日期和时间，同时将文件命名为“myFirst. jsp”，之后保存到 myweb 目录。

7）启动 Tomcat 服务器。

8）在浏览器的地址栏中输入“http://localhost：8080/myweb/myFirst. jsp”，运行 JSP 文件。

说明： 实训步骤 4）~8）的详细操作可参考本章第 2. 4. 3 节案例 2 独立创建 JSP 程序。

【参考代码】 myFirst. jsp 页面参考代码如下所示：

```
<%@ page language = "java" import = "java. util. * "pageEncoding = "GB2312" % >
<html >
<head > <title > First Page </title > </head >
<body >
<H3 > Today is:
<% = new java. util. Date( ) % >
</H3 >
</body >
</html >
```

第 3 章　JSP 语法

学习目标

通过本章节的学习，读者可以达到以下学习目标：

- 了解和掌握 JSP 页面结构。
- 掌握 JSP 注释的使用。
- 掌握变量和方法的声明方法、Java 程序片的使用、Java 表达式的使用。
- 掌握 JSP 指令标记和 JSP 动作标记的使用。

教学要求

知识要点	能力要求	相关知识
JSP 页面结构	理解并掌握	JSP 页面的组成元素
JSP 页面中的注释	掌握	HTML 注释、JSP 注释
JSP 脚本元素	掌握	声明、表达式、脚本小程序
JSP 指令标记	掌握	page 指令、include 指令、taglib 指令
JSP 动作标记	掌握	include 动作、param 动作、forward 动作等

3.1　JSP 页面的基本结构

3.1.1　JSP 页面的组成元素

在纯静态的 HTML 页面文件中加入 JSP 标记或 Java 程序代码段即构成一个 JSP 页面文件。通常一个 JSP 页面可包含下列 5 种元素。

1）HTML 标记。

2）JSP 标记：JSP 指令标记、JSP 动作标记。

3）声明：变量声明、方法声明。

4）Java 程序代码段。

5）表达式。

其中 3）、4）、5）又称为 JSP 代码。

当 JSP 页面被第一次请求执行时，JSP 引擎首先将 JSP 页面文件转译成一个 Java 文件，再将这个 Java 文件编译生成 class 文件，然后通过执行 class 文件响应客户端的请求，若该 JSP 页面再次被请求执行时，JSP 引擎将直接执行这个 class 文件来响应客户端。class 文件的任务如下所示。

- 把 JSP 页面中 HTML 标记返回给客户端的浏览器，由浏览器负责解释执行显示。

- JSP 标记、声明、Java 程序代码段由 JSP 引擎负责执行，之后生成 class 文件，同时执行该文件，再将结果返回给客户的浏览器，由浏览器负责解释执行显示。
- 表达式由 JSP 引擎负责计算，并将结果转化为字符串，再返回给客户端的浏览器，由浏览器负责解释执行显示。

3.1.2 案例1 包含5种元素的JSP页面

【案例学习目标】熟悉 JSP 页面的 5 种组成元素。

【案例知识要点】JSP 页面的 5 种组成元素。

【案例完成步骤】

1）在 Tomcat 服务器的 webapps 目录下创建用于保存第 3 章案例文件的目录 ch3，本章案例中的 JSP 页面均保存在 ch3 目录中。

2）复制 WEB - INF 目录及其子文件 web. xml 到 ch3 目录下。

3）编写包含 5 种页面元素、用于计算 1 ~ 100 内的全部偶数之和的 JSP 页面 Sample3_1. jsp，同时将该文件保存于 ch3 目录下。

4）启动 Tomcat 服务器，在浏览器的地址栏中输入 "http://localhost:8080/ch3/Sample3_1. jsp"，验证程序是否能正确执行。

【案例代码】Sample3_1. jsp 页面代码如下所示：

```
1  <%@ page contentType="text/html;charset=GB2312"%>          <!-- jsp 指令标记 -->
2  <%@ page import="java.util.Date"%>                         <!--jsp 指令标记 -->
3  <%! Date date;                                             //数据声明
4      int sum;
5      public int getEvenSum(int n) {                         // 方法声明
6          for (int i=1; i<n; i++) {
7              if (i % 2 ==0)
8                  sum=sum+i;
9          }
10         return sum;
11     }%>
12 <HTML><BODY>                                               <!--html 标记 -->
13     <FONT size=4><P>程序片创建 Date 对象：
14     <%  date=new Date();                                   //java 程序片
15         out.println ("  <br>"  +date+"  <br>");
16         int m=100;
17     %>
18         1 ~ <%=m%>                                         <!-- Java 表达式 -->
19         内的全部偶数之和是（不包括<%=m%>）：
20         <%=getEvenSum (m)%>                                <!-- Java 表达式 -->
21 </FONT></BODY></HTML>                                      <!--html 标记 -->
```

【程序说明】

- 第 1、2 行是 JSP 指令标记。
- 第 3 ~ 11 行是数据、方法声明部分，由服务器负责执行。该部分声明的数据、方法在整个 JSP 页面内有效。
- 第 12、13、21 行是普通的 HTML 标记，由客户端的浏览器执行显示。

- 第 14～17 行是 Java 程序片，由服务器负责执行。该程序片内声明的变量只在该程序片内有效。
- 第 18～20 行是 Java 表达式，由服务器负责执行，并将结果转化为字符串，然后交给客户端的浏览器负责显示。

【程序运行界面】 程序运行界面如图 3-1 所示。

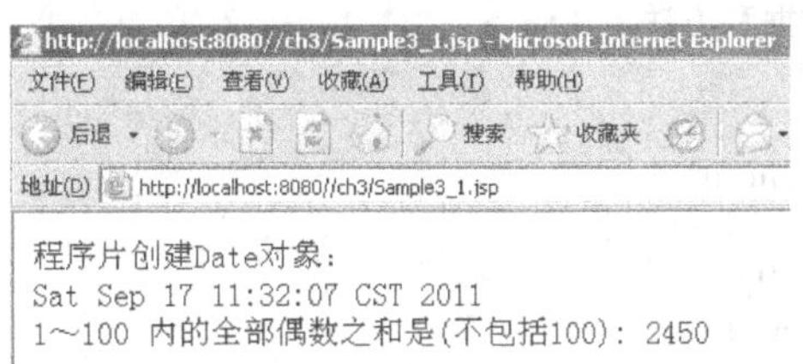

图 3-1　包含页面 5 种元素的 JSP 页面

3.2　JSP 页面中的注释

注释可以增强 JSP 程序的可读性，并易于 JSP 程序的维护。JSP 页面中的注释可分为两种，分别为 HTML 注释和 JSP 注释。

3.2.1　HTML 注释

HTML 注释是指在标记符号“<!--”和“-->”之间加入注释内容，语法格式如下所示：

```
<!--  注释内容    -->
```

JSP 引擎把 HTML 注释发送到客户端，因此客户端通过浏览器查看 JSP 页面的源文件时，能够看到 HTML 注释。

3.2.2　JSP 注释

JSP 注释是指在标记符号“<% - -”和“- - % >”之间加入注释内容，语法格式如下所示：

```
<% --  注释内容    -- % >
```

JSP 引擎忽略 JSP 注释，即在编译 JSP 页面时会自动忽略 JSP 注释，不会将该注释发送到客户端。

3.2.3　案例 2　使用注释的 JSP 页面

【案例学习目标】 学习在 JSP 程序中使用 HTML 注释和 JSP 注释。

【案例知识要点】 HTML 注释的使用方法；JSP 注释的使用方法。

【案例完成步骤】

1）编写使用 JSP 注释的 JSP 页面 Sample3_2. jsp，并保存于 ch3 目录下。

2）启动 Tomcat 服务器，在浏览器的地址栏中输入“http：//localhost：8080/ch3/Sample3_2. jsp”，验证程序是否能正确执行。

【案例代码】 Sample3_2. jsp 页面代码如下所示：

```
1   <%@ page contentType = "text/html;charset = GB2312" %>
2   <%@ page import = "java. util. Date" %>
3   <% -- 以下部分声明数据和方法 - -%>
4   <% !Date date;
5       int sum;
6       public int getEvenSum(int n) {
7           for (int i =1; i <n; i ++) {
8               if (i % 2 ==0)
9                   sum = sum + i;}
10          return sum;
11      }%>
12  <! --以下部分显示 1 ~100(不包括 100)内的全部偶数之和 -->
13  <HTML> <BODY>
14  <FONT size =4> <P>程序片创建 Date 对象：
15       <%   date = new Date();
16          out. println(" <br>" + date + " <br>");
17          int m =100;
18      %>
19      1 ~ <% =m% >内的全部偶数之和是(不包括 <% =m% >)：<% =getEvenSum(m)% >
20  </FONT> </BODY> </HTML>
```

【程序说明】

- 第 3 行是 JSP 注释，不会发送给客户端。
- 第 12 行是 HTML 注释，客户端可以通过浏览器中的菜单选项“查看”→“源文件”查看到该 HTML 注释内容。

【程序运行界面】 程序运行后，在客户端查看的源文件如图 3-2 所示。

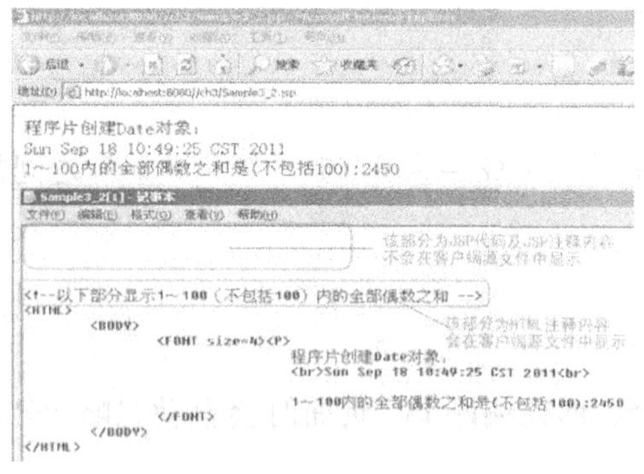

图 3-2　使用 JSP 注释的 JSP 页面

3.3　脚本元素

脚本元素是嵌入到 JSP 页面中的 Java 代码，通常包含 3 部分，分别为声明（Declarations)、表达式（Expressions）和脚本小程序（Scriptles）。

3.3.1 声明

声明的作用是在 JSP 程序中声明变量、方法和类。其语法格式如下所示：

```
<%!   变量、方法或类    %>
```

1. 声明变量

在“<%!”和“%>”标记符之间声明的变量在整个 JSP 页面内都有效，与标记符号“<%!”和“%>”所在位置无关，因为 JSP 引擎将 JSP 页面转译为 Java 文件时，会将这些变量作为类的成员变量。这些变量的内存空间直到服务器关闭才会被释放。当多个客户端请求一个 JSP 页面时，JSP 引擎为每个客户端启动一个线程，这些线程由 JSP 引擎服务器来管理。这些线程共享 JSP 页面的成员变量，因此任何一个用户对 JSP 页面成员变量的操作，都会影响到其他用户。

一般将标记“<%!”和“%>”写在脚本小程序的前面。

2. 声明方法

在“<%!”和“%>”之间声明的方法，该方法在整个 JSP 页面有效，但是该方法内定义的变量只在该方法内有效。这些方法将在 Java 程序片中被调用，当方法被调用时，方法内定义的变量被分配内存，调用完毕即可释放所占的内存。当多个客户端同时请求一个 JSP 页面时，可以使用方法操作成员变量。

3.3.2 表达式

在“<%=”和“%>”之间可以插入一个表达式（注意：不可插入语句，“<%=”是一个完整的符号，“<%”和“=”之间不要有空格），这个表达式必须要有返回值。表达式的值由服务器负责计算，并将计算结果用字符串形式发送到客户端显示。

其语法格式如下所示：

```
<%= expression%>
```

3.3.3 脚本小程序

在“<%”和“%>”之间可以插入 Java 程序片。一个 JSP 页面可以有许多程序片，这些程序片将被 JSP 引擎按顺序执行。

在一个程序片中声明的变量称做 JSP 页面的局部变量。局部变量的有效范围与其声明的位置有关，即局部变量在 JSP 页面后继的所有程序片部分以及表达式部分内都有效。这是因为 JSP 引擎将 JSP 页面转译为 Java 文件时，会将各个程序片中的变量作为类中某个方法的变量，即称为局部变量。

其语法格式如下所示：

```
<%  Scriptles    %>
```

3.3.4　案例3　使用声明、表达式和脚本小程序的 JSP 页面

【案例学习目标】学习在 JSP 程序中声明变量、方法，会使用表达式和脚本小程序。

【案例知识要点】声明调用变量；声明调用方法；使用表达式和脚本小程序。

【案例完成步骤】

1）在 ch3 目录中编写 JSP 页面 Sample3_3. jsp，该页面通过声明变量、方法，以及使用表达式和脚本小程序，实现一个简单的计数器功能。

2）启动 Tomcat 服务器，在浏览器的地址栏中输入“http://localhost:8080/ch3/Sample3_3. jsp”，验证程序是否能正确执行。

【案例代码】Sample3_3. jsp 页面代码如下所示：

```
1  <%@ page contentType = "text/html;charset = GB2312" %>
2  <HTML> <BODY>
3      <% !int number = 0;                    //声明变量
4      synchronized void countPeople()        //声明方法
5      {
6          number ++ ;
7      }%>
8       <%
9          countPeople();                     //在程序片中调用方法
10        %>
11      <P>
12         您是第
13         <% = number% >                     <!-- 在表达式中调用变量 -->
14         个访问本站的客户。
15 </BODY> </HTML>
```

【程序说明】

- 第 3 行声明整型变量 number。
- 第 4 ~7 行声明方法 countPeople()，该方法对 number 变量进行累加操作，实现一个简单的计数器，synchronized 修饰符可以使多个同时访问 countPeople()的线程排队并进行调用。
- 第 8 ~10 行使用脚本小程序，并在程序片中调用方法 countPeople()。
- 第 13 行使用表达式，在表达式中调用变量 number，将其值在页面中输出。

【程序运行界面】程序运行界面如图 3-3 所示。

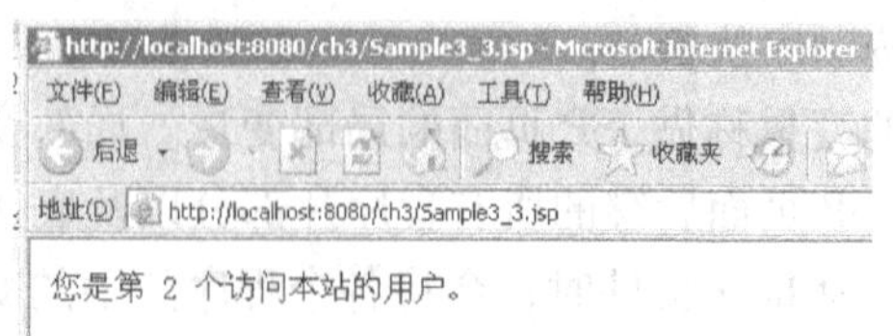

图 3-3　使用声明、表达式和脚本小程序的 JSP 页面

【程序思考】本程序运行后，若再次刷新页面，number 值会增加。如何限制同一用户访

问时，该用户刷新页面后，number 值不会增加？

3.4 JSP 指令标记

JSP 指令标记是为 JSP 引擎而设计的，它们并不直接产生任何可见的输出，只是告诉 JSP 引擎如何处理 JSP 页面。其通用的语法格式如下所示：

```
<%@ 指令名 属性 = "值" 属性 = "值"… % >
```

JSP 指令标记主要包括 page、include 和 taglib。

3.4.1 page 指令

page 指令用来定义整个 JSP 页面的一些属性和这些属性的值。其基本语法格式如下：

```
<%@ page 属性 1 = "属性 1 的值" 属性 2 = "属性 2 的值"… % >
```

表 3-1 列出了 page 指令的常用属性。

表 3-1 page 指令属性

属　性	描　述
language = "ScriptLanguage"	指定 JSP 页面所使用的脚本语言，目前只支持 Java 语言，默认为 Java
extends = "className"	定义此 JSP 页面产生的 Servlet 是继承于哪个父类
import = "importList"	定义此 JSP 页面要使用哪些 Java 类。该属性的值可以有多个，多个值之间以逗号分隔
session = "true|false"	决定此页面是否使用 session 对象，默认为 true
buffer = "none|size in kb"	决定输出流（Input stream）是否有缓冲区，默认为 8 KB
autoFlush = "true|false"	决定输出流的缓冲区是否需要自动清除，默认为 true
isThreadSafe = "true|false"	决定是否支持线程，默认为 true
errorPage = "URL"	如果当前页发生异常，程序会重新指向由该属性指定的 URL 地址
isErrorPage = "true|false"	判断此页面是否为错误处理页面。默认为 false
contentType = "text/html; charset = GB2312"	用于指定响应的 JSP 页面的 MIME 类型和字符编码，如左列属性表示编码方式为 GB2312
pageEncoding = "GB2312"	指定 JSP 页面使用的字符编码，如左列属性表示编码方式为 GB2312
isELLgnored = "true|false"	判断在 JSP 页面中是否执行或忽略 EL 表达式。true 则忽略，反之 false 则支持，默认为 false

在一个 JSP 页面中，也可以使用多个 page 指令来指定属性及其值。需要注意的是：可以使用多个 page 指令指定属性 import 有多个值，但其他属性只能使用一次 page 指令指定该属性一个值。例如：

```
<%@ page   contentType = "text/html;charset = GB2312" % >
<%@ page   import = "java. util. * " % >
<%@ page   import = "java. util. * ", "java. awt. * " % >
```

注：下列用法是错误的。

```
<%@ page contentType = "text/html;charset = GB2312" %>
<%@ page contentType = "text/html;charset = GB2312" %>
```

尽管指定的属性值相同，也不允许 2 次使用 page 指令给 contentType 属性指定属性值。

page 指令的作用对整个页面有效，与其书写的位置无关，但习惯把 page 指令写在 JSP 页面的最前面。

3.4.2 include 指令

include 指令用于在 JSP 页面中静态包含一个文件，被包含的文件可以是文本文件、HTML 文件、JSP 页面或 Java 代码段。其基本语法格式如下：

```
<%@ include file = "文件的路径" %>
```

被包含的文件必须是可访问和可使用的，即该文件必须和当前 JSP 页面在同一 Web 服务目录中。

所谓静态包含，就是当前 JSP 页面和被包含的文件合并成一个新的 JSP 页面，然后 JSP 引擎再将这个新的 JSP 页面转译成 Java 类文件。因此，包含文件后，必须保证新合并的 JSP 页面符合 JSP 语法规则，即能够成为一个 JSP 页面文件。例如，如果一个 JSP 页面使用 include 指令静态包含另一个 JSP 文件，被包含的这个 JSP 页面中有一个设置页面 contentType 属性的 page 指令：

```
<%@ page contentType = "text/html;charset = GB2312" %>
```

而当前 JSP 页面已经使用 page 指令设置了 contentType 的属性值，其值为 “charset = ISO – 8859 – 1”，那么新合并的 JSP 页面就会出现语法错误，当合并的 JSP 页面转译为 Java 文件时就会提示转译失败。

3.4.3 taglib 指令

taglib 指令用于定义一个标记库以及其自定义标记的前缀。其基本语法格式如下所示：

```
<%@ taglib uri = "tigLibURL" prefix = "tagPrefix" %>
```

其中 uri 属性用于指定标记库的路径；prefix 属性用于指定标记的前缀，并区分多个自定义标记。

3.4.4 案例4 使用 page、include 指令的 JSP 页面

【案例学习目标】 学习在 JSP 程序中使用 page 指令和 include 指令的方法。

【案例知识要点】 page 指令的使用方法；include 指令的使用方法。

【案例完成步骤】

1）在 ch3 目录中新建一个文本文件 “Hello. txt”，该文本文件的内容如图 3-4 所示。

```
<%@ page contentType="text/html;charset=GB2312" %>
很高兴认识你们!
nice to meet you.
```

图 3-4　Hello. txt 文件内容

2）在 ch3 目录中编写一个 JSP 页面 Sample3_4. jsp，该页面包含 page 指令和 include 指令，page 指令定义页面的编码方式为“GB2312”，include 指令静态包含 Hello. txt。

3）启动 Tomcat 服务器，在浏览器的地址栏中输入“http：//localhost：8080/ch3/Sample3_4. jsp”，验证程序是否能正确执行。

【案例代码】Sample3_4. jsp 页面代码如下所示：

```
1  <%@ page contentType="text/html;charset=GB2312" %>    <!-- 使用 page 指令 -->
2  <html><BODY><H3>
3    <%@ include file="Hello.txt" %>    <!-- 使用 include 指令 -->
4  </H3></BODY></HTML>
```

【程序说明】

- 第 1 行使用 page 指令指定响应的 JSP 页面的 MIME 类型为“text/html”，字符编码为“GB2312”。
- 第 3 行使用 include 指令在 JSP 页面中静态包含 Hello. txt。
- Sample3_4. jsp 的代码等价于如图 3-5 所示的 Sample3_5. jsp 中的代码。

【程序运行界面】程序运行界面如图 3-6 所示。

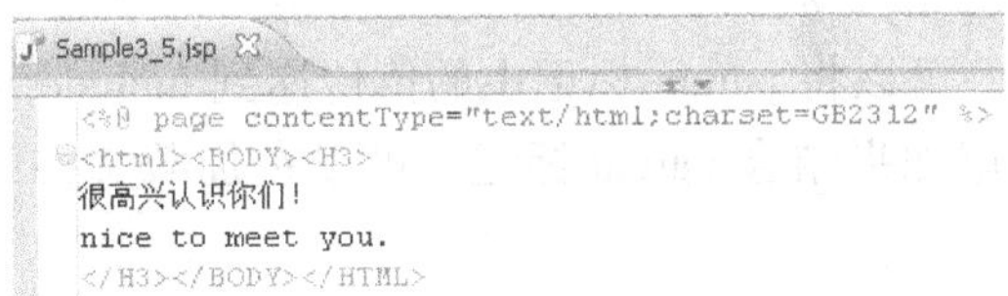

```
<%@ page contentType="text/html;charset=GB2312" %>
<html><BODY><H3>
很高兴认识你们!
nice to meet you.
</H3></BODY></HTML>
```

图 3-5　Sample3_5. jsp 代码

图 3-6　使用 page、include 指令的 JSP 页面

3.5　JSP 动作标记

JSP 动作标记是一种特殊的标记，它影响 JSP 运行时的功能。

3.5.1　include 动作

include 动作标记语法格式如下所示：

```
<jsp:include page="文件的 URL"/>
```

或

```
<jsp:include page= "文件的名字">
    param 子标记
</jsp:include>
```

需要注意的是，当 include 动作标记不需要 param 子标记时，必须使用上述第一种形式。

include 动作标记告诉 JSP 页面动态加载一个文件，即 JSP 页面运行时才将文件加入。与静态包含文件的 include 指令标记不同，当 JSP 引擎把 JSP 页面转译为 Java 文件时，不会将 JSP 页面中动作指令 include 所包含的文件与原 JSP 页面合并一个新的 JSP 页面，而是告诉 Java 解释器，这个文件在 JSP 运行时（Java 文件的字节码文件被加载执行）才包含进来。如果被包含的文件是普通的文本文件，就将文件的内容发送到客户端，由客户端负责显示；如果被包含的文件是 .jsp 文件，JSP 引擎就执行这个文件，然后将执行的结果发送到客户端，并由客户端负责显示这些结果。

include 动作标记在运行时才对包含的文件进行处理，因此 JSP 页面和它所包含的文件在逻辑和语法上是独立的；如果对包含的文件进行了修改，那么运行时看到的是所包含文件修改后的结果，而静态 include 指令包含的文件如果发生了变化，必须重新将 JSP 页面转译为 java 文件（可将该 JSP 页面重新保存，然后再访问，就可产生新的转译 Java 文件），否则只能看到修改前的文件内容。

3.5.2 param 动作

param 动作标记以“名字 - 值”的形式为其他标记提供附加信息，这个标记与 include、forward、plugin 动作标记一起使用。

param 动作标记语法格式如下所示：

```
<jsp:param name = "属性名" value = "属性值"/>
```

当该标记与 include 动作标记一起使用时，可以将 param 标记中的值传递到 include 动作标记要加载的文件中去，因此 include 动作标记如果结合 param 标记，可以在加载文件的过程中向该文件提供附加信息。

3.5.3 forward 动作

forward 动作标记的作用是从该指令处停止当前页面的继续执行，而转向执行该标记中 page 属性指定的页面。语法格式如下所示：

```
<jsp:forward page = "要转向的页面" />
```

或

```
<jsp:forward page = "要转向的页面" >
    param 子标记
</jsp:forward>
```

需要注意的是，当 forward 动作标记不需要 param 子标记时，必须使用上述第一种形式。

3.5.4 plugin 动作

plugin 动作标记的作用是指示 JSP 页面加载 Java Plugin，该插件在客户端被下载，并在客户端使用该插件来运行 Java Applet。语法格式如下所示：

```
<jsp:plugin type = "applet" code = "小应用程序的字节码文件"
    jreversion = "java 虚拟机版本号" width = "小程序宽度值" height = "小程序高度值" >
     <jsp:fallback >
         提示信息:用来提示用户的浏览器是否支持插件下载
     </jsp:fallback >
</jsp:plugin >
```

3.5.5 useBean 动作

useBean 是非常重要的一个动作标记，用来创建并使用一个 JavaBean。具体用法将在第 6 章详细讨论。在 JSP 的应用中，用 HTML 完成 JSP 页面的静态部分，用 JavaBeans 完成动态部分，实现真正意义上的静态和动态分离。

3.5.6 案例 5 使用 include、param 动作的 JSP 页面

【案例学习目标】学习在 JSP 程序中使用 include 和 param 动作的方法。

【案例知识要点】include 动作标记的使用方法；param 动作标记的使用方法。

【案例完成步骤】

1）在 ch3 目录中编写包含 include 和 param 动作的 JSP 页面 Sample3_6. jsp，该页面使用 include 动作动态加载文件 Sample3_7. jsp，并使用 param 动作将 number 的值传递到 include 动作要加载的文件中去。

2）在 ch3 目录中编写 JSP 页面 Sample3_7. jsp，该页面被加载时将获取 param 标记中 number 的值，计算 1 至该值内的所有偶数之和。

3）启动 Tomcat 服务器，在浏览器的地址栏中输入“http：//localhost：8080/ch3/Sample3_6. jsp”，验证程序是否能正确执行。

【案例代码】Sample3_6. jsp 页面代码如下所示：

```
1  <%@ page contentType = "text/html;charset = GB2312" % >
2  <HTML > <BODY > <P >加载文件效果:
3      <jsp:include page = "Sample3_7. jsp" >                    <! -- 使用 include 动作 -->
4           <jsp:param name = "number" value = "100" / > <! -- 使用 param 动作 -->
5           </jsp:include >
6  </BODY > </HTML >
```

【程序说明】

- 第 3 ~5 行使用 include 动作动态加载文件 Sample3_7. jsp。
- 第 4 行使用 param 动作将 number 的值 100 传递到 include 动作要加载的 Sample3_7. jsp 文件中。

【案例代码】Sample3_7. jsp 页面代码如下所示：

```
1  <%@ page contentType="text/html;charset=GB2312" %>
2  <HTML> <BODY>
3      <%   String str=request.getParameter("number"); //获取值
4           int n=Integer.parseInt(str);
5           int sum=0;
6           for(int i=1;i<=n;i++){
7               if (i % 2==0)
8               sum=sum+i;        }
9      %>
10 <P>从 1 到<%=n%>内的全部偶数之和是：<BR>
11 <%=sum%> </BODY> </HTML>
```

【程序说明】

- 第 3 行获取该页面被加载时传递的 param 标记中 number 的值（获取 number 的值由 JSP 的内置对象 request 调用 getParameter 方法完成）。
- 第 4~8 行计算 1 至获取到的值内的所有偶数之和。

【程序运行界面】Sample3_6. jsp 运行界面如图 3-7 所示。

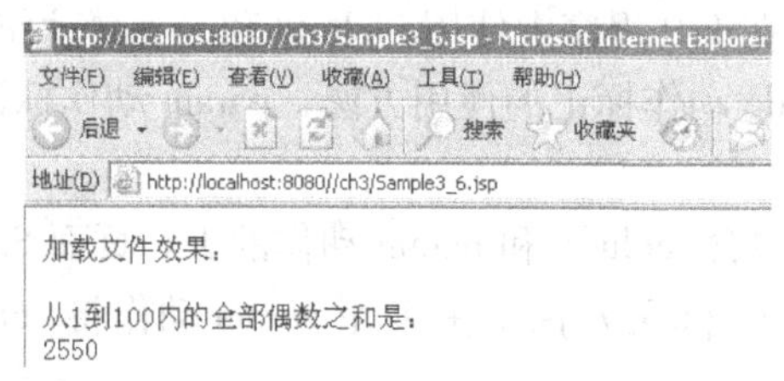

图 3-7　使用 include、param 动作的 JSP 页面

3.5.7　案例 6　使用 forward、param 动作的 JSP 页面

【案例学习目标】学习在 JSP 程序中使用 forward 和 param 动作的方法。

【案例知识要点】forward 动作标记的使用方法；param 动作标记的使用方法。

【案例完成步骤】

1）在 ch3 目录中编写使用 forward 和 param 动作的 JSP 页面 Sample3_8. jsp，该页面使用 forward 动作转向文件 Sample3_9. jsp，使用 param 动作将产生的随机数（由 number 存储）的值传递到 forward 动作要转向的文件中去。

2）在 ch3 目录中编写 JSP 页面 Sample3_9. jsp，该页面获取 param 标记中 number 的值，并在页面中输出。

3）启动 Tomcat 服务器，在浏览器的地址栏中输入“http：//localhost：8080/ch3/Sample3_8. jsp”，验证程序是否能正确执行。

【案例代码】Sample3_8. jsp 页面代码如下所示：

```
1  <%@ page contentType="text/html;charset=GB2312" %>
2  <HTML><BODY>
3  <%   double i = Math.random(); %>
4     <jsp:forward page="Sample3_9.jsp" >                    <!-- 使用 forward 动作 -->
5        <jsp:param name="number" value="<%=i%>" />  <!-- 使用 param 动作 -->
6     </jsp:forward>
7  </BODY></HTML>
```

【程序说明】

- 第 3 行产生一个随机数，存储在变量 i 中。
- 第 4 ~6 行使用 forward 动作使该页面转向文件 Sample3_9. jsp。
- 第 5 行使用 param 动作将 number 的值（即变量 i 中存储的值）传递到 forward 动作要转向的 Sample3_9. jsp 文件中。

【案例代码】Sample3_9. jsp 页面代码如下所示：

```
1  <%@ page contentType="text/html;charset=GB2312" %>
2  <HTML><BODY><FONT Size=5>
3  <%   String str=request.getParameter("number");//获取值
4       double n=Double.parseDouble(str);
5  %>
6     <P>您传过来的数值是:<BR>
7       <%=n%>
8  </FONT></BODY></HTML>
```

【程序说明】

- 第 3 行获取页面转向时传递的 param 标记中 number 的值（获取 number 的值由 JSP 的内置对象 request 调用 getParameter 方法完成）。
- 第 7 行使用表达式在页面中输出获取到的值。

【程序运行界面】Sample3_8. jsp 运行界面如图 3-8 所示。

图 3-8　使用 forward、param 动作的 JSP 页面

3.6　习题

1. 填空题

（1）包含在______与______之间的内容为 HTML 注释，HTML 注释能在客户端显示。

（2）包含在______与______之间的内容为 JSP 注释，JSP 注释不能在客户端显示。

（3）在 JSP 程序中，声明用于定义 JSP 程序中使用的成员变量和方法。声明包含在____与______之间。

2．选择题

（1）（　　）指令用来设置整个 JSP 页面相关的属性及功能。

A．page 指令　　B．include 指令　　C．taglib 指令　　D．以上都是

（2）JSP 指令能够通过（　　）来包含其他 JSP 文件、HTML 文件或文本文件。

A．page 指令　　B．include 指令　　C．taglib 指令　　D．以上都是

（3）（　　）动作将客户端发来的请求重定向到另一个 JSP、Servlet 或 HTML 文件中。

A．<jsp:useBean>　　B．<jsp:include>

C．<jsp:forward>　　D．<jsp:plugin>

3．问答题

（1）include 指令标记与 include 动作标记有什么区别？

（2）在<%！和%>之间声明的变量和在<%和%>之间声明的变量有何区别？

（3）如果两个用户同时访问同一个 JSP 页面，该页面中的程序段将被执行几次？

3.7 实训

【实训目的】了解和掌握 JSP 页面结构；掌握变量和方法的声明方式；掌握 Java 程序片的使用以及 Java 表达式的使用；掌握 JSP 指令标记和 JSP 动作标记的使用。

【实训内容】

1．编写两个简单的 JSP 页面

灵活运用 JSP 语法编写两个 JSP 页面，名字分别为 inputName.jsp、people.jsp。具体要求如下：

1）inputName.jsp 页面设计一个表单，用户通过该表单输入自己的姓名并提交给 people.jsp 页面，其效果如图 3-9 所示。

2）people.jsp 页面获取从 inputName.jsp 页面输入并提交的所有姓名，其效果如图 3-10 所示。若输入的姓名为空，或字符数大于 10，则页面转向 inputName.jsp 页面。

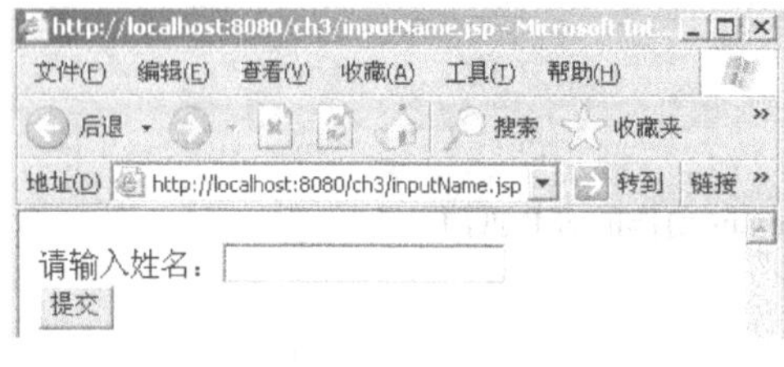

图 3-9　inputName.jsp 页面

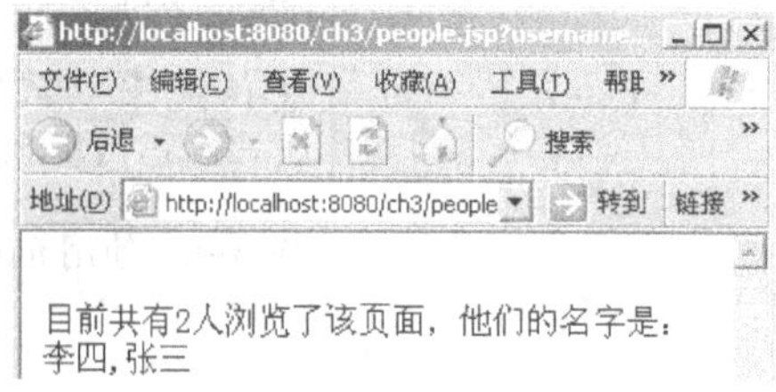

图 3-10　people.jsp 页面

2．编写四个 JSP 页面及一个 TXT 文件

编写四个 JSP 页面及一个 TXT 文件四个 JSP 页面都包含该 TXT 文件，各文件要求如下：

1）head.txt 定义一个导航条，被其他页面调用后的效果如图 3-11 所示。

one. jsp页面　two. jsp页面　three. jsp页面

图 3-11　head. txt 文件

2）one. jsp 页面设计一个表单，供用户输入 1 ~ 100 之间的整数，之后将结果提交给本页面。如果输入的整数在 50 ~ 100 之间（不包括 50）就转向 three. jsp 页面；如果输入的整数在 1 ~ 50 之间就转向 two. jsp 页面；如果输入不符合要求的整数，如 120，就转向 error. jsp 页面。要求 forward 标记在实现页面转向时，使用 param 子标记将整数传递到转向的 two. jsp 或 three. jsp 页面、将有关输入错误的信息传递到转向的 error. jsp 页面。one. jsp 页面效果如图 3-12所示。

3）two. jsp 和 three. jsp 页面输出从 one. jsp 页面传递过来的值，并显示一幅图像，该图像的宽和高属性值为 one. jsp 页面传递过来的值。error. jsp 页面显示错误信息和一幅警告图像。two. jsp 页面效果如图 3-13 所示，three. jsp 页面效果如图 3-14 所示，error. jsp 页面效果如图 3-15 所示。

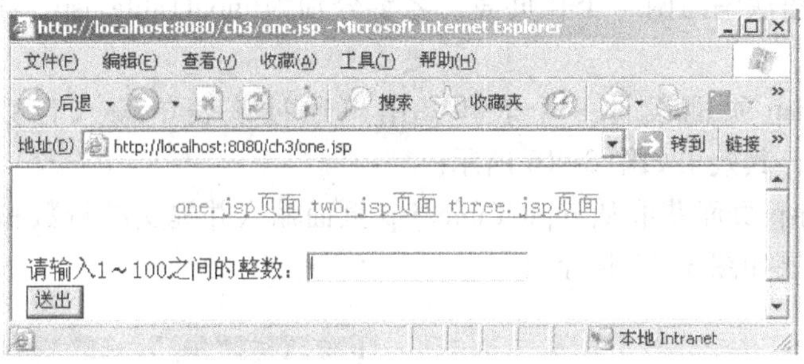

图 3-12　one. jsp 页面

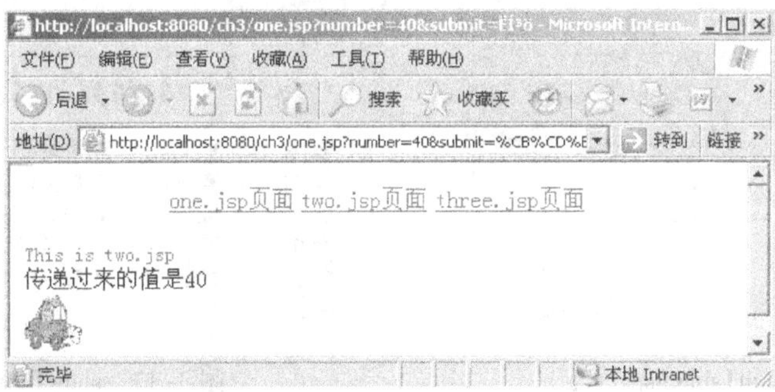

图 3-13　two. jsp 页面

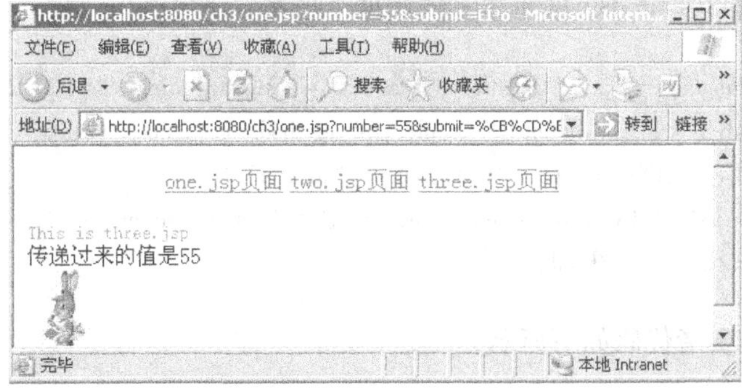

图 3-14　three. jsp 页面

图 3-15　error. jsp 页面

3. 运用 JSP 语法编写两个 JSP 页面

灵活运用 JSP 语法编写两个 JSP 页面，名字分别为 inputTable. jsp、showTable. jsp。具体要求如下：

1）inputTable. jsp 页面设计一个表单，用户通过该表单输入行数和列数并提交给 showTable. jsp 页面，其效果如图 3-16 所示。

2）showTable. jsp 页面获取从 inputTable. jsp 页面输入并提交的行数和列数，动态输出表格，其代码执行效果如图 3-17 所示。

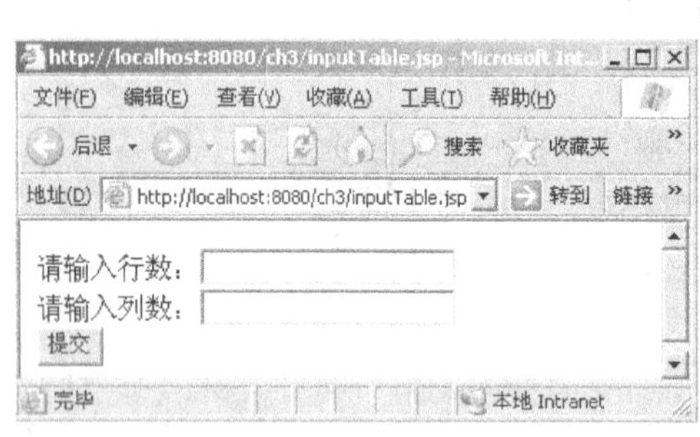

图 3-16　inputTable. jsp 页面

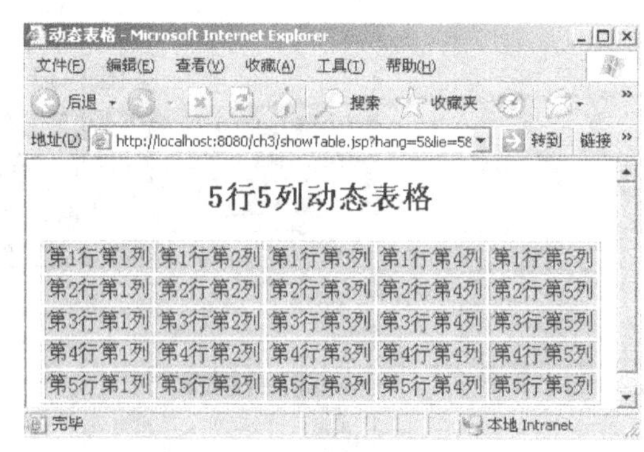

图 3-17　showTable. jsp 页面

【参考代码】 inputName. jsp 页面参考代码如下所示：

```
<%@ page language="java" import="java.util.*" pageEncoding="GB2312"%>
<html> <body> <FORM action="people.jsp" method=get name=form>
    请输入姓名：<INPUT type="text" name="username">
    <BR> <INPUT TYPE="submit" value="提交" name=submit>
</FORM> </body> </html>
```

people. jsp 页面参考代码如下所示：

```
<%@ page language = "java"  import = "java.util. * " pageEncoding = "GB2312" % >
<html > <body >
<%! int count;
    StringBuffer personList;
    public void judge() {
          if(count ==0)    personList = new StringBuffer();
    }
    public void addPerson(String p) {
          if(count ==0)
                personList.append(p);
          else
                personList.append("," +p);
          count ++;
    }
%>
<%    String name = request.getParameter("username");
    byte bb[] =name.getBytes("iso -8859 -1");
    name = new String(bb);
    if(name.length() ==0||name.length() >10) {
  %>       <jsp:forward page = "inputName.jsp" />
<%   }
    judge();
    addPerson(name);
%>
<BR >目前共有 <% =count% >人浏览了该页面,他们的名字是: <BR > <% =personList% >
</body > </html >
```

head.txt 页面参考代码如下所示:

```
<%@ page contentType = "text/html;charset = GB2312"  % >
  <table cellSpacing = "1"  cellPadding = "1"  width = "60% "  align = "center"  border = "0"  >
    <tr valign = "bottom" >
    <td > <A href = "one.jsp" > <font size =3 >one.jsp 页面 </font > </A > </td >
    <td > <A href = "two.jsp" > <font size =3 >two.jsp 页面 </font > </A > </td >
    <td > <A href = "three.jsp" > <font size =3 >three.jsp 页面 </font > </A > </td >
</tr > </table >
```

one.jsp 页面参考代码如下所示:

```
<%@ page contentType = "text/html;charset = GB2312"  % >
<HTML > <HEAD > <jsp:include page = "head.txt"/ > </HEAD >
<BODY > <FORM action = ""  method = get name = form >
```

```
    请输入1至100之间的整数:<INPUT type="text" name="number">
    <BR><INPUT TYPE="submit" value="送出" name=submit>    </FORM>
  <% String num=request.getParameter("number");
     if(num==null)           num="0";
     try{ int n=Integer.parseInt(num);
          if(n>=1&&n<=50){
%>              <jsp:forward page="two.jsp" >
                    <jsp:param name="number" value="<%=n%>" />
                </jsp:forward>
<%        }
          else if(n>50&&n<=100){
%>              <jsp:forward page="three.jsp" >
                    <jsp:param name="number" value="<%=n%>" />
                </jsp:forward>
<%        }
          else if(n>100){
%>              <jsp:forward page="error.jsp" >
                    <jsp:param name="mess" value="<%=n%>" />
                </jsp:forward>
<%        }
     }
     catch(Exception e){
%>          <jsp:forward page="error.jsp" >
                <jsp:param name="mess" value="<%=e.toString()%>" />
            </jsp:forward>
  <%} %>
  </BODY></HTML>
```

two.jsp 页面参考代码如下所示:

```
  <%@ page contentType="text/html;charset=GB2312" %>
  <HTML><HEAD><jsp:include page="head.txt"/></HEAD>
    <BODY><P><Font size=2 color=blue> This is two.jsp   </Font><Font size=3>
      <%   String s=request.getParameter("number");
         out.println("<BR>传递过来的值是"+s);   %>
    <BR><img src="a.jpg" width="<%=s%>" height="<%=s%>"></img></FONT>
  </BODY></HTML>
```

three.jsp 页面参考代码如下所示:

```
  <%@ page contentType="text/html;charset=GB2312" %>
  <HTML><HEAD><jsp:include page="head.txt"/></HEAD>
```

```
    <BODY> <P> <Font size=2 color=blue> This is three.jsp   </Font> <Font size=3>
      <%   String s=request.getParameter("number");
           out.println("<BR>传递过来的值是"+s);   %>
    <BR> <img src="b.jpg" width="<%=s%>" height="<%=s%>"  > </img> </FONT>
</BODY> </HTML>
```

error.jsp 页面参考代码如下所示：

```
<%@ page contentType="text/html;charset=GB2312" %>
<HTML> <HEAD> <jsp:include page="head.txt"/> </HEAD>
    <BODY> <P> <Font size=2 color=blue> This is error.jsp   </Font> <Font size=3>
      <%   String s=request.getParameter("mess");
           out.println("<BR>传递过来的错误信息"+s);   %>
    <BR> <img src="error.jpg" width="120" height="120"  > </img> </FONT> </BODY>
</HTML>
```

inputTable.jsp 页面参考代码如下所示：

```
<%@ page language="java" import="java.util.*"pageEncoding="GB2312"%>
<html> <body> <FORM action="showTable.jsp" method=get name=form>
     请输入行数: <INPUT type="text" name="hang" > <BR>
     请输入列数: <INPUT type="text" name="lie" >
     <BR> <INPUT TYPE="submit" value="提交" name=submit>
</FORM> </body> </html>
```

showTable.jsp 页面参考代码如下所示：

```
<%@ page language="java" import="java.util.*"pageEncoding="GB2312"%>
<html> <body>
<%   String str=request.getParameter("hang");
     String s=request.getParameter("lie");
     int n=Integer.valueOf(s);
     int m=Integer.valueOf(str);
%>    <h2 align="center"> <%=m%>行<%=n%>列动态表格</h2>
      <table align="center" border="1">
<%      int i,j;
     for(i=1;i<=m;i++){ %> <tr>
<%         for(j=1;j<=n;j++){%>
             <td bgcolor="#<%=i%>fdf0<%=j%>">第<%=i%>行第<%=j%>
列</td>
<%} %> </tr>
<%} %>
</table> </body> </html>
```

第 4 章　JSP 内置对象

学习目标

通过本章节的学习，读者可以达到以下学习目标：

- 掌握 JSP 常用内置对象（包括 request、out、response、session 及 application 对象）的应用及常用方法。
- 了解 pageContext、config、page 和 exception 对象的应用。

教学要求

知识要点	能力要求	相关知识
request 对象的应用及常用方法	掌握	request 对象的应用及常用方法
out 对象的应用及常用方法	掌握	out 对象的应用及常用方法
response 对象的应用及常用方法	掌握	response 对象的应用及常用方法
session 对象的应用及常用方法	掌握	session 对象的应用及常用方法
application 对象的应用及常用方法	掌握	application 对象的应用及常用方法
pageContext、config、page 和 exception 对象的应用	了解	pageContext、config、page 和 exception 对象的应用

4.1　JSP 内置对象概述

JSP 内置对象是在 JSP 运行环境中已经定义好的对象，该对象不用声明和定义就可以在 JSP 页面的脚本部分直接使用。

JSP 的主要内置对象有如下几个。

- request 对象：用于获取从客户端浏览器发送到服务器端的所有请求信息。
- out 对象：用于向客户端输出数据。
- response 对象：用于将服务器端的数据发送到客户端浏览器。
- session 对象：用于保存每一个用户信息，以便跟踪用户的状态。
- application 对象：用于在多个用户之间保存、共享信息，并在 Web 应用程序运行期间持久保持数据。
- pageContext 对象：提供对 JSP 页面内所有的对象及名字空间的访问。
- config 对象：用于配置处理 JSP 程序的句柄。
- page 对象：代表 JSP 对象本身，代表编译后的 Servlet 对象。
- exception 对象：这是一个例外对象，当一个页面在运行过程中发生了例外，就产生这个对象。

下面具体介绍常用的 JSP 内置对象。

4.2 request 对象

request 对象封装了客户端请求的所有信息，如请求的来源、标头、cookies 等和请求相关的信息。通过调用 request 对象相应的方法可以获取封装的信息，即使用该对象可以获取用户提交的信息。

4.2.1 request 对象的常用方法

表 4-1 列出了 request 对象的常用方法。

表 4-1 request 对象的常用方法

方　　法	描　　述
getAttribute(String name)	返回指定属性的属性值
getAttributeNames()	返回所有可用属性名的枚举
getCharacterEncoding()	返回字符编码方式
getContentLength()	返回请求体的长度（以字节数）
getContentType()	返回请求体的 MIME 类型
getInputStream()	返回请求体中一行的二进制流
getParameter (String name)	返回 name 指定参数的参数值
getParameterNames()	返回可用参数名的枚举
getParameterValues (String name)	返回包含参数 name 的所有值的数组
getProtocol()	返回请求用的协议类型及版本号
getMethod()	返回客户端向服务器端传送数据的方法
getServerName()	返回接受请求的服务器主机名
getServerPath()	返回客户端所请求的脚本文件的文件路径
getServerPort()	返回服务器接受此请求所用的端口号
getRemoteAddr()	返回发送此请求的客户端 IP 地址
getRemoteHost()	返回发送此请求的客户端主机名
getRealPath (String path)	返回某虚拟路径的真实路径
getRequestURI()	返回发出请求字符串的客户端地址
setAttribute (String key, Object obj)	设置属性的属性值
setCharacterEncoding()	设置字符编码方式

4.2.2 案例1 使用 request 对象获取客户端请求的 HTTP 头信息并显示

【案例学习目标】学习 request 对象获取客户端请求的 HTTP 头信息的方法。

【案例知识要点】request 对象获取客户端请求的 HTTP 头信息的方法。

【案例完成步骤】

1）在 Tomcat 服务器的 webapps 目录下创建用于保存第 4 章案例文件的目录 ch4，本章案例中的 JSP 页面均保存在 ch4 目录中。

2）复制 WEB－INF 目录及其子文件 web.xml 到 ch4 目录下。

3）在 ch4 目录中编写 JSP 页面 Sample4_1.jsp，该页面使用 request 对象获取客户端请求的 HTTP 头信息。

4）启动 Tomcat 服务器，在浏览器的地址栏中输入“http://localhost:8080/ch4/Sample4_1.jsp”，验证程序是否能正确执行。

【案例代码】 Sample4_1.jsp 页面代码如下所示：

```
1  <%@ page contentType="text/html; charset=GB2312" %>
2  <html><head><title>Request 对象演示</title></head>
3  <body><h2 align="center"> Request 请求信息</h2><hr>
4  JSP 请求方法:<%= request.getMethod() %><br>
5  请求 URI:<%= request.getRequestURI() %><br>
6  请求协议:<%= request.getProtocol() %><br>
7  Servlet 路径<%= request.getServletPath() %><br>
8  远程地址:<%= request.getRemoteAddr() %><br>
9  远程主机:<%= request.getRemoteHost() %><br>
10 内容长度:<%= request.getContentLength() %><br>
11 内容类型:<%= request.getContentType() %><br>
12 服务器名:<%= request.getServerName() %><br>
13 服务器端口:<%= request.getServerPort() %><br><hr></body></html>
```

【程序说明】

- 第 4 行使用 request 对象的 getMethod()方法，以此获得客户端向服务器端传送数据的方法并在页面中显示。
- 第 5 行使用 request 对象的 getRequestURI()方法，以此获得发出请求字符串的客户端地址并在页面中显示。
- 第 6 行使用 request 对象的 getProtocol()方法，以此获得该请求使用的协议类型及版本号。
- 第 7 行使用 request 对象的 getServletPath()方法，以此获得客户端所请求的脚本文件的文件路径并在页面中显示。
- 第 8 行使用 request 对象的 getRemoteAddr()方法，以此获得发送此请求的客户端 IP 地址并在页面中显示。
- 第 9 行使用 request 对象的 getRemoteHost()方法，以此获得发送此请求的客户端主机名并在页面中显示。
- 第 10 行使用 request 对象的 getContentLength()方法，以此获得请求体内容的长度并在页面中显示。
- 第 11 行使用 request 对象的 getContentType()方法，以此获得请求体的 MIME 类型并在页面中显示。
- 第 12 行使用 request 对象的 getServerName()方法，以此获得接受请求的服务器主机名并在页面中显示。
- 第 13 行使用 request 对象的 getServerPort()方法，以此获得服务器接受此请求所用的端口号并在页面中显示。

【程序运行界面】程序运行界面如图 4-1 所示。

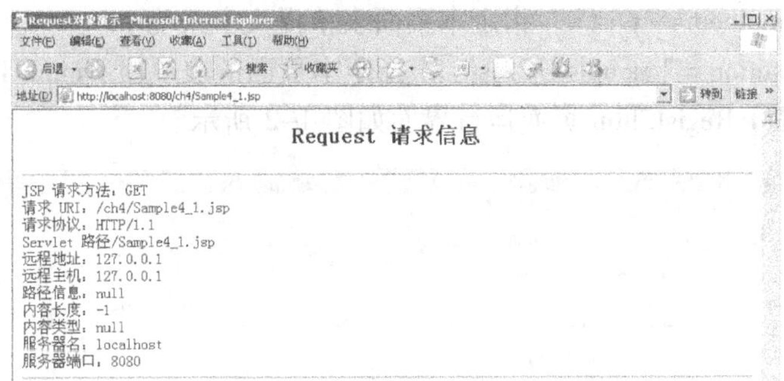

图 4-1 使用 request 对象获取客户端请求的 HTTP 头信息并显示的 JSP 页面

4.2.3 案例 2 使用 request 对象获取表单信息、处理汉字

【案例学习目标】学习 request 对象获取表单信息、处理汉字信息的方法。

【案例知识要点】request 对象获取表单信息的方法以及处理汉字信息的方法。

【案例完成步骤】

1）在 ch4 目录中编写简单的用户注册页面 Regist. htm。

2）在 ch4 目录中编写获取表单信息、处理汉字信息的 JSP 页面 Sample4_2. jsp。

3）启动 Tomcat 服务器，在浏览器的地址栏中输入“http://localhost:8080/ch4/Regist. htm”，验证程序是否能正确执行。

【案例代码】Regist. htm 页面代码如下所示：

```
<html> <title>请输入注册信息</title>
<body> <div align="center">
<form name="form1" id="form1" method="post" action="Sample4_2.jsp">
  <table width="323" border="1">
    <tr> <td width="165">用户名:</td>
      <td width="142"> <input name="username" type="text" id="username" /> </td>
    </tr>
    <tr> <td>密码:</td>
      <td> <input name="password" type="password" id="password" /> </td>
    </tr>
    <tr> <td>确认密码:</td>
      <td> <input name="confpassword" type="password" id="confpassword" /> </td>
    </tr>
    <tr> <td>姓名:</td>
      <td> <input name="name" type="text" id="name" /> </td>
    </tr>
    <tr> <td>电子邮箱:</td>
      <td> <input name="email" type="text" id="email" /> </td>
    </tr>
    <tr> <td colspan="2"> <input type="submit" name="Submit" value="确定" />
      <input type="reset" name="Submit2" value="重填" /> </td>
    </tr>
  </table>
</form>
</div> </body> </html>
```

【程序说明】

- 第 3 行中"method = "post""指定本页面表单提交方式为 post。
- 第 3 行中"action = "Sample4_2. jsp""指定本页面的表单由 Sample4_2. jsp 负责处理。

【程序运行界面】Regist. htm 页面运行界面如图 4-2 所示。

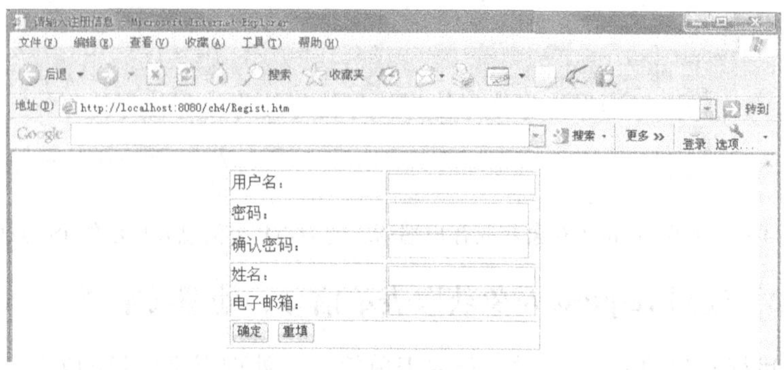

图 4-2　用户注册页面

【案例代码】Sample4_2. jsp 页面代码如下所示：

```
1  <%@ page contentType = "text/html; charset = GB2312"  % >
2  <html> <head> <title>显示用户注册信息</title> </head>
3  <body>
4  <%
5  String id = request. getParameter( "username" ) ;
6  String password = request. getParameter( "password" ) ;
7  String name = request. getParameter( "name" ) ;
8  byte b[ ] = name. getBytes( "ISO - 8859 - 1" ) ;
9        name = new String( b) ;
10 String email = request. getParameter( "email" ) ;
11 % >
12 <div align = "center" > <p>您输入的注册信息如下：</p>
13 <table width = "323"  border = "1" >
14       <tr> <td width = "165" >用户名：</td>
15          <td width = "142" > <% = id% > </td>
16       </tr>
17       <tr> <td>密码：</td>
18          <td> <% = password% > </td>
19       </tr>
20       <tr> <td>姓名：</td>
21          <td> <% = name% > </td>
22       </tr>
23          <tr> <td>电子邮箱：</td>
24          <td> <% = email% > </td>
25       </tr>
26    </table>
27 </div> </body> </html>
```

【程序说明】

- 第 1 行使用 page 指令指定响应的 JSP 页面的 MIME 类型为"text/html"，字符编码为"GB2312"。

- 第 5 行使用 request. getParameter (" username") 方法获得 Sample4 _2. htm 页面中 username 文本框的输入值。
- 第 6 行使用 request. getParameter(" password") 方法获得 Sample4_2. htm 页面中 password 文本框的输入值。
- 第 7 行使用 request. getParameter(" name ") 方法获得 Sample4_2. htm 页面中 name 文本框的输入值。
- 第 8 行代码将获取到的信息以 ISO－8859－1 编码形式存储到字节数组 b 中。
- 第 9 行代码将数组 b 转化为字符串对象，实现汉字的正常显示。
- 第 10 行使用 request. getParameter(" email ") 方法获得 Sample4_2. htm 页面中 email 文本框的输入值。
- 第 15 行中使用“ <% =id% >”在页面中显示用户名。
- 第 18 行中使用“ <% =password% >”在页面中显示密码。
- 第 21 行中使用“ <% =name% >”在页面中显示姓名。
- 第 24 行中使用“ <% =email% >”在页面中显示电子邮箱。

【程序运行界面】 Sample4_2. jsp 页面运行界面如图 4-3 所示。

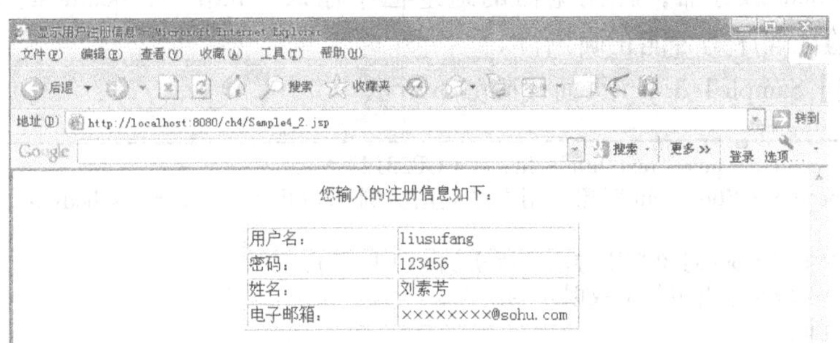

图 4-3 获取表单信息、处理汉字信息的 JSP 页面

4.3 out 对象

out 对象是一个输出流对象。在 JSP 页面中，可以使用 out 对象将所需的信息发送到客户端浏览器。JSP 引擎对 JSP 页面进行编译时，out 对象会被转换为 java. io. PrintWriter 对象。

4.3.1 out 对象的常用方法

表 4-2 列出了 out 对象的常用方法。

表 4-2 out 对象常用方法

方　法	描　述
print( )	输出各种类型的数据
println( )	输出各种类型的数据并换行

（续）

方　法	描　述
newLine()	输出一个换行符
flush()	输出缓冲的数据
close()	首先将缓冲区里的数据输出到客户端，然后关闭对客户端的输出流
clearBuffer()	清除缓冲区里的数据，并且把数据写到客户端
clear()	清除缓冲区里的数据，但不把数据写到客户端
getBufferSize()	获得缓冲区的大小。缓冲区的大小是通过预编译指令 page 和 buffer 属性来确定的
getRemaining()	获得缓冲区没有使用的字节数
isAutoFlush()	返回布尔值，返回值由 page 指令的 autoFlush 的属性值决定

4.3.2　案例3　使用 out 对象输出各种类型数据到客户端

【案例学习目标】学习 out 对象各种常用方法的使用。

【案例知识要点】out 对象的常用方法。

【案例完成步骤】

1）在 ch4 目录中编写 JSP 页面 Sample4_3. jsp，该页面使用 out 对象的各种常用方法。

2）启动 Tomcat 服务器，在浏览器的地址栏中输入“http://localhost:8080/ch4/Sample4_3. jsp”，验证程序是否能正确执行。

【案例代码】Sample4_3. jsp 页面代码如下所示：

```
<%@ page contentType="text/html;charset=GB2312" %>
<html><head><title>out 对象常用方法应用实例 </title></head><body>
<%
out.println("<h3>out 对象常用方法应用实例</h3>");
out.println("<br>输出布尔型数据:");
out.println(true);
out.println("<br>输出字符型数据:");
out.println('1');
out.println("<br>输出数组数据:");
out.println(new char[]{'1','s','f'});
out.println("<br>输出双精度数据:");
out.println(8.23d);
out.println("<br>输出单精度数据:");
out.println(11.2f);
out.println("<br>输出整型数据:");
out.println(6);
out.println("<br>输出长整型数据:");
out.println(123456789123456789L);
out.println("<br>输出对象:");
out.println(new java.util.Date());
out.println("<br>输出字符串:");
out.println("<font size=4 color=blue>white_fangzi@sohu.com</font>");
out.println("<br>输出新行:");
out.newLine();
out.println("<br>缓冲区大小:");
out.println(out.getBufferSize());
out.println("<br>缓冲区剩余大小:");
out.println(out.getRemaining());
out.println("<br>是否自动刷新:");
```

```
30 out.println(out.isAutoFlush());
31 out.flush();
32 out.println("<br>调用 out.flush()");
33 out.close();
34 out.println("这一行信息不会输出");
35 %>
36 </body></html>
```

【程序说明】

- 第 4 行使用 out.println()方法输出带有 HTML 格式的信息。
- 第 5～18 行使用 out.println()方法输出各种类型的数据，包括布尔型、字符型、数组型、双精度型、单精度型、整型、长整型。
- 第 19～20 行使用 out.println()方法输出日期对象。
- 第 22 行使用 out.println()方法输出设置好字体、颜色的字符串。
- 第 24 行使用 out.newLine()方法输出新行。
- 第 26 行使用 out.getBufferSize()方法获得当前缓冲区大小。
- 第 28 行使用 out.getRemaining()方法获得当前剩余缓冲区大小。
- 第 30 行使用 out.isAutoFlush()方法判断是否自动刷新。
- 第 31 行使用 out.flush()方法输出缓冲区里的数据。
- 第 33 行使用 out.close()方法关闭输出流。
- 第 34 行中的“这一行信息不会输出”不会在屏幕上产生输出，因为第 33 行已经使用 out.close()方法关闭了输出流。

【程序运行界面】程序运行界面如图 4-4 所示。

图 4-4　使用 out 对象的常用方法的 JSP 页面

4.4　response 对象

第 4.1 节学习了使用 request 对象获取客户端请求的信息，与 request 对象相对应的是

response 对象。response 对象用于对客户端的请求作出动态响应，同时向客户端发送数据。

例如，当一个用户请求访问一个 JSP 页面时，若该页面使用 page 指令设置页面的 contentType 属性的值是 text/html，那么 JSP 引擎将按照这个属性值响应用户对页面的请求，同时将页面的静态部分返回给用户。如果想动态地改变 contentType 的属性值，需要使用 response 对象动态响应该属性。

4.4.1 response 对象的常用方法

表 4-3 列出了 response 对象的常用方法。

表 4-3 response 对象的常用方法

方法	描 述
addCookie（Cookie cookie）	添加一个 Cookie 对象，并将它发送到客户端，同时保存到客户端操作系统的某个特定目录下。该方法用于保存客户端的特定信息
addHeader（String name，String value）	添加 HTTP 文件头信息，这些信息将被传到客户端
setHeader（String name，String value）	指定 String 类型的值到 name 标头
containsHeader（String name）	判断指定名字的 HTTP 文件头是否存在，返回值是布尔类型
sendError（int sc）	传送状态码（status code），如 404、505 等
sendError（int sc，String msg）	传送状态码和错误信息，如 404：网页找不到的错误，505：服务器内部错误等
setStatus（int sc）	设定状态码
sendRedirect（String URL）	使当前页面重定向到另外的 JSP 程序或者 HTML 文件中
flushBuffer()	强制将当前缓冲区的内容发送到客户端
getBufferSize()	返回缓冲区的大小
getOutputStream()	获取客户端的输出流对象
setContentType()	动态改变 contentType 的属性

4.4.2 案例 4 使用 response 对象自动刷新页面

【案例学习目标】学习 response 对象 setHeader()方法的使用。

【案例知识要点】response 对象的 setHeader()方法。

【案例完成步骤】

1）在 ch4 目录中编写 JSP 页面 Sample4_4.jsp，该页面使用 response 对象的 setHeader()方法实现自动刷新。

2）启动 Tomcat 服务器，在浏览器的地址栏中输入“http://localhost:8080/ch4/Sample4_4.jsp”，验证程序是否能正确执行。

【案例代码】Sample4_4.jsp 页面代码如下所示：

```
<%@ page contentType="text/html;charset=GB2312" %>
<HTML><HEAD><TITLE>页面自动刷新</TITLE></HEAD>
    <BODY>
        <%!int i=0;%>
        <%response.setHeader("refresh","1");%>
        <h1><%=i++%></h1>
    </BODY>
</HTML>
```

【程序说明】

- 第 1 行使用 page 指令设置页面属性。
- 第 4 行声明一个整形变量 i，初始值为 0，该变量在 page 页面范围内有效。
- 第 5 行使用 response. setHeader( )方法设置每 1 秒页面刷新一次。
- 第 6 行使用“i ++”实现每次刷新页面时 i 自增 1，并页面中显示 i 的值。

【程序运行界面】页面自动刷新 10 次后如图 4-5 所示。

图 4-5　自动刷新的 JSP 页面

4.4.3　案例 5　使用 response 对象重定向页面

【案例学习目标】学习 response 对象 sendRedirect( )方法的使用。

【案例知识要点】response 对象的 sendRedirect( )方法。

【案例完成步骤】

1）在 ch4 目录中创建选择链接的静态页面 SelectLink. htm。

2）在 ch4 目录中编写 JSP 页面 Sample4_5. jsp，该页面使用 response 对象的 sendRedirect( )方法实现重定向。

3）启动 Tomcat 服务器，在浏览器的地址栏中输入“http://localhost:8080/ch4/SelectLink. htm”，验证程序是否能正确执行。

【案例代码】SelectLink. htm 页面代码如下所示：

```
<html>
<head>
<title>Response 重定向演示</title>
</head>
<body><b>友情链接</b><br>
<form action = "Sample4_5.jsp" method = "get">
<select name = "where">
   <option value = "baidu" selected>百度搜索
   <option value = "qqnews"> QQ 新闻网
   <option value = "mitu"> 福建信息职业技术学院
</select>
<input type = "submit" value = "跳转">
</form>
</body>
</html>
```

【程序说明】

- 第 6 行中“method="get"”指定本页面表单提交方式为 get。
- 第 6 行中“action="Sample4_5.jsp"”指定本页面的表单由 Sample4_5.jsp 负责处理。
- 第 7～11 行定义一个下拉菜单，name 值为“where”。

【程序运行界面】SelectLink.htm 页面如图 4-6 所示。

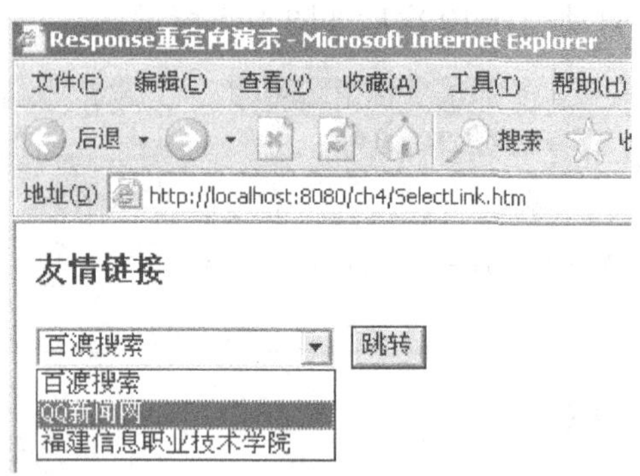

图 4-6　选择链接页面

【案例代码】Sample4_5.jsp 页面代码如下所示：

```
1  <%@ page contentType="text/html;charset=GB2312"%>
2  <html>
3      <head><title>response 对象的 setContentType 方法演示</title></head>
4      <body>
5          <%
6              String address = request.getParameter("where");
7              if (address != null) {
8                  if (address.equals("baidu"))
9                      response.sendRedirect("http://www.baidu.com");
10                 else if (address.equals("qqnews"))
11                     response.sendRedirect("http://news.qq.com");
12                 else if (address.equals("mitu"))
13                     response.sendRedirect("http://www.mitu.cn");
14             }
15         %>
16     </body>
17 </html>
```

【程序说明】

- 第 1 行使用 page 指令设置页面属性。
- 第 6 行使用 request.getParameter（"where"）方法获取 SelectLink.htm 页面中 name 值为“where”的下拉菜单选择项的值。
- 第 8～13 行根据不同的选择值使用 response.sendRedirect()方法重定向到不同的页面。

4.4.4　案例 6　使用 response 对象动态响应 contentType 属性

【案例学习目标】学习 response 对象 setContentType()方法的使用。

【案例知识要点】response 对象的 setContentType()方法。

【案例完成步骤】

1）在 ch4 目录中编写 JSP 页面 Sample4_6. jsp，该页面使用 response 对象的 setContent-Type( )方法动态改变响应的 MIME 类型。

2）启动 Tomcat 服务器，在浏览器的地址栏中输入“http://localhost:8080/ch4/Sample4_6. jsp”，验证程序是否能正确执行。

【案例代码】Sample4_6. jsp 页面代码如下所示：

```
1   <%@ page contentType = "text/html;charset = GB2312" %>
2   <HTML>
3       <BODY> <FONT size = 3>
4               <P>我正在学习 response 对象的 <BR> setContentType 方法
5               <P>将当前页面保存为 word 文档吗?
6               <FORM action = "" method = "get" name = form>
7                   <INPUT TYPE = "submit" value = "YES" name = "submit">
8               </FORM>
9   <%
10      String str = request. getParameter( "submit" );
11      if (str == null)
12          str = "";
13      if (str. equals( "YES" ))
14          response. setContentType( "application/msword;charset = GB2312" );
15  %>
16  </FONT> </BODY> </HTML>
```

【程序说明】

- 第 1 行使用 page 指令设置页面属性。
- 第 6 ~ 8 行定义一个表单、一个提交按钮，按钮 value 值为“YES”。
- 第 10 行使用 request. getParameter （"submit"） 方法获取表单按钮的 value 值。
- 第 14 行使用 response. setContentType( )方法动态改变响应的 MIME 类型为"application/msword; charset = GB2312"。

【程序运行界面】程序运行界面如图 4-7 所示；单击“YES”按钮后如图 4-8 所示；单击“打开”按钮将打开 Word 程序显示内容；单击“保存”按钮将该程序内容以 Word 文档格式进行保存。

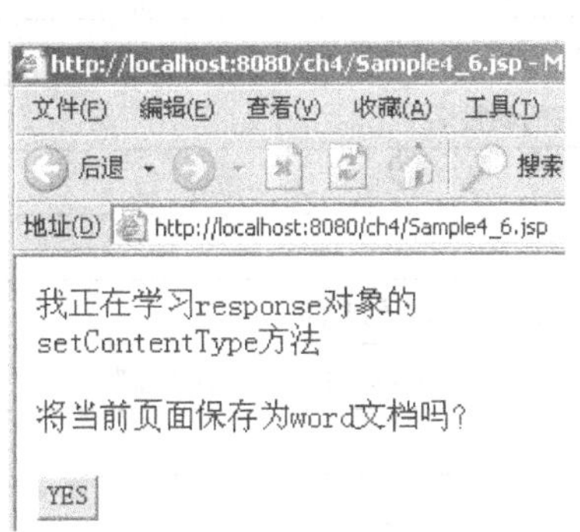

图 4-7 Sample4_6. jsp 页面

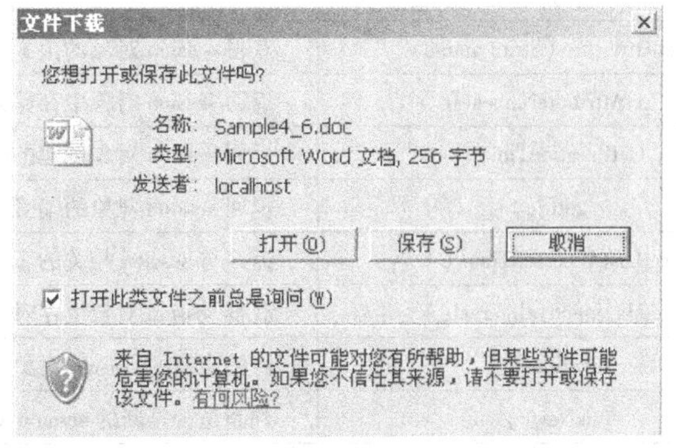

图 4-8 “文件下载”对话框

4.5 session 对象

HTTP 是一种无状态协议。一个用户向服务器发出请求（request），然后服务器返回响应（response），之后连接就被关闭了。在服务器端不会保留连接的有关信息，因此当下一次连接时，服务器无法判断这一次连接和以前的连接是否属于同一用户。因此，必须使用会话来记录有关连接的信息。

session 对象是与请求相关的 HttpSession 对象，它封装了属于用户会话的所有信息。从一个用户打开浏览器连接到服务器开始，到用户关闭浏览器离开这个服务器结束，这个过程称为一个会话。当一个用户访问一个服务器时，可能会在这个服务器的几个页面反复连接、反复刷新一个页面或不断地向一个页面提交信息等，服务器通过 session（会话）对象知道这是同一个用户在进行操作。

session 对象的 id 是当一个用户首次访问服务器上的一个 JSP 页面时，JSP 引擎产生一个 session 对象，同时为这个 session 对象分配了一个 String 类型的 id，JSP 引擎同时将这个 id 发送到客户端，并存放在用户的 Cookie 中。这样 session 对象和用户之间就建立起一一对应的关系，即每个用户都对应着一个 session 对象（该用户的会话），这些 session 对象互不相同，具有不同的 id。

session 对象调用相应的方法可以存储用户在访问各个页面期间提交的各种信息，如姓名、号码等信息。当用户再次访问连接该服务器的其他页面时，或从该服务器连接到其他服务器再回到该服务器时，JSP 引擎不再分配给该用户新的 session 对象，而是使用完全相同的一个，直到用户关闭浏览器后，服务器端该用户的 session 对象被销毁，即与用户的会话对应关系被终止。当用户重新打开浏览器再次连接到该服务器时，服务器将为该用户创建一个新的 session 对象。

4.5.1 session 对象的常用方法

表 4-4 列出了 session 对象的常用方法。

表 4-4 session 对象的常用方法

方法	描　述
getAttribute（String name）	获得 session 对象的由 name 指定名字的属性的值
getAttributeNames()	返回 session 对象中存储的所有的属性名
GetCreationTime()	返回 session 对象创建的时间
getId()	返回 session 对象的编号
getLastAccessedTime（）	返回与 session 相关的客户端最后一次访问的时间
getMaxInactiveInterval()	获得 session 对象生存时间，负值表示 session 对象永远不会过期
invalidate()	注销当前的 session 对象
isNew()	判断是否是新的 session 对象
removeAttribute（String name）	删除指定属性的属性值及属性名
setAttribute（String name，Object obj）	设置 session 对象的由 name 指定名字的属性的值

4.5.2 案例 7 使用 session 制作站点计数器

第 3 章第 3.3.4 节讲述过一个计数器的例子 Sample3_3.jsp，但那个例子可以通过不断地刷新页面来增加计数器的计数，本例使用 session 对象禁止用户通过刷新页面增加计数。原理是当用户刷新页面时，可以使用 session 对象的 public boolean isNew() 方法，判断是否是一个新的用户，因为用户刷新页面不会改变服务器分配给该用户的 session 对象。

【案例学习目标】学习使用 session 对象制作站点计数器的方法。

【案例知识要点】使用 session 对象制作站点计数器的方法。

【案例完成步骤】

1）复制 ch3 中的 Sample3_3.jsp 文件到 ch4 中，重命名为 Sample4_7.jsp。

2）修改 Sample4_7.jsp 文件代码，使用 session 对象制作站点计数器。

3）启动 Tomcat 服务器，在浏览器的地址栏中输入"http://localhost:8080/ch4/Sample4_7.jsp"，验证程序是否能正确执行。

【案例代码】Sample4_7.jsp 页面代码如下所示：

```
1   <%@ page contentType = "text/html;charset = GB2312" %>
2   <HTML> <BODY>
3               <%! int number = 0;               //声明变量
4       synchronized void countPeople()        //声明方法
5       {
6           number ++;
7       } %>
8               <%
9                   if (session.isNew()) {
10                      countPeople();            //在程序片中调用方法
11                      String str = String.valueOf(number);
12                      session.setAttribute("count", str);
13                  }
14          %>
15          <P>您是第 <font color = red>
16                  <% = (String) session.getAttribute("count") %> </font>
17                  个访问本站的用户。<br>刷新页面不影响访问人数
18  </BODY> </HTML>
```

【程序说明】

- 第 1 行使用 page 指令设置页面属性。
- 第 3 行声明变量 number，初始化为 0，用于存储计数器值。
- 第 4 ~ 7 行声明方法 countPeople()，该方法对 number 变量进行累加操作实现一个简单的计数器，synchronized 修饰符可以使多个同时访问 countPeople() 的线程排队进行调用。
- 第 9 行使用 session.isNew() 方法判断是否是新的 session 对象。
- 第 10 行表示若是新的 session 对象则调用方法 countPeople()，用于累加计数器。
- 第 11、12 行将计数值保存到名为"count"的 session 属性中。

● 第 16 行使用 session. getAttribute（"count"）方法读取 session 对象中的“count”属性，用于显示站点访问人数。

【程序运行界面】程序运行界面如图 4-9 所示。

图 4-9　网站计数器页面

4.5.3　案例 8　制作登录模块

【案例学习目标】学习 session 对象保存 request 对象获取信息的方法、out 对象输出数据到客户端的方法、response 对象重定向页面的方法，以及综合应用 JSP 常用内置对象制作登录模块的方法。

【案例知识要点】request 对象获取信息的方法；session 对象保存信息的方法；out 对象输出数据到客户端的方法；response 对象重定向页面的方法。

【案例完成步骤】

1）在 ch4 目录中创建用户登录页面 login. htm。

2）在 ch4 目录中编写使用 JSP 内置对象处理登录信息的页面 Sample4_8. jsp。

3）在 ch4 目录中编写处理登录成功信息的页面 welcome. jsp。

4）启动 Tomcat 服务器，在浏览器地址栏中输入“http://localhost:8080/ch4/login. htm”，验证程序是否能正确执行。

【案例代码】login. htm 页面代码如下所示：

```
1   <html>
2       <head><title>用户登录</title></head>
3       <body>
4           <form method="post" action="Sample4_8.jsp">
5               <p>用户名:<input type="text" name="username" size="20"></p>
6               <p>密 码:<input type="password" name="password" size="20"></p>
7               <p><input type="submit" value="登录" name="ok">
8                   <input type="reset" value="取消" name="cancel"></p>
9           </form>
10      </body>
11  </html>
```

【程序说明】

● 第 4 行中“method="post"”指定本页面表单提交方式为 post。

● 第 4 行中“action="Sample4_8. jsp"”指定本页面的表单由 Sample4_8. jsp 负责处理。

- 第 5 ~ 6 行定义两个单行文本框，分别用于输入用户名和密码，name 值分别为“username”和“password”。

【案例代码】Sample4_8. jsp 页面代码如下所示：

```
1   <%@ page contentType="text/html;charset=GB2312"%>
2   <html>
3       <head><title>Session 应用演示</title></head>
4       <%
5           if (request.getParameter("username") != null
                    && request.getParameter("password") != null) {
6               String username = request.getParameter("username");
7               String password = request.getParameter("password");
8               if (username.equals("lsf") && password.equals("123456")) {
9                   session.setAttribute("login", "OK");
10                  session.setAttribute("user", username);
11                  out.println("<h2>登录成功!</h2>");
12                  out.println("<h2>3 秒钟后,自动跳转到允许访问的页面!</h2>");
13                  response.setHeader("Refresh", "3;URL=welcome.jsp");
14              } else {
15                  out.println("<h2>登录错误,请输入正确的用户名和密码</h2>");
16                  out.println("<h2>3 秒钟后,自动跳转到登录页面!</h2>");
17                  response.setHeader("Refresh", "3;URL=;login.htm");
18              }
19          } else {
20              response.sendRedirect("login.htm");
21          }
22      %>
23  </html>
```

【程序说明】

- 第 5 行使用 request. getParameter( )方法获取 login. htm 登录页面中输入的用户名和密码，判断值是否为空。
- 第 6 ~ 7 行将获取的用户名和密码分别保存在 username 和 password 中。
- 第 8 ~ 13 行如果用户名和密码正确（用户名为“lsf”，密码为“123456”），使用 session. setAttribute( )方法保存登录成功的信息到 session 对象的 login 属性中，保存用户名到 session 对象的 user 属性中。使用 out. println( )方法显示登录成功信息。使用 response. setHeader（"Refresh"，"3；URL = welcome. jsp"）方法，设置 3 秒后自动跳转到 welcome. jsp 页面。
- 第 14 ~ 18 行如果用户名或密码不正确，使用 out. println( )方法显示登录失败信息。使用 response. setHeader（"Refresh"，"3；URL = login. htm"）方法，设置 3 秒后自动跳转到 login. htm 页面。
- 第 19 ~ 21 行表示若获得的用户名或密码为空，使用 response. sendRedirect( )方法重定向页面到 login. htm。

【案例代码】welcome. jsp 页面代码如下所示：

```
1  <%@ page contentType = "text/html;charset = GB2312" %>
2  <html>
3  <head> <title>欢迎光临</title> </head>
4  <body>
5  <%
6      StringstrLogin = (String)session.getAttribute("login");
7      StringstrUser = (String)session.getAttribute("user");
8      if (strLogin == null||strUser == null)
9      {
10         out.println("<h2>请先登录,谢谢!</h2>");
11         out.println("<h2>3 秒钟后,自动跳转到登录页面!</h2>");
12         response.setHeader("Refresh","3;URL = login.htm");
13     }
14     else
15     {
16         if (strLogin.equals("OK"))
17         {
18             out.println(strUser + "<h2>欢迎进入我们的网站!</h2>");
19         }
20         else
21         {
22             out.println("<h2>用户名或密码错误,请重新登录!</h2>");
23             out.println("<h2>3 秒钟后,自动跳转到登录页面!</h2>");
24             response.setHeader("Refresh","3;URL = login.htm");
25         }
26     }
27 %>
28 </body>
29 </html>
```

【程序说明】

- 第 6 行使用 session. getAttribute （"login"） 方法读取 session 对象的 login 属性的值。如果该值为 OK，表示登录成功。
- 第 7 行使用 session. getAttribute （"user"） 方法读取 session 对象的 user 属性的值。
- 第 8 ~13 行表示若 login 属性的值或 user 属性的值为空（没有经过 login. htm 页面），则使用 out. println( )方法显示要求登录提示。使用 response. setHeader （"Refresh"，"3；URL = login. htm"） 方法，设置 3 秒后自动跳转到 login. htm 页面。
- 第 14 ~19 行表示若 login 属性的值为 OK，登录成功，使用 out. println( )方法显示用户名及欢迎信息。
- 第 20 ~25 行登录失败，使用 response. setHeader （"Refresh"，"3；URL = login. htm"）方法，设置 3 秒钟后自动跳转到 login. htm 页面。

【程序运行界面】 login. htm 运行界面如图 4-10 所示。输入正确的用户名"lsf"，密码"123456"，单击登录后，显示如图 4-11 所示的 Sample4_8. jsp 页面效果，3 秒钟后自动跳转到如图 4-12 所示的 welcome. jsp 页面效果。若用户名或密码为空或输入不正确，显示如

图 4-13 所示的 Sample4_8. jsp 页面效果，3 秒钟后自动跳转到登录页面。

图 4-10　登录页面

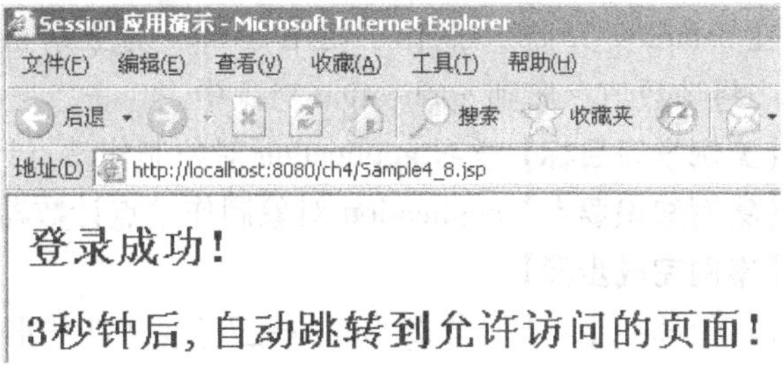

图 4-11　登录成功的 Sample4_8. jsp 页面

图 4-12　登录成功的 welcome. jsp 页面

图 4-13　登录失败的 Sample4_8. jsp 页面

4.6　application 对象

在第 4.5 节里学习了当一个用户第一次访问服务器上的一个 JSP 页面时，JSP 引擎将创建一个与该用户相对应的 session 对象，当用户在所访问网站的各个页面之间浏览时，session 对象都是同一个，直到用户关闭浏览器，这个 session 对象才被销毁。而且不同用户的 session 对象是互不相同的。

与 session 对象类似的是 application 对象。当服务器一启动，就产生一个 application 对象。当一个用户访问服务器上的一个 JSP 页面时，JSP 引擎为该用户分配这个 application 对象，当用户在所访问网站的各个页面之间浏览时，这个 application 对象都是同一个，直到服务器关闭，这个 application 对象才被销毁。与 session 对象不同的是，所有用户的 application 对象是相同的，即所有用户共享这个内置的 application 对象。而不同服务器的 application 对象是互不相同的。

4.6.1　application 对象的常用方法

表 4-5 列出了 application 对象的常用方法。

表 4-5　application 对象的常用方法

方　法	描　述
getAttribute（String name）	获得 application 对象的由 name 指定名字的属性的值
getAttributeNames( )	返回 application 对象中存储的所有的属性名
getInitParameter（ String name ）	返回 application 对象的由 name 指定名字的属性的初始值
getServletInfo( )	返回 Servlet 编译器的当前版本的信息
setAttribute（String name，Object obj）	设置 application 对象的由 name 指定名字的属性的值
removeAttribute（String name）	删除 application 对象的由 name 指定名字的属性名及属性值
getRealPath（URI）	返回指定 URI 的实际物理路径

4.6.2 案例9 使用 application 制作站点计数器

在 Sample4_7. jsp 中制作了使用 session 对象禁止用户通过刷新页面增加计数的计数器。本例中将计数值存储到 application 对象中。

【案例学习目标】学习 application 对象制作站点计数器的方法。

【案例知识要点】application 对象制作站点计数器的方法。

【案例完成步骤】

1）在 ch4 目录中，复制 Sample4_7. jsp 文件并重命名为 Sample4_9. jsp。

2）修改 Sample4_9. jsp 文件代码，使用 application 对象制作站点计数器。

3）启动 Tomcat 服务器，在浏览器的地址栏中输入 “http：//localhost：8080/ch4/Sample4_9. jsp”，验证程序是否能正确执行。

【案例代码】Sample4_9. jsp 页面代码如下所示：

```
1   <%@ page contentType = "text/html;charset = GB2312" %>
2   <HTML>
3       <head><title>application 计数器</title></head>
4       <BODY>
5           <%!
6           synchronized void countPeople() //声明方法
7           {
8             ServletContext application = getServletContext();
9             Integer number = (Integer) application.getAttribute("count");
10            if (number == null) {
11                number = new Integer(1);
12                application.setAttribute("count", number);
13            } else {
14                number = new Integer(number.intValue() + 1);
15                application.setAttribute("count", number);
16            }
17            }%>
18            <%
19                Integer personNum = (Integer) application.getAttribute("count");
20                if (session.isNew() || personNum == null) {
21                    countPeople(); //在程序片中调用方法
22                }
23                Integer yourNum = (Integer) application.getAttribute("count");
24            %>
25            <P>欢迎访问本站,您是第
26                <font color = red> <% = yourNum% > </font>个访问本站的用户。
27                <br>刷新页面不影响访问人数
28      </BODY>
29  </HTML>
```

【程序说明】

- 第 1 行使用 page 指令设置页面属性。
- 第 6 行声明方法 countPeople()，synchronized 修饰符可以使多个同时访问 countPeople() 的线程排队进行调用。

- 第 8 行在方法 countPeople( )中，使用 getServletContext( )方法得到 application 对象。
- 第 9 行在方法 countPeople( )中，使用 application. getAttribute( )方法获取属性 count 的值，并存储在整型变量 number 中。
- 第 10 ~ 12 行表示在方法 countPeople( )中，若 number 为空对象时，则将 number 赋值为 1，使用 application. setAttribute （"count"，number）方法将 number 的值写入属性 count 中。
- 第 13 ~ 16 行表示在方法 countPeople( )中，若 number 不为空时，则将 number 的值加 1 后重新保存，使用 application. setAttribute （"count"，number）方法将 number 的新值写入属性 count 中。
- 第 19 行在 Java 程序片中使用 application. getAttribute( )方法获取属性 count 的值，并存储在整型变量 personNum 中。
- 第 20 行使用 session. isNew( )方法判断是否是新的 session 对象。若是新的 session 对象或 personNum 为空对象则调用方法 countPeople( )，累加计数器。
- 第 23 行使用 application. getAttribute( )方法获取属性 count 的值，并存储在整型变量 yourNum 中。
- 第 26 行使用 <% =yourNum% >显示站点访问人数。

【程序运行界面】程序运行界面如图 4-14 所示。

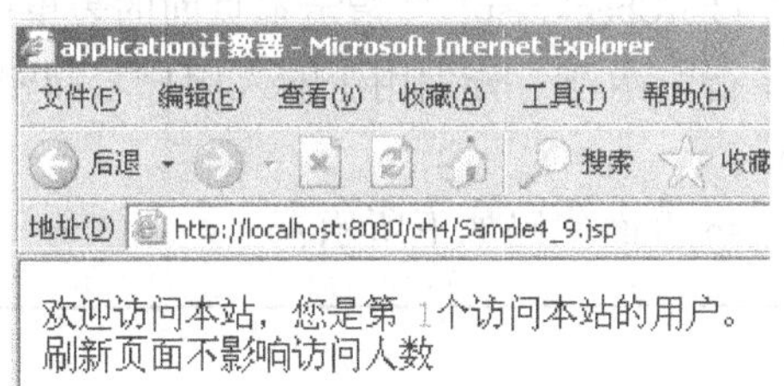

图 4-14　网站计数器页面

4.6.3　案例 10　制作简单的聊天室

【案例学习目标】学习 application 对象读写属性值的方法、session 对象读写属性值的方法、out 对象输出数据到客户端的方法、response 对象重定向页面的方法，以及综合应用 JSP 常用内置对象制作简单聊天室的方法。

【案例知识要点】application 对象读写属性值的方法；session 对象读写属性值的方法；out 对象输出数据到客户端的方法；response 对象重定向页面的方法。

【案例完成步骤】

1）在 ch4 目录中创建子目录 bbs。

2）在 bbs 目录中创建登录页面 login. htm。

3）在 bbs 目录中创建用于判断用户名、密码是否为空的 JSP 页面 chatCheck. jsp。

4）在 bbs 目录中创建框架页面 cChat. jsp，该页面为聊天室主界面。

5）在 bbs 目录中创建输入聊天内容的页面 sendText. htm。

6）在 bbs 目录中创建获取用户名及聊天内容的页面 sChat. jsp。

7）在 bbs 目录中创建显示聊天记录的页面 resText. jsp。

8）启动 Tomcat 服务器，在浏览器的地址栏中输入“http：//localhost：8080/ch4/bbs/login. htm”，验证程序是否能正确执行。

【案例代码】 login. htm 页面代码如下所示：

```
1  <html>
2      <head> <title>用户登录</title> </head>
3      <body>
4          <form method = "post"  action = "chatCheck. jsp" >
5              用户名:
6              <input name = "username"  type = "text"  id = "username"  size = "20" >
7              <br> <br>
8              密   码:
9              <input name = "password"  type = "password"  id = "password"  size = "20" >
10               
11             <input type = "submit"  name = "Submit"  value = " 登 录 " >
12         </form>
13     </body>
14 </html>
```

【程序说明】

- 第 4 行中“method =" post"”指定本页面表单提交方式为 post。
- 第 4 行中“action =" chatCheck. jsp"”指定本页面的表单由 chatCheck. jsp 负责处理。
- 第 6、9 行定义两个单行文本框，分别用于输入用户名和密码，name 值分别为“username”和“password”。

【案例代码】 chatCheck. jsp 页面代码如下所示：

```
1  <%
2          String username = request. getParameter( "username" );
3          String pwd = request. getParameter( "password" );
4          if( username == null || pwd == null)
5          {
6              response. sendRedirect( "login. htm" );
7          }
8          session. setAttribute( "name" ,username);
9          response. sendRedirect( "cChat. jsp" );
10  %>
```

【程序说明】

- 第 2、3 行使用 request. getParameter( )方法获取 login. htm 登录页面中输入的用户名和密码，分别保存在 username 和 pwd 中。
- 第 4 ~7 行判断 username 和 pwd 是否为空，若为空，则使用 response. sendRedirect( )方法重定向到登录页面 login. htm。
- 第 8、9 行表示若用户名、密码不为空时，使用 session. setAttribute( )方法保存用户名到 session 对象的 name 属性中，并使用 response. sendRedirect( )方法重定向到聊天室主界面 cChat. jsp。

【案例代码】 cChat. jsp 页面代码如下所示：

```
1  <html>
2      <head>
3          <META http-equiv = Content-Type content = "text/html;charset = gb2312" >
4          <title>bbs</title>
5      </head>
6      <body> <div align = "center" >
7      <% = (String) session.getAttribute("name") %> <br>
8  <iframe name = "chatTextFrame" width = 400 BORDER = "3" height = 180 scrolling = auto marginwidth = "
   0" framespacing = "0" marginheight = "0" frameborder = "0" src = "resText.jsp" > </iframe>
9  <iframe name = "sendMessageFrame" width = 400 BORDER = "3" height = 180 scrolling = no marginwidth
   = "0" framespacing = "0" marginheight = "0" frameborder = "0" src = "sendText.htm" > </iframe>
10     </div> </BODY>
11 </HTML>
```

【程序说明】

- 第 7 行使用 session.getAttribute（"name"）方法读取 session 对象的 name 属性的值，并显示在页面中。
- 第 8 行在浮动框架里显示 resText.jsp 页面内容，即聊天内容。
- 第 9 行在浮动框架里显示 sendText.htm 页面内容，即输入聊天信息界面。

【案例代码】 sendText.htm 页面代码如下所示：

```
1  <form action = "sChat.jsp" method = "post" >
2    <Textarea name = "chatText" rows = 10 cols = 50 > </textArea>
3    <input type = "submit" value = "发 送 "/> <br>
4  </form>
```

【程序说明】

- 第 1 行中“method = "post"”指定本页面表单提交方式为 post。
- 第 1 行中“action = "sChat.jsp"”指定本页面的表单由 sChat.jsp 负责处理。
- 第 2 行定义一个多行文本框，用于输入聊天内容，name 值为“chatText”。

【案例代码】 sChat.jsp 页面代码如下所示：

```
<%@ page contentType = "text/html;charset = GB2312" %>
<%@ page pageEncoding = "GB2312" %>
<%  request.setCharacterEncoding("GB2312");  %>
<%
    String userName = (String)session.getAttribute("name");//获得提交聊天内容的用户名
    StringchatText = request.getParameter("chatText");//获得聊天内容
    chatText = userName + ":<br>  " + chatText + "<br>";
    String chat = (String)application.getAttribute("chat");//获得历史聊天记录
    if (chat == null)
    {
        chat = chatText;
    }
    else
    {
        chat + = chatText;
    }
    application.setAttribute("chat",chat);
    response.sendRedirect("sendText.htm");
%>
```

【程序说明】

- 第 1、2 行使用 page 指令设置页面属性。
- 第 3 行使用 request. setCharacterEncoding （"GB2312"） 方法设置请求的编码设置为 GB2312，解决输入汉字编码问题。
- 第 5 行使用 session. getAttribute （"name"） 方法读取 session 对象的 name 属性的值，并显示在页面中。
- 第 6、7 行使用 request. getParameter( )方法获取用户输入的聊天内容，并把用户名与聊天内容进行连接。
- 第 8 行使用 application. getAttribute （"chat"） 方法获得 application 对象的 chat 属性里保存的历史聊天记录值。
- 第 9 ~ 16 行表示将新的聊天内容添加到历史聊天记录值中。
- 第 17 行使用 application. setAttribute( )方法将聊天记录内容值写入属性 chat 中。
- 第 18 行使用 response. sendRedirect( )方法重定向到 sendText. htm。

【案例代码】resText. jsp 页面代码如下所示：

```
1  <%@ page contentType = "text/html;charset = GB2312" %>
2  <% response. setHeader( "refresh" , "3" ) ;% >
3  <%
4    String chat = (String) application. getAttribute( "chat" ) ;
5    if ( chat! = null)  {
6       out. print(chat) ;  }
7    else  {
8       out. print( "聊天记录" ) ;  }
9  % >
```

【程序说明】

- 第 1 行使用 page 指令设置页面属性。
- 第 2 行使用 response. setHeader( )方法设置每 3 秒页面刷新一次。
- 第 4 行使用 application. getAttribute （"chat"） 方法获得 application 对象的 chat 属性里保存的历史聊天记录值。
- 第 5 ~ 8 行使用 out. print( )方法把聊天记录值显示在页面中。

【程序运行界面】login. htm 登录页面运行界面如图 4-15 所示，输入用户名、密码之后，单击“登录”按钮，页面将跳转到如图 4-16 所示的聊天室主界面，主界面左侧窗口显示聊天内容，右侧窗口显示登录的用户名及用于输入聊天内容的多行文本框。

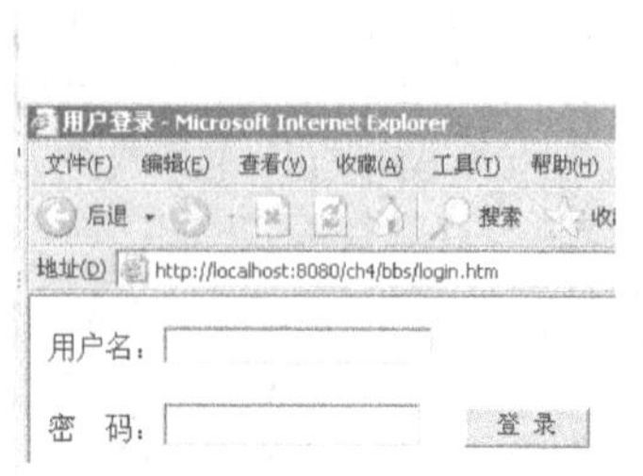

图 4-15　bbs 登录页面

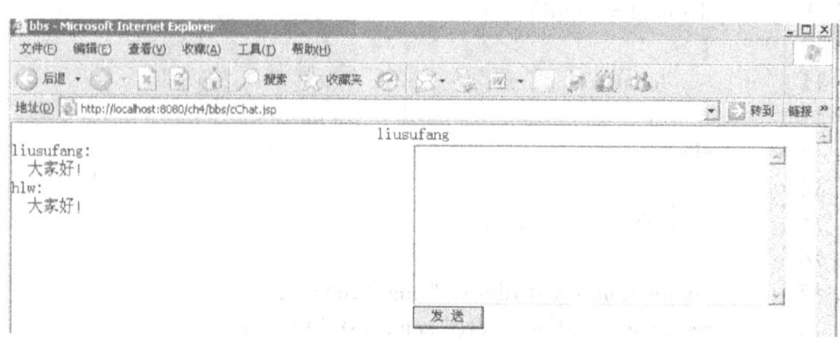

图 4-16　bbs 主界面

4.7 其他对象

除上述 request、out、response、session、application 5 个 JSP 常用内置对象，JSP 页面还可以使用 pageContext、config、page 及 exception 等对象，下面对这些对象进行介绍。

4.7.1 pageContext 对象

pageContext 对象是一个比较特殊的对象，它相当于页面中其他对象功能的集成者，使用它可以访问到本页面中的其他对象。pageContext 对象被封装成 javax. xervlet. jsp. pageContext 接口，提供了对 JSP 页面所有对象及命名空间的访问，它的创建和初始化都由容器完成。

表 4-6 列出了 pageContext 对象的常用方法。

表 4-6　pageContext 对象的常用方法

方　法	描　述
getOut( )	返回当前页的 out 对象
getSession( )	返回当前页的 session 对象
getPage( )	返回当前页的 page 对象。
getResponse( )	返回当前页的 response 对象
getRequest( )	返回当前页的 request 对象
getException( )	返回当前页的 exception 对象
getServletConfig( )	返回当前页的 config 对象
getServletContext( )	返回当前页的 application 对象
setAttribute（String name，Object o，int scope）	设置默认页面范围或特定对象范围之中的已命名对象
getAttribute（String name，int scope）	获得指定共享范围内以 name 为名字的属性值
removeAttribute（String name，int scope）	移除指定名称和共享范围的属性
getAttributeScope（String name）	获得指定名字的属性的共享范围
release( )	释放 pageContext 对象所占的资源
forward（String url）	将页面重定向到指定的 URL 地址

4.7.2 config 对象

config 对象其实是实现 javax. servlet. ServletConfig 接口的类的实例对象。它提供存取 Servlet class 初始参数及有关 Servlet 环境信息的 ServletContext 对象。

当初始化一个 Servlet 时，容器把某些信息通过 config 对象传递给对应的 Servlet。

表 4-7 列出了 config 对象的常用方法。

表 4-7　config 对象的常用方法

方　法	描　述
getServletContext( )	返回执行者的 Servlet 上下文
getServletName( )	返回 Servlet 的名称
getInitParameter（String name）	返回名称为 name 的初始参数的值
getInitParameterNames( )	返回 JSP 的所有参数的名字

4.7.3 page 对象

page 对象是为了执行当前页面应答请求而设置的 Servlet 类的实体，即显示 JSP 页面本身，该对象只有在 JSP 页面内才是合法的。page 隐含对象本质上包含当前 Servlet 接口引用的变量，可以看做是 this 变量的别名。

表 4-8 列出了 page 对象的常用方法。

表 4-8　page 对象的常用方法

方　法	描　述
getClass( )	返回当前对象的类
hashCode( )	返回当前对象的哈希代码
toString( )	将当前类的对象转换为字符串类的对象
equals (Object o)	比较当前对象与指定的对象是否相等
copy (Object o)	将当前对象复制到指定的对象中去
clone( )	对当前对象进行克隆

4.7.4　exception 对象

JSP 引擎在执行编译好的代码时，有可能会抛出异常。exception 对象表示的就是 JSP 引擎在执行代码时抛出的异常。

为了能在 JSP 程序中使用 exception 对象，必须定义 page 编译指令的 isErrorPage 属性值等于 true，否则不能够使用 exception 对象。

表 4-9 列出了 exception 对象的常用方法。

表 4-9　exception 对象的常用方法

方　法	描　述
getMessage( )	返回异常消息字符串
getLocalizedMessage( )	返回本地化语言的异常错误
printStackTrace( )	打印异常的栈跟踪轨迹
toString( )	返回关于异常错误的简单信息描述
fillInStackTrace( )	重写异常错误的栈执行轨迹

4.7.5　案例 11 使用 exception 对象获取异常信息

【案例学习目标】学习使用 exception 对象获取异常信息的方法。

【案例知识要点】exception 对象获取异常信息的方法。

【案例完成步骤】

1）在 ch4 目录中编写产生异常的页面 Sample4_11. jsp。

2）在 ch4 目录中编写接收异常信息的页面 exception. jsp。

3）启动 Tomcat 服务器，在浏览器的地址栏中输入“http://localhost:8080/ch4/Sample4_11. jsp”，验证程序是否能正确执行。

【案例代码】Sample4_11. jsp 页面代码如下所示：

```
<%@ page errorPage="exception.jsp" %>
<html>    <body>
      <%     int i=50/0;     %>
</body> </html>
```

【程序说明】第 1 行使用 page 指令设置页面属性，使用 “errorPage = "exception. jsp"” 指定接收异常信息的页面为 exception. jsp。

【案例代码】exception. jsp 页面代码如下所示：

```
1  <%@ page isErrorPage = "true"  import = "java. io. * " % >
2  <html> <body> <font color = "red" >
3          <% = exception. toString( ) % > <br>
4          <%          exception. printStackTrace( new PrintWriter( out) ) ;          % >
5  </font> </body>/html>
```

【程序说明】

- 第 1 行使用 page 指令设置页面属性，使用 “isErrorPage = "true"” 指定该页面为显示异常信息页面。
- 第 3 行使用 exception. toString( )方法获取关于异常错误的简单信息描述，并显示在页面中。
- 第 4 行使用 exception. printStackTrace （new PrintWriter （out)） 方法打印异常的栈跟踪轨迹。

【程序运行界面】程序运行界面如图 4-17 所示。

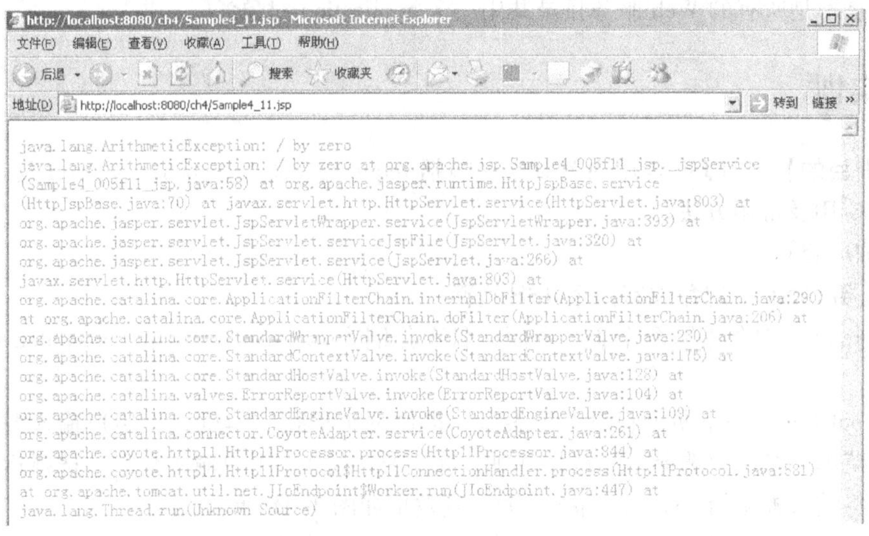

图 4-17　exception. jsp 页面

4.8　习题

1. 填空题

（1）________ 对象用于动态响应客户端请求，将 JSP 处理后的数据结果返回给客户端浏览器。

（2）当用户在应用程序的各 Web 页面之间跳转时，存储在________对象中的信息会在整个会话过程中一直存在，直到会话过期或者被放弃，Web 服务器才会终止该会话。

（3）out 对象的 print( )方法与 println( )方法最为常见，________方法是 Java 对象将原始

数据输出到客户端，而________方法不仅把数据输出到客户端，并且在后面添加一个空行。

2. 选择题

(1)（　　）对象代表请求对象，它被封装成 HttpServletRequest 接口。

A. request　　B. response　　C. out　　D. session

(2)（　　）对象主要用于处理 JSP 程序中的异常。

A. response　　B. exception　　C. out　　D. session

(3) out 对象的（　　）方法能够关闭输出流。

A. clear()　　B. clearBuffer　　C. close()　　D. flush()

(4) session 对象的（　　）方法能够获取与指定名字相联系的属性。

A. getAttribute (String name)　　B. removeAttribute (String name)

C. setAttribute (String name)　　D. getAttributeNames()

3. 问答题

(1) 当表单提交信息中包含汉字时，在获取时应该做怎样的处理?

(2) 如何重定向网页?

(3) session 对象与 application 对象有什么区别?

(4) 一个用户在不同 Web 服务目录中的 session 对象相同吗?

(5) 是不是所有的 Web 服务目录共用一个 application 对象?

4.9 实训

【实训目的】掌握 JSP 常用内置对象（包括 request、out、response、session 及 application 对象）的应用及常用方法。

【实训内容】

1. 运用 request 对象编写两个 JSP 页面

运用 request 对象编写两个 JSP 页面，名字分别为 inputNumber. jsp、computer. jsp。具体要求如下：

1) inputNumber. jsp 页面设计一个表单，提供两个单行文本框，供用户输入数字；提供一个下拉菜单，供用户选择运算符号（加、减、乘、除）。用户输入数字、选择运算符号之后，程序将结果提交给 computer. jsp 页面。其效果如图 4-18 所示。

2) computer. jsp 页面使用 request 对象获取用户输入的数字和选择的运算符号进行计算，并将结果显示在页面中。其效果如图 4-19 所示。

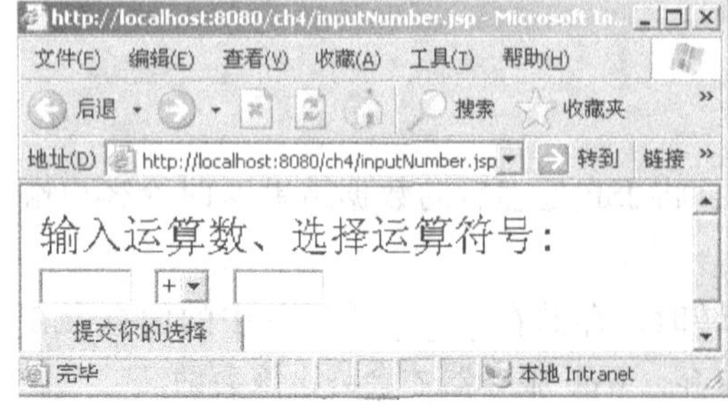

图 4-18　inputNumber. jsp 页面

图 4-19　computer. jsp 页面

2. 运用 response、request 对象编写两个 JSP 页面

运用 response、request 对象编写两个 JSP 页面，名字分别为 input. jsp、result. jsp。具体要求如下：

1）input. jsp 页面设计一个表单，提供一个单行文本框，供用户输入数字，并提交给 result. jsp 页面，其效果如图 4-20 所示。

2）result. jsp 页面使用 request 对象获取用户输入的数字，根据输入数字大小做出不同的响应。若数字小于 0，则 response 对象调用 setContentType( )方法设置响应类型为 text/plain，同时输出数字的平方；若数字大于 0 且小于 50，则 response 对象调用 setContentType( )方法设置响应类型为 application/msword，同时输出数字的立方；若数字大于 50，则 response 对象调用 setStatus( )方法设置状态行内容为 404；若输入非数字，则 response 对象调用 sendRedirect( )方法重定向到 input. jsp 页面。例如用户输入数字“20”，单击“提交”按钮后如图 4-21 所示，选择“打开”按钮，如图 4-22 所示。

图 4-20　input. jsp 页面

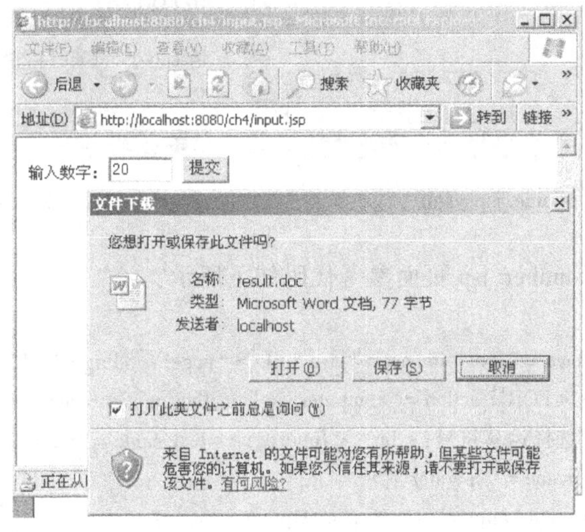

图 4-21　result. jsp 页面 1

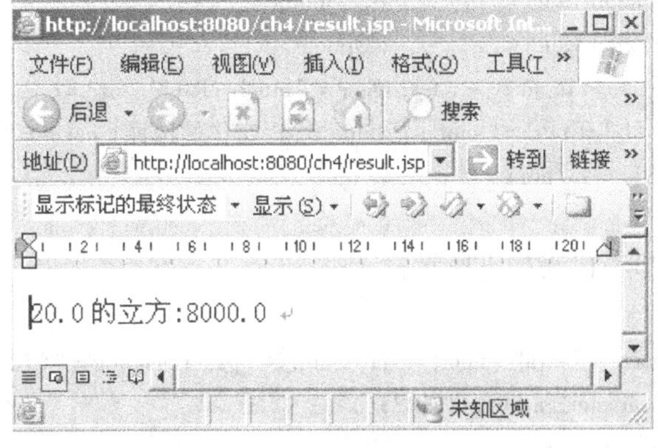

图 4-22　result. jsp 页面 2

3. 运用 session、response、request 对象编写两个 JSP 页面

运用 session、response、request 对象编写两个 JSP 页面，名字分别为 cGame. jsp、sGame. jsp。具体要求如下：

1）cGame. jsp 页面设计一个表单，该表单提供一个单行文本框，供用户输入数字，并提交给 sGame. jsp 页面；在 cGame. jsp 页面内设计一个隐藏域，用于获取 sGame. jsp 页面传递的参数 random 的值（即随机数值）。其效果如图 4-23 所示。

2）sGame. jsp 页面使用 request 对象获取用户输入的数字及随机数，若随机数为空，则先生成一个小于 10 的自然数；若输入的数字大于随机数，则提示“偏大”；若输入的数字小于随机数，则提示“偏小”；若两者相等，则提示“恭喜您，猜对了”。图 4-24 所示为输入数字和随机数相等页面效果。

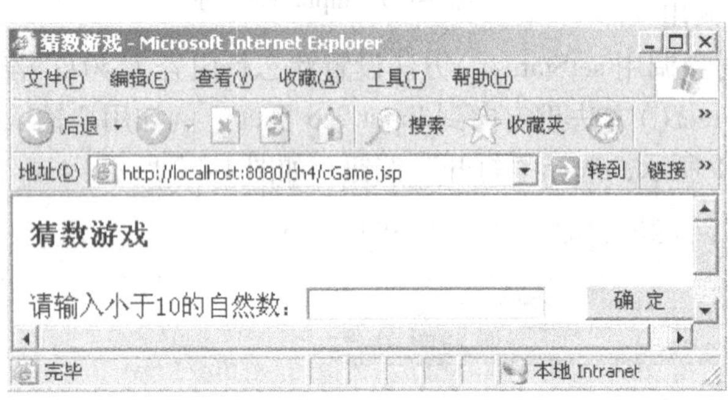

图 4-23 cGame. jsp 页面

图 4-24 sGame. jsp 页面

【参考代码】inputNumber. jsp 页面参考代码如下所示：

```
<%@ page language = "java" import = "java. util. * "pageEncoding = "GB2312" % >
<html > <body > <FORM action = "computer. jsp" method = post name = form >
    输入运算数、选择运算符号：<br > <Input type = text name = "numberOne" size = 6 >
            <Select name = "operator" >
                <Option value = " + " > + </Option >
                <Option value = " - " > - </Option >
                <Option value = " * " > * </Option >
                <Option value = "/" >/ </Option >
            </Select > <Input type = text name = "numberTwo"  size = 6 >
        <BR > <INPUT TYPE = "submit" value = "提交你的选择" name = "submit" >
</FORM > </body > </html >
```

computer. jsp 页面参考代码如下所示：

```
<%@ page language = "java" import = "java. util. * "pageEncoding = "GB2312" % >
<% request. setCharacterEncoding( "GB2312" ) ; % >
<html > <body >
```

```
<%              String a = request.getParameter("numberOne");
                String b = request.getParameter("numberTwo");
                String operator = request.getParameter("operator");
                if (a.length() > 0 && b.length() > 0) {
                    double m = Double.parseDouble(a);
                    double n = Double.parseDouble(b);
                    double result = 0;
                    if (operator.equals("+"))
                        result = m + n;
                    else if (operator.equals("-"))
                        result = m - n;
                    else if (operator.equals("*"))
                        result = m * n;
                    else if (operator.equals("/"))
                        result = m/n;
%>          计算结果:<%=a%><%=operator%><%=b%>=<%=result%>
<%    }     %>
</body></html>
```

input.jsp 页面参考代码如下所示:

```
<%@ page language="java" import="java.util.*" pageEncoding="GB2312"%>
<html><body><FORM action="result.jsp" method=post name=form>
   输入数字:<Input type=text name="number" size=6>
   <INPUT TYPE="submit" value="提交" name="submit">
</FORM></body></html>
```

result.jsp 页面参考代码如下所示:

```
<%@ page language="java" import="java.util.*" pageEncoding="GB2312"%>
<% request.setCharacterEncoding("GB2312"); %>
<html><body>
<% String str = request.getParameter("number");
   try{ double number = Double.parseDouble(str);
       if(number<0){
          response.setContentType("text/plain;charset=GB2312");
          out.println(number+"的平方:"+(number*number));       }
       else if(number>=0&&number<100){
          response.setContentType("application/msword;charset=GB2312");
          out.println(number+"的立方:"+(number*number*number));          }
       else{
          response.setStatus(404);          }
   }catch(Exception e){
       response.sendRedirect("input.jsp");   }
%></body></html>
```

cGame. jsp 页面参考代码如下所示：

```
<%@ page language="java" import="java.util.*"pageEncoding="GB2312"%>
<html><body><FORM action="sGame.jsp" method=post name=form>
<h3>猜数游戏</h3><nobr>请输入小于10的自然数:
<input type="text" name="number" /><input type="submit" value="确 定"/></nobr>
  <input type="hidden" name="random" value="<%=request.getParameter("random")%>"/>
  <font color="red"><%=session.getAttribute("info")%></font>
</FORM></body></html>
```

sGame. jsp 页面参考代码如下所示：

```
<%@ page language="java" import="java.util.*"pageEncoding="GB2312"%>
<% request.setCharacterEncoding("GB2312"); %>
<html><body>
<% String number=request.getParameter("number");
  String random=request.getParameter("random");
  String info=null;
  if (random.equals("null")) {
    random="" + Math.round(Math.random() * 10); }
if (!number.equals("null")) {
      if (number.trim().equals(random))  {
        info="恭喜您,猜对了!";
     }else{
          if (Integer.parseInt(number) > Integer.parseInt(random)) {
            info="偏大,";      }
          if (Integer.parseInt(number) < Integer.parseInt(random)){
            info="偏小,";      }
     }
          info="上次猜测的数字是" + number + "," + info;
            session.setAttribute("info",info);
            response.sendRedirect("cGame.jsp?random=" + random);
  }%></body></html>
```

第 5 章　JSP 数据库应用

学习目标

通过本章节的学习，读者可以达到以下学习目标：

- 了解 JDBC 技术的概况。
- 熟悉 JDBC 的连接方式。
- 掌握 JDBC 的常用应用程序接口。
- 掌握 JDBC - ODBC 桥驱动连接数据库、本地协议纯 Java 驱动程序连接数据库。
- 掌握应用 JDBC 实现对数据库记录的增加、删除、修改和查询操作。

教学要求

知识要点	能力要求	相关知识
JDBC 技术的概况	了解	JDBC 技术的概况
JDBC 的连接方式	熟悉	JDBC 的连接方式
JDBC 的常用应用程序接口	掌握	JDBC 的常用应用程序接口
JDBC - ODBC 桥驱动连接数据库	掌握	使用 JDBC - ODBC 桥驱动连接数据库
本地协议纯 Java 驱动程序连接数据库	掌握	使用本地协议纯 Java 驱动程序连接数据库
应用 JDBC 实现对数据库记录的增加、删除、修改和查询操作	掌握	应用 JDBC 增加、删除、修改和查询数据库记录

5.1　JDBC 技术概述

JDBC（Java Data Base Connectivity，Java 数据库连接）是一种用于执行 SQL 语句的 Java API，可以为多种关系数据库提供统一访问，它由一组用 Java 语言编写的类和接口组成。JDBC 为工具/数据库开发人员提供了一个标准的 API，据此可以构建更高级的工具和接口，使数据库开发人员能够用纯 Java API 编写数据库应用程序。

5.1.1　JDBC 的技术简介

JDBC 提供了访问数据库的 API，即由一些 Java 类和接口组成，是 Java 运行平台的核心类库中的一部分。在 JSP 中可以使用 JDBC 技术实现对数据库中表记录的增加、删除、修改和查询等操作。JDBC 技术在 JSP 开发中占有很重要的地位。JDBC 操作不同的数据库仅仅是连接方式上的差异，使用 JDBC 的应用程序一旦和数据库建立连接，就可以使用 JDBC 提供的 API 操作数据库，如图 5-1 所示。

图 5-1 使用 JDBC 操作数据库

5.1.2 JDBC 的连接方式

为了和不同的数据库建立连接，JDBC 必须获取连接数据库的 JDBC 驱动程序。目前比较常见的 JDBC 驱动程序可分为以下 4 个种类。

(1) JDBC - ODBC 桥驱动程序

由于 Microsoft 公司的 ODBC 技术比较完善和成熟，ODBC 组件中封装了访问大多数数据库的驱动程序，故使用 ODBC 可以访问绝大多数数据库，因此开发了一种技术，将 JDBC 的调用转化为 ODBC 的调用，该驱动程序起到了一种桥梁连接的作用，被称为 JDBC - ODBC 桥驱动（JDBC - ODBC Bridge Driver）。使用 JDBC - ODBC 桥驱动访问数据库，事先必须设置数据源，建立这种桥接器后，使得 JDBC 有能力访问几乎所有类型的数据库。

(2) 本地 API

这种类型的驱动程序是把 JDBC 调用转换为调用执行数据库开发商所提供的 API 来访问数据库。这种方法和具体的数据库有很大的关系，采用不同的数据库，驱动程序的名字也就不同，因此该方法不独立于数据库。

(3) 本地协议纯 Java 驱动程序

这种类型的驱动程序是把 JDBC 调用转换为特定数据库的网络协议。该协议允许从客户端机器上直接调用 DBMS 服务器。由于此类协议大都是专用的，因此数据库产品提供商将是这种驱动程序的主要来源。

(4) JDBC 网络纯 Java 驱动程序

这种类型的驱动程序将 JDBC 调用转换为与 DBMS 无关的网络协议，之后这种协议又被某个特定的数据库服务器转换为一种 DBMS 协议。这种网络服务器中间件能够将它的纯 Java 客户端连接到多种不同的数据库上。所用的具体协议取决于提供者。通常，这是最为灵活的 JDBC 驱动程序。

5.2 JDBC 应用程序接口

JDBC 提供了许多接口和类，通过这些接口和类，可以实现与数据库的通信。

5.2.1 驱动程序管理器 DriverManager 类

DriverManager 类是 JDBC 的管理层，作用于用户和驱动程序之间。该类负责加载、注册 JDBC 驱动程序，同时管理应用程序和已注册的驱动程序的连接。

每种数据库的驱动程序都应该提供一个实现 java. sql. Driver 接口的类，简称 Driver 类，在加载 Driver 类时，应该创建自己的实例并向 java. sql. DriverManager 类注册该实例。

表 5-1 列出了 DriverManager 类的常用方法。

表 5-1　DriverManager 类的常用方法

方　法	描　述
Class. forName（String driver）	加载注册驱动程序
getConnection（String url，String user，String password）	建立到指定数据库的连接。参数 url 为要连接数据库的 URL；参数 user 为访问数据库的用户名；参数 password 为用户密码
getDriver（String url）	在已经向 DriverManager 注册的驱动程序中寻找一个能够打开 URL 所指定的数据库的驱动程序

例如，加载 JDBC - ODBC 桥驱动程序建立连接时可以使用以下代码：

```
Class. forName( "sun. jdbc. odbc. JdbcOdbcDriver" ) ;
Connection conn = DriverManager. getConnection( "jdbc:odbc:hrms" ) ;
```

5.2.2　数据库连接接口 Connection

Connection 接口代表与数据库的连接，在连接的上下文中可以执行 SQL 语句并返回结果，同时为数据库事务处理提供提交和回滚的方法。一个应用程序可与单个数据库有一个或多个连接，也可以与多个数据库有连接。

表 5-2 列出了 Connection 接口的常用方法。

表 5-2　Connection 接口的常用方法

方　法	描　述
createStatement( )	创建并返回一个 Statement 实例，通常在执行无参数的 SQL 语句时创建该实例
prepareStatement( )	创建并返回一个 PreparedStatement 实例，通常在执行包含参数的 SQL 语句时创建该实例，并对 SQL 语句进行预编译处理
prepareCall( )	创建并返回一个 CallableStatement 实例，通常在调用数据库存储过程时创建该实例
setAutoCommit( )	设置当前 Connection 实例的自动提交模式，默认为 true，即自动将更改同步到数据库中；若设为 false，需要通过执行 commit( )或 rollback( )方法手动将更改同步到数据库中
getAutoCommit( )	查看当前的 Connection 实例是否处于自动提交模式，如果是则返回 true，否则返回 false
setSavepoint( )	在当前事务中创建并返回一个 Savepoint 实例，前提条件是当前的 Connection 实例不能处于自动提交模式，否则将抛出异常
releaseSavepoint( )	从当前事务中移除指定的 Savepoint 实例
setReadOnly( )	设置当前 Connection 实例的读取模式，有一个 boolean 型的入口参数，设为 true 则表示开启只读模式，设为 false 则表示关闭只读模式，默认为非只读模式。不能在事务当中执行该操作，否则将抛出异常
isReadOnly( )	查看当前的 Connection 实例是否为只读模式，如果是则返回 true，否则返回 false
isClosed( )	查看当前的 Connection 实例是否被关闭，如果被关闭则返回 true，否则返回 false
commit( )	将从上一次提交或回滚以来进行的所有更改同步到数据库，并释放 Connection 实例当前拥有的所有数据库锁定
rollback( )	取消当前事务中的所有更改，并释放当前 Connection 实例拥有的所有数据库锁定；该方法只能在非自动提交模式下使用，如果在自动提交模式下执行该方法，将抛出异常
close( )	立即释放 Connection 实例占用的数据库和 JDBC 资源，即关闭数据库连接

获得有效的 Connection 对象后，就可以使用相应的方法，例如使用 createStatement( )方法创建 Statement 对象，供后续用来执行 SQL 语句。相关代码如下所示：

```
Class. forName( " sun. jdbc. odbc. JdbcOdbcDriver" ) ;
Connection conn  = DriverManager. getConnection( " jdbc:odbc:hrms" ) ;
Statement stm = conn. createStatement( ) ;
```

5. 2. 3　SQL 声明类 Statement

在给定的数据库连接上发送/执行 SQL 语句的接口对象有 3 个：Statement、Prepared-Statement（继承于 Statement 接口）和 Callable Statement（继承于 Prepared Statement 接口）。其中：

- Statement 用于执行不带参数的简单 SQL 语句。
- Prepared Statement 用于执行带或不带 IN 参数的预编译 SQL 语句。
- Callable Statement 用于执行对数据库存储过程的调用。

1. Statement 对象

Statement 对象用来执行静态 SQL 语句，并返回执行结果。在默认情况下，同一时刻每个 Statement 对象只能打开一个结果集 ResultSet 对象。

表 5-3 列出了 Statement 对象的常用方法。

表 5-3　Statement 对象的常用方法

方　法	描　述
executeQuery(String sql)	执行指定的静态 SELECT 语句，并返回一个永远不能为 null 的 ResultSet 实例
executeUpdate(String sql)	执行指定的静态 INSERT、UPDATE 或 DELETE 语句，并返回一个 int 型数值，为同步更新记录的行数
clearBatch( )	清除位于 Batch 中的所有 SQL 语句，如果驱动程序不支持批量处理将抛出异常
addBatch(String sql)	将指定的 SQL 命令添加到 Batch 中，String 型入口参数通常为静态的 INSERT 或 UPDATE 语句，如果驱动程序不支持批量处理将抛出异常
executeBatch( )	执行 Batch 中的所有 SQL 语句，如果全部执行成功，则返回由更新计数组成的数组，数组元素的排序与 SQL 语句的添加顺序对应。如果驱动程序不支持批量，或者未能成功执行 Batch 中的 SQL 语句之一，将抛出异常
close( )	立即释放 Statement 实例占用的数据库和 JDBC 资源，即关闭 Statement 实例

使用 Connection 的 createStatement( )方法创建 Statement 对象后，执行 SQL 语句代码如下所示：

```
Class. forName( " sun. jdbc. odbc. JdbcOdbcDriver" ) ;
Connection conn  = DriverManager. getConnection( " jdbc:odbc:hrms" ) ;
Statementstm = conn. createStatement( ) ;
ResultSet rs = stm. executeQuery( " select  *  from member" ) ;
```

2. PreparedStatement 对象

PreparedStatement 对象继承于 Statement 接口，是 Statement 接口的扩展，用来执行动态

的 SQL 语句，即包含参数的 SQL 语句，问号将被用做参数的占位符。通过 PreparedStatement 实例执行的动态 SQL 语句，将被预编译并保存到 PreparedStatement 实例中，从而可以反复并且高效地执行该 SQL 语句。

表 5-4 列出了 PreparedStatement 对象的常用方法。

表 5-4　PreparedStatement 对象的常用方法

方　法	描　述
executeQuery( )	执行包含参数的动态 SELECT 语句，并返回一个永远不能为 null 的 ResultSet 实例
executeUpdate( )	执行包含参数的动态 INSERT、UPDATE 或 DELETE 语句，并返回一个 int 型数值，为同步更新记录的行数
clearParameters( )	清除当前所有参数的值
setXxx( )	为指定参数设置 Xxx 型值
close( )	立即释放 PreparedStatement 实例占用的数据库和 JDBC 资源，即关闭 PreparedStatement 实例

使用 Connection 的 preparedStatement( ) 方法创建 PreparedStatement 对象后，执行带参数的动态 SQL 语句代码如下所示：

```
Class. forName( "sun. jdbc. odbc. JdbcOdbcDriver" ) ;
Connection conn  = DriverManager. getConnection( "jdbc:odbc:hrms" ) ;
PreparedStatement pstm = conn. preparedStatement( "insert into member values( ?, ?, ?, ?)" ) ;
pstm. setString( 1, "liusufang" ) ;
pstm. setString( 2, "123456" ) ;
pstm. setString( 3, "刘素芳" ) ;
pstm. setString( 4, "white_fangzi@ sohu. com" ) ;
```

3. CallableStatement 对象

CallableStatement 接口继承于 PreparedStatement 接口，是 PreparedStatement 接口的扩展，用来执行 SQL 语句的存储过程。

CallableStatement 对象为所有的关系型数据库提供了一种以标准形式调用存储过程的方法。该对象可以处理两种形式的存储过程：一种形式带结果参数，另一种形式不带结果参数。结果参数是一种输出参数，是存储过程的返回值。两种形式都可带有数量可变的输入、输出或输入和输出的参数。问号将被用做参数的占位符。

CallableStatement 可以返回一个或多个 ResultSet 实例。

表 5-5 列出了 CallableStatement 对象的常用方法。

表 5-5　CallableStatement 对象的常用方法

方　法	描　述
execute( )	执行查询数据操作
executeUpdate( )	执行更新或删除数据操作

使用 Connection 的 preparedCall()方法可以创建 CallableStatement 对象，代码如下所示：

```
Class. forName("sun. jdbc. odbc. JdbcOdbcDriver");
Connection conn = DriverManager. getConnection("jdbc:odbc:hrms");
CallableStatement cstm = conn. prepareCall("{call test(?,?)}");
cstm. registerOutParameter("id",Types. VARCHAR);
cstm. execute();
String strid = getString("id");
cstm. close();
conn. close();
```

5.2.4 数据结果集接口 ResultSet

ResultSet 接口类似于一个数据表，通过该接口的实例可以获得检索结果集以及对应的数据表相关信息。ResultSet 实例通过执行查询数据库的语句生成。

ResultSet 实例包含指向其当前数据行的指针。初始指针指向第一行记录之前，通过 next()方法可以将指针移动到下一行，因为该方法在没有下一行时将返回 false，所以可以通过 while 循环来迭代 ResultSet 结果集。在默认情况下 ResultSet 对象不可以更新，只有一个可以向前移动的指针，因此，只能迭代一次，并且只能按从第一行到最后一行的顺序进行。如果需要，可以生成可滚动和可更新的 ResultSet 对象。

表 5-6 列出了 ResultSet 接口的常用方法。

表 5-6 ResultSet 接口的常用方法

方　法	描　述
first()	移动指针到记录的第一行；如果结果集为空则返回 false，否则返回 true；如果结果集类型为 TYPE_FORWARD_ONLY，程序将抛出异常
last()	移动指针到记录的最后一行；如果结果集为空则返回 false，否则返回 true；如果结果集类型为 TYPE_FORWARD_ONLY，程序将抛出异常
previous()	移动指针到当前记录的上一行；如果存在上一行则返回 true，否则返回 false；如果结果集类型为 TYPE_FORWARD_ONLY，程序将抛出异常
next()	移动指针到当前记录的下一行；指针最初位于第一行之前，第一次调用该方法后，指针将移动到第一行；如果存在下一行则返回 true，否则返回 false
beforeFirst()	移动指针到 ResultSet 实例的开头，即第一行之前；如果结果集类型为 TYPE_FORWARD_ONLY，程序将抛出异常
afterLast()	移动指针到 ResultSet 实例的末尾，即最后一行之后；如果结果集类型为 TYPE_FORWARD_ONLY，程序将抛出异常
absolute()	移动指针到指定行；有一个 int 型入口参数，正数表示从前向后编号，负数表示从后向前编号，编号均从 1 开始；如果存在指定行则返回 true，否则返回 false；如果结果集类型为 TYPE_FORWARD_ONLY，程序将抛出异常
relative()	移动指针到相对于当前行的指定行；有一个 int 型入口参数，正数表示向后移动，负数表示向前移动，停留在当前行为 0；如果存在指定行则返回 true，否则返回 false；如果结果集类型为 TYPE_FORWARD_ONLY，程序将抛出异常
getRow()	查看当前行的索引编号；索引编号从 1 开始，如果位于有效记录行，则返回一个 int 型索引编号，否则返回 0
findColumn()	查看指定列名的索引编号；该方法有一个 String 型入口参数，取值为要查看列的名称，如果包含指定列，则返回 int 型索引编号，否则将抛出异常

（续）

方　法	描　述
isBeforeFirst()	查看指针是否位于 ResultSet 实例的开头，即第一行之前，如果是则返回 true，否则返回 false
isAfterLast()	查看指针是否位于 ResultSet 实例的末尾，即最后一行之后，如果是则返回 true，否则返回 false
isFirst()	查看指针是否位于 ResultSet 实例的第一行，如果是则返回 true，否则返回 false
isLast()	查看指针是否位于 ResultSet 实例的最后一行，如果是则返回 true，否则返回 false
close()	立即释放 ResultSet 实例占用的数据库和 JDBC 资源。当关闭所属的 Statement 实例时也将执行此操作

使用 Connection 的 createStatement()方法创建 Statement 对象后，执行查询 SQL 语句，结果集保存在 ResultSet 对象中，代码如下所示：

```
Class. forName("sun. jdbc. odbc. JdbcOdbcDriver");
Connection conn = DriverManager. getConnection("jdbc:odbc:hrms");
Statementstm = conn. createStatement();
ResultSet rs = stm. executeQuery (" select * from member");
```

5.3 JDBC 数据库操作实例

JDBC 访问、操作数据库，一般来说有如下几个步骤：

1）与一个数据库建立连接。

2）向数据库发送 SQL 语句。

3）处理数据库返回的结果。

4）关闭数据库连接。

下面通过具体实例详细介绍访问、操作数据库的步骤。

5.3.1 案例1　使用 JDBC - ODBC 桥驱动连接数据库

JDBC - ODBC 桥驱动可以访问任何支持 ODBC 的数据库管理系统。用户只需设置好 ODBC 数据源，再由 JDBC - ODBC 桥驱动程序转换为 JDBC 接口，供应用程序使用。

下面以 SQL Server 2005 数据库管理系统、人事管理系统数据库 hrms 为例介绍如何配置 ODBC 数据源，以及使用 JDBC - ODBC 桥驱动连接数据库的方法。

【案例学习目标】学习配置 ODBC 数据源，以及学习使用 JDBC - ODBC 桥驱动连接数据库的方法。

【案例知识要点】配置 ODBC 数据源；调用 Class. forName()方法显式地加载驱动程序类；使用 DriverManager 类的 getConnection()方法建立到指定数据库 URL 的连接。

【案例完成步骤】

1. 配置 ODBC 数据源

1）依次选择“开始”→“设置→”“控制面板”，在打开的“控制面板”窗口中双击“管理工具”，之后双击“数据源（ODBC）”，打开如图 5-2 所示的“ODBC 数据源管理器”对话框。选择“系统 DSN”选项卡，单击“添加”按钮。

2）打开如图 5-3 所示的“创建数据源”对话框，选择“SQL Server”，单击“完成”按钮。

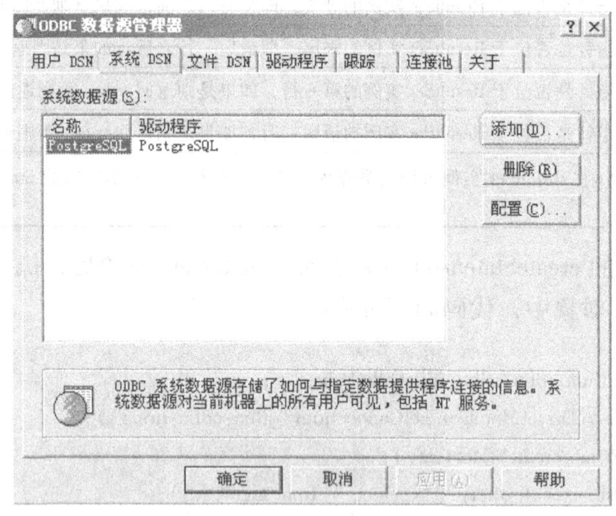

图 5-2　“ODBC 数据源管理器”对话框

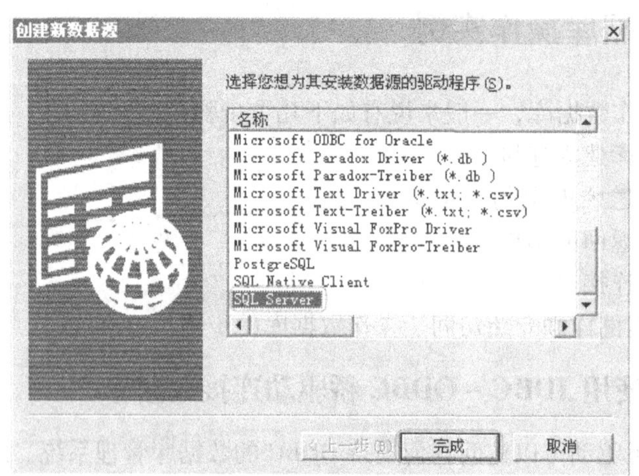

图 5-3　“创建数据源”对话框

3）打开如图 5-4 所示的“创建到 SQL Server 的新数据源”对话框，指定数据源的名称，本书案例设置为“hrms”（该名称是 JSP 程序中用来连接数据库的数据源名称，可以与数据库名称不同），选择 SQL Server 数据库服务器的名称，本书案例选择“local”（本机 SQL Server 2005 服务器），单击“下一步”按钮。

4）打开如图 5-5 所示的选择登录方式对话框，默认选择“使用网络登录 ID 的 Windows NT 验证”，本书案例选择“使用用户输入登录 ID 和密码的 SQL Server 验证”，然后输入登录 ID 为“sa”，密码为“111111”（即登录 SQL Server 2005 服务器的用户名和密码），单击“下一步”按钮。

5）打开如图 5-6 所示的选择数据库对话框，选中“更改默认的数据库为：”复选按钮，本书案例选择人事管理系统“hrms”，然后单击“下一步”按钮。

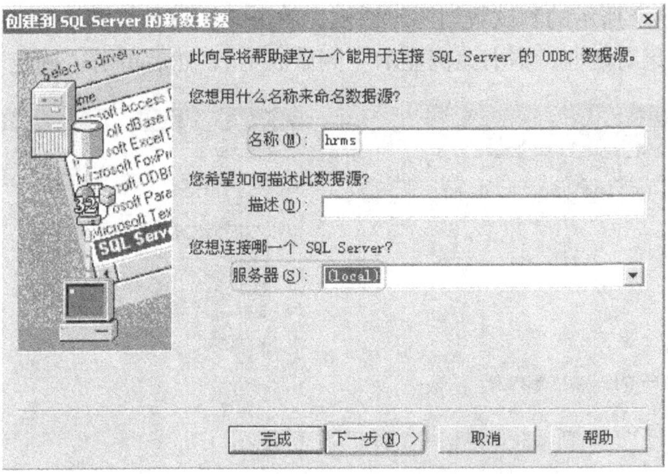

图 5-4 “创建到 SQL Server 的新数据源”对话框

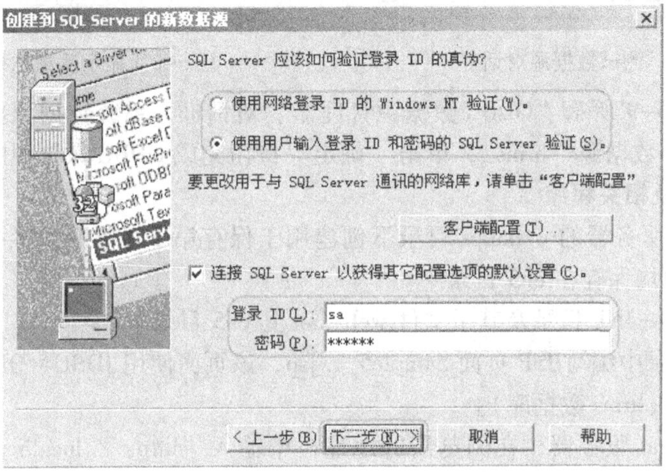

图 5-5 选择登录方式对话框

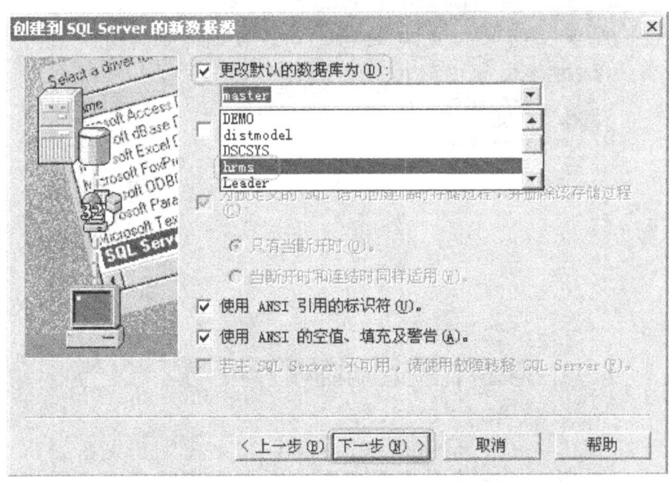

图 5-6 选择数据库对话框

6）打开如图 5-7 所示的测试数据源对话框，单击“测试数据源”按钮，将打开如图 5-8 所示的显示测试结果对话框，本书案例显示“测试成功”，然后单击“确定”按钮。

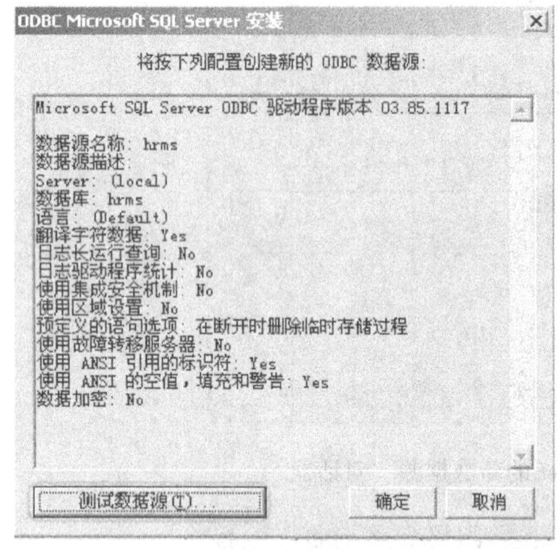

图 5-7　测试数据源对话框

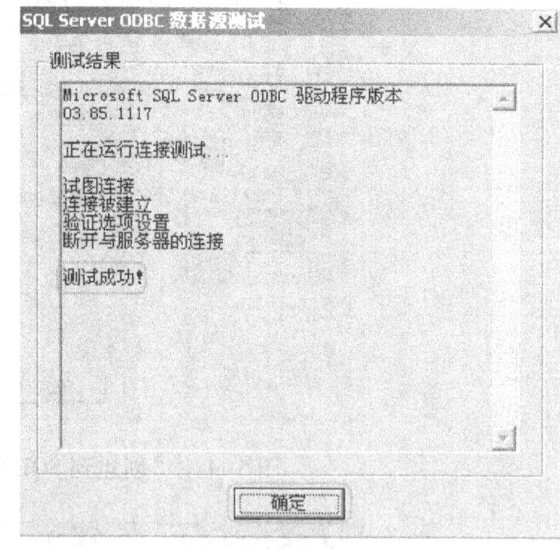

图 5-8　显示测试结果对话框

7）回到如图 5-9 所示“ODBC 数据源管理器”对话框，系统数据源显示区中将出现刚添加成功的 ODBC 数据源“hrms”，单击“确定”按钮完成 ODBC 数据源的配置。

2. 创建目录及相关程序

1）在 Tomcat 服务器的 webapps 目录下创建用于保存第 5 章案例文件的目录 ch5，本章案例中的 JSP 页面均保存在 ch5 目录中。

2）复制 WEB－INF 目录及其子文件 web. xml 到 ch5 目录下。

3）在 ch5 目录中编写 JSP 页面 Sample5_1. jsp，该页面使用 JDBC－ODBC 桥驱动方式连接到 hrms 数据源（hrms 数据库）。

4）启动 Tomcat 服务器，在浏览器的地址栏中输入“http：//localhost：8080/ch5/Sample5_1. jsp”，验证程序是否能正确执行。

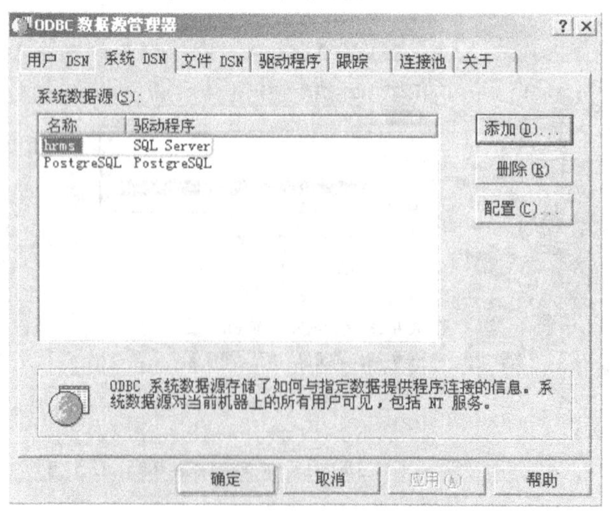

图 5-9　ODBC 数据源管理器对话框

【**案例代码**】Sample5_1. jsp 页面代码如下所示：

```
1   <%@ page contentType = "text/html;charset = GB2312" language = "java" % >
2   <%@ page import = "java. sql. * " % >
3   <html >
4   <head > <title >JDBC – ODBC 桥驱动连接 SQL Server 数据库 </title > </head >
5   <% Connection conn = null;
6       try{
7           Class. forName( "sun. jdbc. odbc. JdbcOdbcDriver" ) ;
8           String strConn = "jdbc:odbc:hrms" ;
9           String strUser = "sa" ;
10          String strPassword = "111111" ;
11          conn = DriverManager. getConnection( strConn,strUser,strPassword) ;
12          out. println( "<h2 >JDBC – ODBC 桥驱动连接数据库成功！ </h2 >" ) ;
13      }catch( ClassNotFoundException e) {
14          out. println( e. getMessage( ) ) ;
15      }catch( SQLException e) {
16          out. println( e. getMessage( ) ) ;
17      }
18      finally
19      {
20          try{
21              if (conn! = null)
22                  conn. close( ) ;
23          }catch( Exception e) { }
24      }
25   % >
26  </html >
```

【**程序说明**】

- 第 1 行使用 page 指令设置页面属性。
- 第 2 行使用 page 指令设置 import 属性，定义该页面使用“java. sql. * ”类。
- 第 7 行使用 Class. forName( )方法加载 JDBC – ODBC 驱动程序“sun. jdbc. odbc. JdbcOdbcDriver”。
- 第 8 行设置连接的 URL：jdbc：odbc：hrms，其中 hrms 为步骤（1）中建立的 ODBC 数据源。
- 第 9、10 行设置用户名为“sa”，密码为“111111”。
- 第 11 行使用 DriverManager. getConnection( )方法建立与数据源“hrms”的连接。
- 第 12 行如果连接成功，返回一个 Connection 对象，供后续的数据库操作使用，同时，提示连接成功信息。
- 第 13 ~ 17 行处理连接过程中的异常。
- 第 18 ~ 24 行表示关闭连接，并释放占用的资源。

【**程序运行界面**】程序运行界面如图 5 – 10 所示。

图 5–10　JDBC – ODBC 桥驱动连接数据库

说明：对于 Access、Oracle、MySQL 等数据库管理系统，只需要设置好 ODBC 数据源即可以相同的 JSP 程序代码完成数据库的连接。读者可参照使用 JDBC – ODBC 桥驱动的方法完成对 Access、Oracle、MySQL 等数据库管理系统的连接访问。

5.3.2 案例2 使用本地协议纯 Java 驱动程序连接数据库

Microsoft SQL Server 2005 JDBC Driver 是与 Java 数据库连接（JDBC）3.0 兼容的驱动程序，它可提供对 Microsoft SQL Server 2000 和 Microsoft SQL Server 2005 数据库的可靠访问。

下面以 SQL Server 2005 数据库管理系统、人事管理系统数据库 hrms 为例介绍使用本地协议纯 Java 驱动程序连接数据库的方法。

【案例学习目标】 学习 SQL Server 2005 JDBC Driver For JDBC 建立数据库连接的方法。

【案例知识要点】 下载 SQL Server 2005 JDBC Driver For JDBC；配置 SQL Server 2005；调用方法 Class. forName 显式地加载驱动程序类；使用 DriverManager 类的 getConnection 方法建立到指定数据库的 URL 连接。

【案例完成步骤】

1. 下载并安装 Microsoft SQL Server 2005 JDBC Driver

1）要获得 SQL Server 2005 JDBC Driver，可以从 Microsoft 公司网站下载 sqljdbc_2. 0. 1803. 100_chs. exe，执行该文件并进行解压即可得到 sqlJDBC. jar 文件。

2）复制 sqlJDBC. jar 文件到 ch5/WEB – INF/lib 目录下。

2. 配置 SQL Server 2005

1）启动 TCP/IP。依次单击“程序”→“Microsoft SQL Server 2005”→“配置工具”→“SQL Server Configuration Manager”，打开如图 5-11 所示的“SQL Server Configuration Manager”对话框。选中左侧窗口的“MSSQLSERVER 的协议”选项，启动右侧窗口的“TCP/IP”。

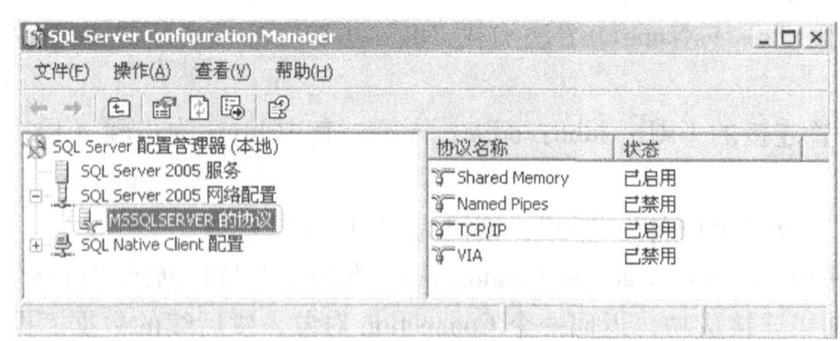

图 5-11 “SQL Server Configuration Manager”对话框

2）右键单击“TCP/IP”，选择“属性”选项，打开如图 5-12 所示的“TCP/IP 属性”对话框。选择“IP 地址”选项卡，参照图 5-13 所示的页面设置各项的值，即启用 IP 地址、设置端口号为 1433。之后单击“确定”按钮完成设置。

3）重新启动 SQL Server 2005。

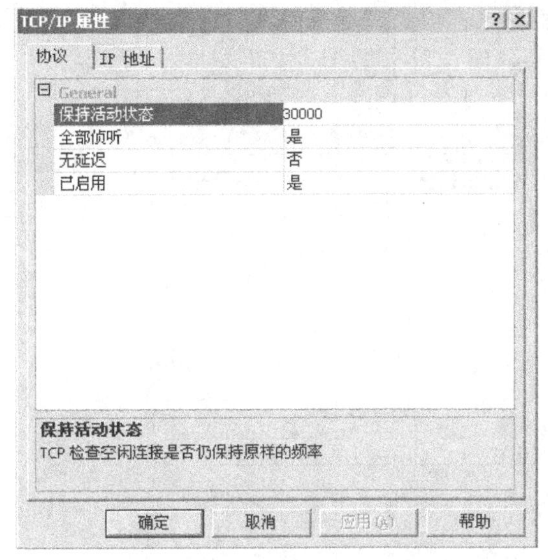

图 5-12　TCP/IP 属性对话框

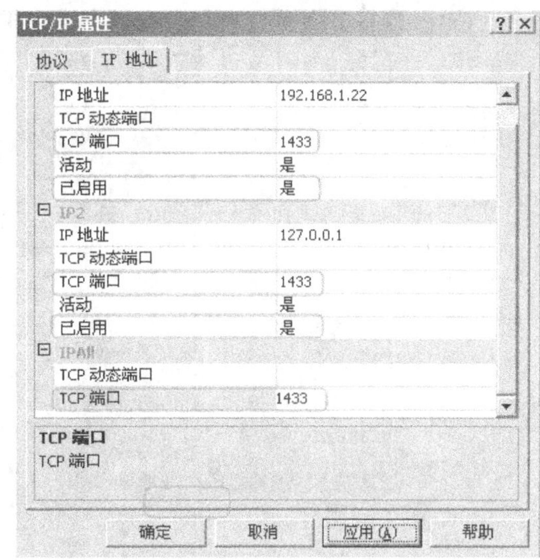

图 5-13　显示测试结果对话框

3. 设置数据库引擎的验证模式

1）依次单击“程序”→“Microsoft SQL Server 2005”→“配置工具”→“SQL Server Management Studio”，在弹出的登录窗口中成功登录 SQL Server 2005 后，进入“服务器属性”对话框。如图 5-14 所示，选中左侧窗口的“安全性”选择页，然后选中右侧的“SQL Server 和 Windows 身份验证模式”单选按钮，之后单击“确定”按钮完成设置。

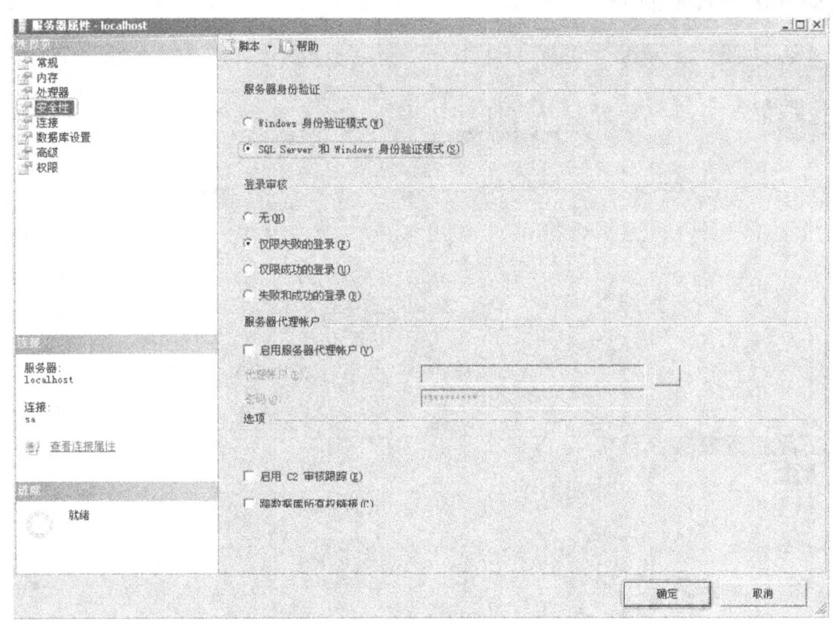

图 5-14　“服务器属性”对话框

2）在 SQL Server Management Studio 的对象资源管理器窗口中，依次单击“安全性”→“登录名”，然后右击“sa”，进入如图 5-15 所示 sa 用户“属性”对话框，在“常规”选项页中，设置 sa 用户的密码，本书案例设为“111111”。

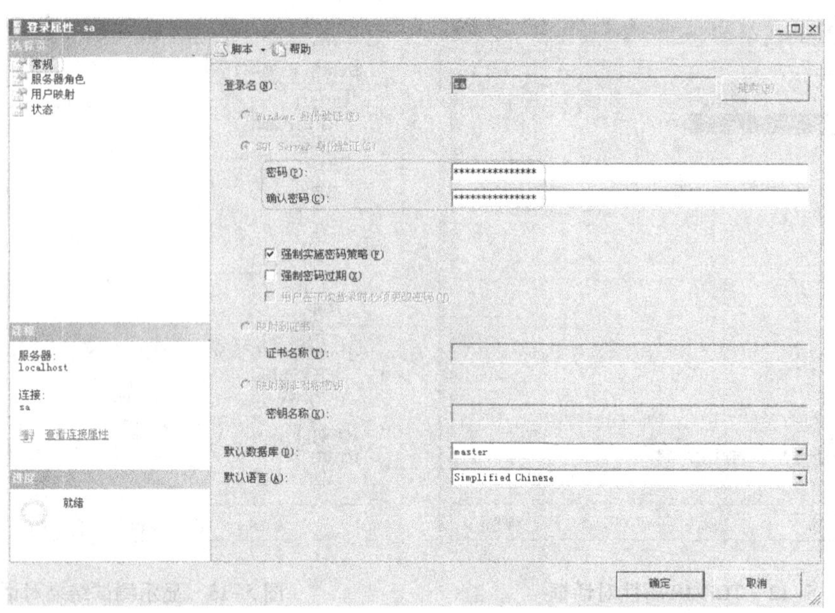

图 5-15　sa 用户“属性”对话框 1

3）单击页面左侧的“状态”选项，参照图 5-16 所示的页面设置，启用 sa 用户登录。之后单击“确定”按钮完成设置。

4）依次进入“控制面板”→“管理工具”→“组件服务”，在“服务（本地）”选项卡中重新启动 SQL Server 服务。

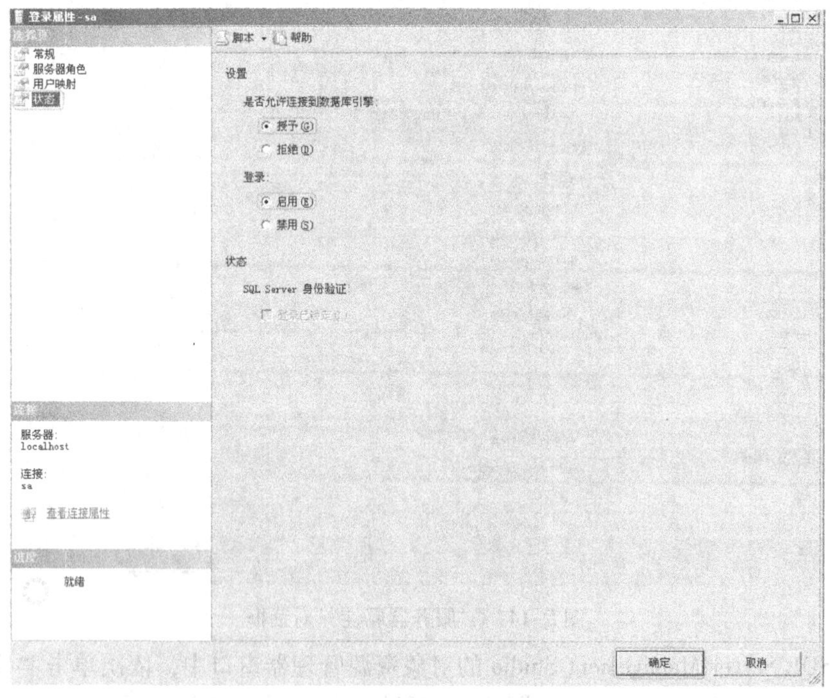

图 5-16　sa 用户“属性”对话框 2

4. 编写 JSP 页面并运行

1）在 ch5 目录中编写使用本地协议纯 Java 驱动连接到 hrms 数据库的 JSP 页面 Sample5_2. jsp。

2）启动 Tomcat 服务器，在浏览器的地址栏中输入“http：//localhost：8080/ch5/Sample5_2. jsp”，验证程序是否能正确执行。

【案例代码】 Sample5_2. jsp 页面代码如下所示：

```
1  <%@ page contentType = "text/html;charset = GB2312" language = "java" %>
2  <%@ page import = "java. sql. * " %>
3  <html>
4  <head> <title>本地协议纯 Java 驱动程序连接 SQL Server</title> </head>
5  <% Connection conn = null;
6      try{
7              Class. forName( " com. microsoft. sqlserver. jdbc. SQLServerDriver" ) ;
8      String strConn = " jdbc:sqlserver://127. 0. 0. 1:1433;DatabaseName = hrms" ;
9              String strUser = " sa" ;
10             String strPassword = "111111" ;
11             conn = DriverManager. getConnection( strConn, strUser, strPassword) ;
12                     out. println("<h2>本地协议纯 Java 驱动程序连接数据库成功！ </h2>") ;
13     } catch( ClassNotFoundException e) {
14             out. println( " a"+ e. getMessage( ) ) ;
15     } catch( SQLException e) {
16             out. println( e. getMessage( ) ) ; }
17     finally
18     {
19             try{
20                 if ( conn! = null)
21                     conn. close( ) ;
22             } catch( Exception e) { }
23     }
24   %>
25 </html>
```

【程序说明】

- 第 1 行使用 page 指令设置页面属性。
- 第 2 行使用 page 指令设置 import 属性，定义该页面使用“java. sql. * ”类。
- 第 7 行使用 Class. forName( )方法加载 Microsoft SQL Server 2005 JDBC Driver 驱动程序。
- 第 8 行设置连接的 URL：jdbc：sqlserver：//127. 0. 0. 1：1433；DatabaseName = hrms，其中“127. 0. 0. 1”为本机的 SQL Server 2005 服务器地址，“1433”为服务器端口号，“hrms”为数据库名。
- 第 9、10 行设置用户名为“sa”，密码为“111111”。
- 第 11 行使用 DriverManager. getConnection( )方法建立与数据库 hrms 的连接。
- 第 12 行如果连接成功，返回一个 Connection 对象，供后续的数据库操作使用，同时，提示连接成功信息。
- 第 13 ~ 16 行处理连接过程中的异常。

● 第 17 ~23 行表示关闭连接，释放占用的资源。

【程序运行界面】程序运行界面如图 5-17 所示。

图 5-17　本地协议纯 Java 驱动连接数据库

5.3.3　案例 3　查询员工档案信息

【案例学习目标】学习使用 Statement 接口和 ResultSet 接口查询数据库中数据的方法。

【案例知识要点】通过 Statement 接口的 executeQuery( )方法执行 SQL 语句，获得结果集；通过 ResultSet 接口读取结果集内容。

【案例完成步骤】

1）在 ch5 目录中创建显示在职员工基本信息的 JSP 页面 Sample5_3. jsp。

2）启动 Tomcat 服务器，在浏览器的地址栏中输入“http://localhost:8080/ch5/Sample5_3. jsp”，验证程序是否能正确执行。

【案例代码】Sample5_3. jsp 页面代码如下所示：

```
<%@ page contentType = "text/html;charset = GB2312" language = "java" % >
<%@ page import = "java. sql. * " % >
<html>
<head> <title>显示员工的基本信息</title> </head> <BODY>
<% Connection conn = null;
    try {
        Class. forName( " com. microsoft. sqlserver. jdbc. SQLServerDriver" ) ;
    String strConn = " jdbc:sqlserver://127. 0. 0. 1:1433;DatabaseName = hrms" ;
        String strUser = " sa" ;
        String strPassword = "111111" ;
        conn = DriverManager. getConnection( strConn, strUser, strPassword) ;
        Statement stm = conn. createStatement( ) ;
        String strSql = " SELECT EmployeeID, UserName, Sex, Birthday, NativePlace,
Marriage, IdentityID, Folk FROM employee where Incumbency = '在职'" ;
        ResultSet rs = stm. executeQuery( strSql) ;
% >
<center> <h2>在职员工的基本信息</h2> </center>
<table border = "1" align = " center" border = "0" align = " center" cellpadding = "0" cellspacing = "1" bgcolor
= "#c5d7ed" >
    <tr height = "30" >
        <th>员工编号</th>
        <th>员工姓名</th>
        <th>员工性别</th>
        <th>出生日期</th>
```

```
23            < th >员工籍贯 < /th >
24            < th >婚姻状况 < /th >
25            < th >身份证号 < /th >
26            < th >民    族 < /th > < /tr >
27        < % while( rs. next( ) ) { % >
28        < tr height = "30" bgcolor = "#ffffff" align = "center" >
29            < td > < % = rs. getString( 1 ) % > < /td >
30            < td > < % = rs. getString( 2 ) % > < /td >
31            < td > < % = rs. getString( 3 ) % > < /td >
32            < td > < % = rs. getString( 4 ) % > < /td >
33            < td > < % = rs. getString( 5 ) % > < /td >
34            < td > < % = rs. getString( 6 ) % > < /td >
35            < td > < % = rs. getString( 7 ) % > < /td >
36            < td > < % = rs. getString( 8 ) % > < /td > < /tr >
37        < %  } % >
38        < % rs. close( ) ;
39            stm. close( ) ;
40            conn. close( ) ;
41        } catch( ClassNotFoundException e) {
42            out. println( e. getMessage( ) ) ;
43        } catch( SQLException e) {
44            out. println( e. getMessage( ) ) ; }
45    % >
46    < /table > < /BODY > < /html >
```

【程序说明】

- 第 1 行使用 page 指令设置页面属性。
- 第 2 行使用 page 指令设置 import 属性,定义该页面使用"java. sql. * "类。
- 第 7 行使用 Class. forName( )方法加载 Microsoft SQL Server 2005 JDBC Driver 驱动程序。
- 第 8 行设置连接的 URL: jdbc: sqlserver: //127. 0. 0. 1：1433；DatabaseName = hrms，其中"127. 0. 0. 1"为本机的 SQL Server 2005 服务器地址，"1433"为服务器端口号，"hrms"为数据库名。
- 第 9、10 行设置用户名为"sa"，密码为"111111"。
- 第 11 行使用 DriverManager. getConnection( )方法建立与数据库 hrms 的连接，如果连接成功，返回一个 Connection 对象 conn，供后续的数据库操作使用。
- 第 12 行使用 conn. createStatement( )方法创建 Statement 对象 stm。
- 第 13 行定义 SQL 语句，用来获取在职员工的基本信息。
- 第 14 行通过 Statement 对象的 executeQuery( )方法，执行指定查询，并将结果集保存在 ResultSet 对象实例 rs 中。
- 第 18 ~26 行输出表头信息。
- 第 27 ~37 行利用 while 循环结构输出 rs 中的值。其中第 31 ~40 行分别用 ResultSet 对象的 getString( )方法获取"员工编号"、"员工姓名"、"员工性别"、"出生日期"、"员工籍贯"、"婚姻状况"、"身份证号"、"民族"等信息。
- 第 38 ~40 行表示按顺序关闭 ResultSet、Statement 及 Connection 对象。

● 第 41 ~44 行进行异常处理。

【程序运行界面】程序运行界面如图 5-18 所示。

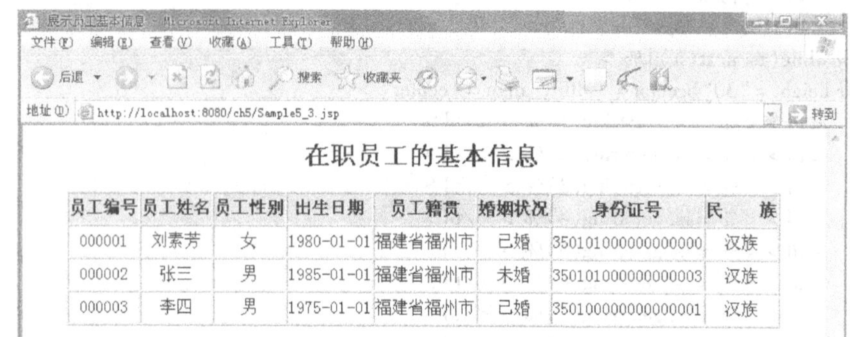

图 5-18　Sample5_3. jsp 页面

5.3.4　案例 4　删除员工档案信息

【案例学习目标】学习使用 Statement 接口和 ResultSet 接口查询数据库中数据的方法；学习 Statement 接口删除数据库中数据的方法。

【案例知识要点】通过 Statement 接口的 executeQuery( ) 方法执行 SQL 语句，获得结果集；通过 ResultSet 接口读取结果集内容；通过 Statement 接口的 executeUpdate( ) 方法执行 SQL 语句，删除数据库中的指定数据。

【案例完成步骤】

1）将 ch5 目录中的 JSP 页面 Sample5_3. jsp 复制到本目录下，并命名为 Sample5_4. jsp。

2）修改 Sample5_4. jsp 的页面代码，增加一个“删除”超链接列。

3）在 ch5 目录中编写删除指定员工档案记录的 JSP 页面 delEmployee. jsp。

4）启动 Tomcat 服务器，在浏览器的地址栏中输入“http://localhost:8080/ch5/Sample5_4. jsp”，验证程序是否能正确执行。

【案例代码】Sample5_4. jsp 页面代码如下所示：

```
<%@ page contentType=" text/html; charset=GB2312" language=" java"%>
<%@ page import=" java.sql.*"%>
<html>
<head><title>显示、删除员工档案信息</title></head><BODY>
<% Connection conn=null;
   try {
         Class.forName (" com.microsoft.sqlserver.jdbc.SQLServerDriver");
   String strConn=" jdbc:sqlserver://127.0.0.1:1433; DatabaseName=hrms";
         String strUser=" sa";
         String strPassword=" 111111";
         conn=DriverManager.getConnection (strConn, strUser, strPassword);
         Statement stm=conn.createStatement ();
         String strSql=" SELECT EmployeeID, UserName, Sex, Birthday, NativePlace, Marriage, IdentityID, Folk FROM employee where Incumbency='在职'";
         ResultSet rs=stm.executeQuery (strSql);
%>
```

```
16 <center><h2>在职员工的基本信息</h2></center>
17 <table border=" 1" align=" center" border=" 0" align=" center" cellpadding=" 0" cellspacing
   =" 1" bgcolor=" #c5d7ed" >
18     <tr height=" 30" >
19         <th>员工编号</th>
20         <th>员工姓名</th>
21         <th>员工性别</th>
22         <th>出生日期</th>
23         <th>员工籍贯</th>
24         <th>婚姻状况</th>
25         <th>身份证号</th>
26         <th>民    族</th>
27         <th>    </th></tr>
28     <% while (rs.next()) {%>
29     <tr height=" 30" bgcolor=" #ffffff" align=" center" >
30         <td><%=rs.getString(1)%></td>
31         <td><%=rs.getString(2)%></td>
32         <td><%=rs.getString(3)%></td>
33         <td><%=rs.getString(4)%></td>
34         <td><%=rs.getString(5)%></td>
35         <td><%=rs.getString(6)%></td>
36         <td><%=rs.getString(7)%></td>
37         <td><%=rs.getString(8)%></td>
38         <td><a href="delEmployee.jsp?id=<%=rs.getString(1)%>">删除</a></td></tr>
39     <% }%>
40     <% rs.close();
41         stm.close();
42         conn.close();
43     } catch (ClassNotFoundException e) {
44         out.println(e.getMessage());
45     } catch (SQLException e) {
46         out.println(e.getMessage());}
47   %>
48 </BODY></table></html>
```

【程序说明】

- 第 1 行使用 page 指令设置页面属性。
- 第 2 行使用 page 指令设置 import 属性，定义该页面使用“java. sql. *”类。
- 第 7 行使用 Class. forName( ) 方法加载 Microsoft SQL Server 2005 JDBC Driver 驱动程序。
- 第 8 行设置连接的 URL：jdbc：sqlserver：//127. 0. 0. 1：1433；DatabaseName = hrms，其中“127. 0. 0. 1”为本机的 SQL Server 2005 服务器地址，“1433”为服务器端口号，“hrms”为数据库名。
- 第 9、10 行设置用户名为“sa”，密码为“111111”。
- 第 11 行使用 DriverManager. getConnection( ) 方法建立与数据库 hrms 的连接，如果连接成功，返回一个 Connection 对象 conn，供后续的数据库操作使用。
- 第 12 行使用 conn. createStatement( ) 方法创建 Statement 对象 stm。
- 第 13 行定义 SQL 语句，用来获取在职员工的基本信息。
- 第 14 行通过 Statement 对象的 executeQuery( ) 方法，执行指定查询并将结果集保存在

ResultSet 对象实例 rs 中。

- 第 18～27 行输出表头信息。
- 第 28～39 行利用 while 循环结构输出 rs 中的值。其中第 31～37 行分别用 ResultSet 对象的 getString( )方法获取“员工编号”、“员工姓名”、“员工性别”、“出生日期”、“员工籍贯”、“婚姻状况”、“身份证号”、“民族”等信息。第 38 行定义一超链接“删除”，指向 delEmployee. jsp 页面。代码“**? id = <% = rs. getString (1)% >**”表示将员工编号作为 id 参数的值同时传递给该页面。
- 第 40～42 行表示按顺序关闭 ResultSet、Statement 及 Connection 对象。
- 第 43～46 行进行异常处理。

【案例代码】 delEmployee. jsp 页面代码如下所示：

```
1  <%@ page contentType = " text/html; charset = GB2312" language = " java" %>
2  <%@ page import = " java. sql. * " %>
3  <html>
4  <head> <title>显示、删除员工档案信息</title> </head> <BODY>
5  <% Connection conn = null;
6      try {
7          Class. forName (" com. microsoft. sqlserver. jdbc. SQLServerDriver") ;
8          String strConn = " jdbc: sqlserver: //127. 0. 0. 1: 1433; DatabaseName = hrms" ;
9          String strUser = " sa" ;
10         String strPassword = " 111111" ;
11         conn = DriverManager. getConnection (strConn, strUser, strPassword) ;
12         Statement stm = conn. createStatement () ;
13         String id = "" ;
14         id = request. getParameter (" id") ;
15         String sql3 = " delete from employee where EmployeeID = '" + id + " '" ;
16         int n = stm. executeUpdate (sql3) ;
17             if (n >0) {
18                 out. print (" <scriptLanguage = 'JavaScript ' > window. alert ('删除成功，即将返回浏览员工档案信息页面！') </script>") ;
19     out. print (" <scriptLanguage = 'JavaScript ' > window. location = 'Sample5_ 4. jsp ' </script>") ;
20                 } else {
21             out. print("<script Language = 'JavaScript ' > window. alert('删除失败,即将返回浏览员工档案信息页面！')</script>") ;
22         out. print("<script Language = 'JavaScript ' > window. location = 'Sample5_4. jsp ' </script>") ;
23                 }
24 %>
25 <%
26                 stm. close() ;
27                 conn. close() ;
28                 } catch (ClassNotFoundException e) {
29                     out. println(e. getMessage()) ;
30                 } catch (SQLException e) {
31                     out. println(e. getMessage()) ;
32                     }
33 %>
34 </BODY> </table> </html>
```

【程序说明】

- 第 1 行使用 page 指令设置页面属性。

- 第 2 行使用 page 指令设置 import 属性，定义该页面使用“java. sql. *”类。
- 第 7 行使用 Class. forName( )方法加载 Microsoft SQL Server 2005 JDBC Driver 驱动程序。
- 第 8 行设置连接的 URL：jdbc：sqlserver：//127. 0. 0. 1：1433；DatabaseName = hrms，其中“127. 0. 0. 1”为本机的 SQL Server 2005 服务器地址，“1433”为服务器端口号，hrms 为数据库名。
- 第 9、10 行设置用户名为“sa”，密码为“111111”。
- 第 11 行使用 DriverManager. getConnection( )方法建立与数据库 hrms 的连接，如果连接成功，返回一个 Connection 对象 conn，供后续的数据库操作使用。
- 第 12 行使用 conn. createStatement( )方法创建 Statement 对象 stm。
- 第 13、14 行使用 request. getParameter（"id"）方法获取由 Sample5_4. jsp 页面传递的参数 id 的值，即指定删除的员工编号。
- 第 15 行定义 SQL 语句用来删除指定员工编号的档案信息。
- 第 16 行通过 Statement 对象的 executeUpdate( )方法，执行指定的 delete 语句，并返回受影响记录的行号，保存在 int 型变量 n 中。
- 第 17 ~ 19 行判断 n 的值，若大于 0，表示删除成功，将弹出提示框，显示删除成功提示信息，之后单击“确定”按钮，返回到 Sample5_4. jsp 页面。
- 第 20 ~ 23 行判断 n 的值，若小于等于 0，表示删除失败，将弹出提示框，显示删除失败提示信息，单击“确定”按钮后返回到 Sample5_4. jsp 页面。
- 第 26、27 行表示按顺序关闭 Statement、Connection 对象。
- 第 28 ~ 32 行进行异常处理。

【程序运行界面】 Sample5_4. jsp 页面运行结果如图 5-19 所示。单击“删除”超链接后，将弹出如图 5-20 所示的对话框，单击“确定”按钮后，返回到 Sample5_4. jsp 页面。

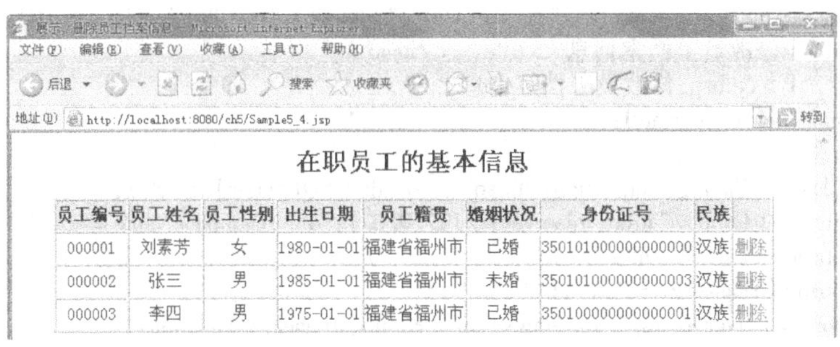

图 5-19　Sample5_4. jsp 页面

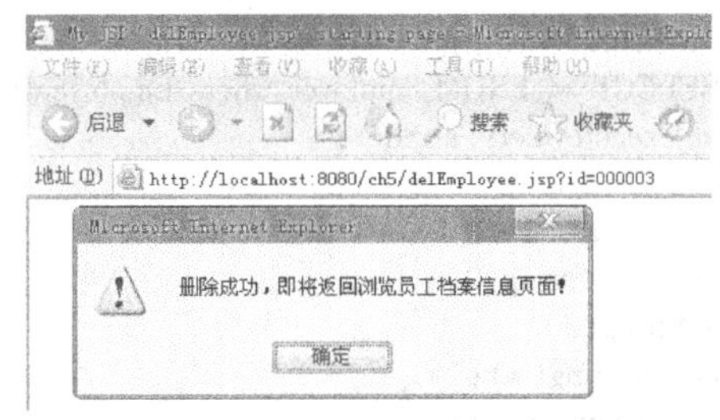

图 5-20　删除指定员工档案信息页面

5.3.5 案例5 修改员工档案信息

【案例学习目标】 学习使用 Statement 接口和 ResultSet 接口查询数据库中数据的方法；学习 Statement 接口修改数据库中数据的方法。

【案例知识要点】 通过 Statement 接口的 executeQuery( ) 方法执行 SQL 语句，获得结果集；通过 ResultSet 接口读取结果集内容；通过 Statement 接口的 executeUpdate( ) 方法执行 SQL 语句，修改数据库中的指定数据。

【案例完成步骤】

1）将 ch5 目录中的 JSP 页面 Sample5_4. jsp 复制到本目录下，并命名为 Sample5_5. jsp。

2）修改 Sample5_5. jsp 页面代码，将“删除”超链接列修改为“修改”超链接列。即将 Sample5_4. jsp 中第 38 行代码修改为如下所示代码：

```
<td> <a href="modEmployee. jsp? id=<%=rs. getString(1)%>">修改</a></td></tr>
```

3）在 ch5 目录中编写 JSP 页面 modEmployee1. jsp，该页面用于查询指定员工编号的员工档案记录信息，并将该信息显示在相应表单对象中供用户修改。

4）在 ch5 目录中编写 JSP 页面 modEmployee2. jsp，该页面获取指定员工编号的新档案记录信息，同时更新数据库中的相应记录。

5）启动 Tomcat 服务器，在浏览器的地址栏中输入“http：//localhost：8080/ch5/Sample5_5. jsp”，验证程序是否能正确执行。

【案例代码】 modEmployee1. jsp. htm 页面代码如下所示：

```
<%@ page contentType="text/html;charset=GB2312" language="java"%>
<%@ page import="java. sql. *"%>
<html>
  <head><meta http-equiv="content-type" content="text/html; charset=GB2312">
    <title>修改员工档案信息</title></head>
<body><P> 修改员工档案信息</P>
<% Connection conn=null;
  try {
        Class. forName("com. microsoft. sqlserver. jdbc. SQLServerDriver");
        String strConn="jdbc:sqlserver://127. 0. 0. 1:1433;DatabaseName=hrms";
        String strUser="sa";
        String strPassword="111111";
        conn=DriverManager. getConnection(strConn,strUser,strPassword);
        Statement stm=conn. createStatement();
        String id="";
        id=request. getParameter("id");
        String strSql="SELECT * FROM employee where EmployeeID='"+id+"'";
        ResultSet rs=stm. executeQuery(strSql);
        while(rs. next()){
        String EmployeeID=rs. getString(1);
        String UserName=rs. getString(2);
        String Sex=rs. getString(3);
        String Branch=rs. getString(4);
        String Birthday=rs. getString(5);
        String NativePlace=rs. getString(6);
```

```
String Marriage = rs. getString (7);
String IdentityID = rs. getString (8);
String Politics = rs. getString (9);
String Folk = rs. getString (10);
String Education = rs. getString (11);
String Department = rs. getString (12);
String GraduateDate = rs. getString (13);
String University = rs. getString (14);
String Position = rs. getString (15);
String Incumbency = rs. getString (16);
String IncumbencyType = rs. getString (17);
String Resume = rs. getString (18);
    % >
    < form id = " form2" name = " form2" method = " post" action = " modEmployee2. jsp" >
  < p > 员工编号: < input name = " employeeid" type = " text" id = " employeeid" value = " < % = EmployeeID % > " readonly/ > * < br >
  姓      名: < input name = " username" type = " text" id = " username" value = " < % = UserName % > " / > * < br >
  性      别: < select name = " sex" id = " sex" >
    < option value = " < % = Sex % > " selected > < % = Sex % > < /option >
    < option value = " 男" selected > 男 < /option >
              < option value = " 女" > 女 < /option > < /select > * < br >
  所 属 部 门: < select name = " branch" id = " branch" >
  < option value = " < % = Branch % > " selected > < % = Branch % > < /option >
              < option value = " 总经理室" selected > 总经理室 < /option >
           …
    < /select > *  < br >
    出 生 日 期: < input name = " birthday" type = " text" id = " birthday" value = " < % = Birthday % > " / > * < br >
    籍      贯: < input name = " nativeplace" type = " text" id = " nativeplace" value = " < % = NativePlace % > " / > * < br >
    婚 姻 状 况: < select name = " marriage" id = " marriage" >
     < option value = " < % = Marriage % > " selected > < % = Marriage % > < /option >
          < option value = " 未婚" selected > 未婚 < /option >
          …
          < /select > *  < br >
    身 份 证 号: < input name = " identityid" type = " text" id = " identityid" value = " < % = IdentityID % > " / > * < br >
    政 治 面 貌: < select name = " politics" id = " politics" >
          < option value = " < % = Politics % > " selected > < % = Politics % > < /option >
          < option value = " 党员" selected > 党员 < /option >
           …
           < /select > * < br >
    民      族: < input name = " folk" type = " text"   id = " folk" value = " < % = Folk % > " / > * < br >
    学      历: < select name = " education" id = " education" >
        < option value = " < % = Education % > " selected > < % = Education % > < /option >
          < option value = " 初中" > 初中 < /option >
           …
```

```
69                  </select>  <br>
70      专    业:<input name="department" type="text" id="department" value="<% =Department %>"/><br>
71      毕 业 日 期:<input name="graduatedate" type="text" id="graduatedate" value="<% =GraduateDate %>"/><br>
72      毕 业 院 校:<input name="university" type="text" id="university" value="<% =University %>"/><br>
73      职     称:<select name="position" id="position">
74              <option value="<% =Position %>" selected><% =Position %></option>
75                  <option value="助理工程师" selected>助理工程师</option>
76                  …
77                  </select>  <br>
78      在 职 情 况:<select name="incumbency" id="incumbency">
79              <option value="<% =Incumbency %>" selected><% =Incumbency %></option>
80                  <option value="在职" selected>在职</option>
81                  …
82                  </select>  <br>
83      用 工 形 式:<select name="incumbencytype" id="incumbencytype">
84  <option value="<% =IncumbencyType %>" selected><% =IncumbencyType %></option>
85                  <option value="正式工" selected>正式工</option>
86                  …
87                  </select>  <br>
88      个 人 简 历:<textarea name="resume" cols="60" rows="4" id="resume">
89      <% =Resume %></textarea>
90        <br><input name="Submit" type="reset" value="清  除"/>  
91      <input name="Submit" type="submit" value="修  改"/></form>
92      <%}
93          rs.close();
94          stm.close();
95          conn.close();
96      }catch(ClassNotFoundException e){
97          out.println(e.getMessage());}
98      catch(SQLException e){
99          out.println(e.getMessage());}
100     %>
101     </body></html>
```

【程序说明】

- 第1行使用 page 指令设置页面属性。
- 第2行使用 page 指令设置 import 属性，定义该页面使用“java.sql.*”类。
- 第9行使用 Class.forName()方法加载 Microsoft SQL Server 2005 JDBC Driver 驱动程序。
- 第10行设置连接的 URL：jdbc：sqlserver：//127.0.0.1：1433；DatabaseName = hrms，其中“127.0.0.1”为本机的 SQL Server 2005 服务器地址，“1433”为服务器端口号，“hrms”为数据库名。
- 第11、12行设置用户名为“sa”，密码为“111111”。
- 第13行使用 DriverManager.getConnection()方法建立与数据库 hrms 的连接，如果连接成功，返回一个 Connection 对象 conn，供后续的数据库操作使用。
- 第14行使用 conn.createStatement()方法创建 Statement 对象 stm。
- 第15、16行使用 request.getParameter（"id"）方法获取由 Sample5_5.jsp 页面传递的

参数 id 的值，即指定修改的员工编号。

- 第 17 行定义 SQL 语句，用来获取指定员工编号的员工档案信息。
- 第 18 行通过 Statement 对象的 executeQuery( ) 方法，执行指定查询并将结果集保存在 ResultSet 对象实例 rs 中。
- 第 19 ~ 37 行利用 while 循环结构获取 rs 中的值。即利用 ResultSet 对象的 getString( ) 方法获取员工档案信息。
- 第 39 行中“method = "post"”指定本页面表单提交方式为 post；“action = "modEmployee2. jsp"”指定本页面的表单由 modEmployee2. jsp 负责处理。
- 第 40 行使用“value = " < % = EmployeeID % > ""”将员工编号输出到表单单行文本框中。
- 第 41 行使用“value = " < % = UserName % > ""”将员工姓名输出到表单单行文本框中。
- 第 43 行使用“value = " < % = Sex % > ""”将员工性别输出到表单下拉列表框中。
- 第 47 行使用“value = " < % = Branch % > ""”将员工所属部门输出到表单下拉列表框中。
- 第 51 行使用“value = " < % = Birthday % > ""”将员工出生日期输出到表单单行文本框中。
- 第 52 行使用“value = " < % = NativePlace % > ""”将员工籍贯输出到表单单行文本框中。
- 第 54 行使用“value = " < % = Marriage % > ""”将员工婚姻状况输出到表单下拉列表框中。
- 第 58 行使用“value = " < % = IdentityID % > ""”将员工身份证号输出到表单单行文本框中。
- 第 60 行使用“value = " < % = Politics % > ""”将员工政治面貌输出到表单下拉列表框中。
- 第 64 行使用“value = " < % = Folk % > ""”将员工所属民族输出到表单单行文本框中。
- 第 66 行使用“value = " < % = Education % > ""”将员工学历输出到表单下拉列表框中。
- 第 70 行使用“value = " < % = Department % > ""”将员工所学专业输出到表单单行文本框中。
- 第 71 行使用“value = " < % = GraduateDate % > ""”将员工毕业日期输出到表单单行文本框中。
- 第 74 行使用“value = " < % = Position % > ""”将员工职称输出到表单下拉列表框中。
- 第 79 行使用“value = " < % = Incumbency % > ""”将员工在职情况输出到表单下拉列表框中。
- 第 84 行使用“value = " < % = IncumbencyType % > ""”将员工用工形式输出到表单下拉列表框中。
- 第 89 行使用“ < % = Resume % > ”将员工个人简历输出到表单多行文本框中。
- 第 93 ~ 95 行表示按顺序关闭 ResultSet、Statement 及 Connection 对象。
- 第 96 ~ 99 行进行异常处理。

【案例代码】 modEmployee2. jsp 页面代码如下所示：

```
<%@ page contentType = "text/html;charset = GB2312" language = "java" %>
<%@ page import = "java. sql. * " %>
<% request. setCharacterEncoding( "GB2312" );% >
<html> <head> <title>修改员工档案信息 </title> </head>
    <% Connection conn = null;
        try {
          Class. forName( "com. microsoft. sqlserver. jdbc. SQLServerDriver" );
        StringstrConn = "jdbc:sqlserver://127. 0. 0. 1:1433;DatabaseName = hrms";
```

```
			String strUser = "sa";
			String strPassword = "111111";
			conn = DriverManager.getConnection(strConn, strUser, strPassword);
			Statement stm = conn.createStatement();
			String department = "";
			String graduatedate = "";
			String university = "";
			String resume = "";
			String employeeid = request.getParameter("employeeid");
			String username = request.getParameter("username");
			String sex = request.getParameter("sex");
			String branch = request.getParameter("branch");
			String birthday = request.getParameter("birthday");
			String nativeplace = request.getParameter("nativeplace");
			String marriage = request.getParameter("marriage");
			String identityid = request.getParameter("identityid");
			String politics = request.getParameter("politics");
			String folk = request.getParameter("folk");
			String education = request.getParameter("education");
			department = request.getParameter("department");
			graduatedate = request.getParameter("graduatedate");
			university = request.getParameter("university");
			String position = request.getParameter("position");
			String incumbency = request.getParameter("incumbency");
			String incumbencytype = request.getParameter("incumbencytype");
			resume = request.getParameter("resume");
			String sql = "update employee set UserName = '"+ username + "', Sex = '"+ sex + "', Branch = '" + branch + "'";
			sql += ", Birthday = '"+ birthday + "', NativePlace = '"+ nativeplace + "', Marriage = '"+ marriage + "'";
			sql += ", IdentityID = '"+ identityid + "', Politics = '"+ politics + "', Folk = '"+ folk + "'";
			sql += ", Education = '"+ education + "', Department = '"+ department + "', GraduateDate = '" + graduatedate + "'";
			sql += ", University = '"+ university + "', Position = '"+ position + "', Incumbency = '"+ incumbency + "'";
			sql += ", IncumbencyType = '"+ incumbencytype + "', Resume = '"+ resume + "' where EmployeeID = '"+ employeeid + "'";
			int n = stm.executeUpdate(sql);
			if (n>0) {
out.print("<script Language = 'JavaScript' > window.alert('修改成功,即将返回展示、修改员工档案信息')</script>");
out.print("<script Language = 'JavaScript' > window.location = 'Sample5_5.jsp' </script>");
			} else {
out.print("<script Language = 'JavaScript' > window.alert('修改失败,即将返回修改员工档案信息')</script>");
out.print("<script Language = 'JavaScript' > window.location = 'modEmployee1.jsp?id ="+ employeeid + "' </script>");
			}
			stm.close();
			conn.close();
		} catch (Exception e) {
			throw new ServletException(e.toString()); }
	%>
</html>
```

【程序说明】

- 第 1 行使用 page 指令设置页面属性。
- 第 2 行使用 page 指令设置 import 属性，定义该页面使用“java. sql. *”类。
- 第 3 行使用 request. setCharacterEncoding（"GB2312"），定义服务器接受请求后，对请求中的字符设置字符编码为“GB2312”。
- 第 7 行使用 Class. forName( )方法加载 Microsoft SQL Server 2005 JDBC Driver 驱动程序。
- 第 8 行设置连接的 URL:jdbc:sqlserver://127. 0. 0. 1:1433;DatabaseName = hrms，其中“127. 0. 0. 1”为本机的 SQL Server 2005 服务器地址，“1433”为服务器端口号，“hrms”为数据库名。
- 第 9、10 行设置用户名为“sa”，密码为“111111”。
- 第 11 行使用 DriverManager. getConnection( )方法建立与数据库 hrms 的连接，如果连接成功，返回一个 Connection 对象 conn，供后续的数据库操作使用。
- 第 12 行使用 conn. createStatement( )方法创建 Statement 对象 stm。
- 第 13 ~ 34 行使用 request. getParameter( )方法获取客户端表单对象值，即修改的员工档案信息。
- 第 35 ~ 40 行定义用来修改员工档案信息的 SQL 语句。
- 第 41 行通过 Statement 对象的 executeUpdate( )方法，执行指定的、修改数据的 SQL 语句。并返回受影响记录的行号，保存在 int 型变量 n 中。
- 第 42 ~ 44 行判断 n 的值，若大于 0，表示修改成功，将弹出提示框显示修改成功提示信息，之后单击“确定”按钮，返回 Sample5_5. jsp 页面。
- 第 45 ~ 48 行判断 n 的值，若小于等于 0，表示修改失败，将弹出提示框，显示修改失败提示信息，单击“确定”按钮后返回修改页面 modEmpoyee1. jsp。
- 第 49 ~ 50 行表示按顺序关闭 Statement、Connection 对象。
- 第 51、52 行进行异常处理。

【程序运行界面】Sample5_5. jsp 页面运行界面如图 5-21 所示，单击“修改”超链接后，进入如图 5-22 所示页面，修改信息后单击“修改”按钮，完成员工档案信息修改，弹出如图 5-23 所示界面。

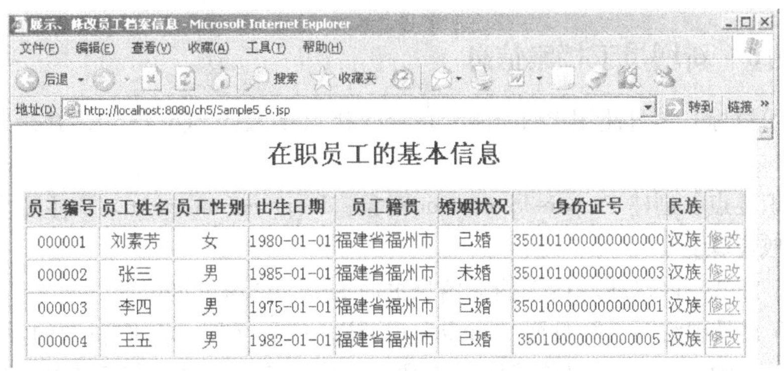

员工编号	员工姓名	员工性别	出生日期	员工籍贯	婚姻状况	身份证号	民族	
000001	刘素芳	女	1980-01-01	福建省福州市	已婚	350101000000000000	汉族	修改
000002	张三	男	1985-01-01	福建省福州市	未婚	350101000000000003	汉族	修改
000003	李四	男	1975-01-01	福建省福州市	已婚	35010000000000001	汉族	修改
000004	王五	男	1982-01-01	福建省福州市	已婚	35010000000000005	汉族	修改

图 5-21　Sample5_5. jsp 页面

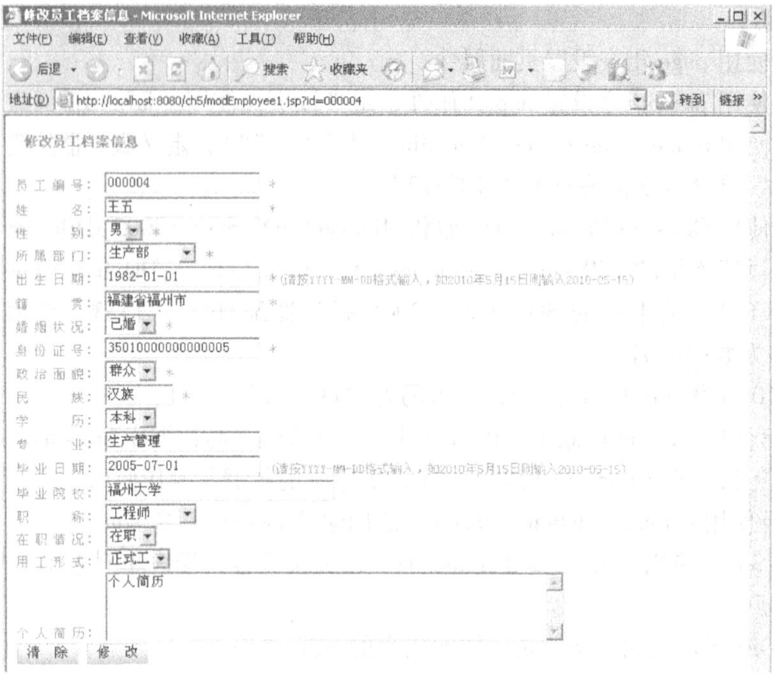

图 5-22　modEmployee1. jsp 页面

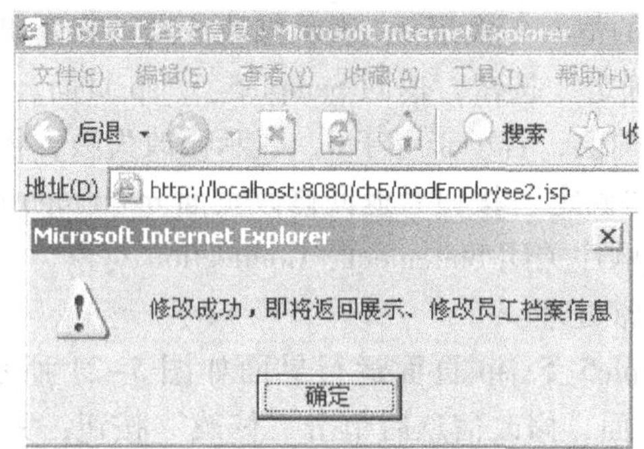

图 5-23　修改成功页面

5.3.6　案例 6　新增员工档案信息

【案例学习目标】 学习使用 PreparedStatement 接口预编译 SQL 语句，并操作数据库中数据的方法。

【案例知识要点】 创建 PreparedStatement 对象；PreparedStatement 对象主要方法的使用。

【案例完成步骤】

1）在 ch5 目录中创建新增员工档案信息页面 addEmployee. htm。

2）在 ch5 目录中编写 JSP 页面 Sample5_6. JSP，该页面用于获取新增的员工档案信息，同时使用 PreparedStatement 接口预编译 SQL 语句，实现将员工档案信息添加到数据库中。

3）启动 Tomcat 服务器，在浏览器的地址栏中输入 “http://localhost:8080/ch5/addEmployee. htm”，验证程序是否能正确执行。

【案例代码】addEmployee. htm 页面代码如下所示：

```
<html>
  <head><meta http-equiv="content-type" content="text/html; charset=GB2312">
    <title>新增员工档案信息</title>
<script Language="JavaScript">
function check_input(theForm){
  if (theForm.employeeid.value.length!=6)
  {     alert("员工编号必须为 6 位。");
    theForm.employeeid.focus();
    return (false);  }
  if (theForm.username.value=="")
  {     alert("请输入姓名。");
    theForm.username.focus();
    return (false);  }
  if (theForm.birthday.value=="")
  {     alert("请输入出生日期。");      theForm.birthday.focus();
    return (false);  }
  if (theForm.nativeplace.value=="")
  {     alert("请输入籍贯。");
    theForm.nativeplace.focus();
    return (false);  }
  if (theForm.identityid.value=="")
  {     alert("请输入身份证号。");
    theForm.identityid.focus();
    return (false);  }
    if (theForm.folk.value=="")
  {     alert("请输入民族。");
    theForm.folk.focus();
    return (false);  }
}
</script></head><body><P> 添加员工档案信息</P>
<form id="form2" name="form2" method="post" action="Sample5_6.jsp" onSubmit="return check_input(this)">
  <p>员 工 编 号：<input name="employeeid" type="text" id="employeeid" /> *  <br>
     姓       名：<input name="username" type="text" id="username" /> *   <br>
     性       别：<select name="sex" id="sex">
                    <option value="男" selected>男</option>
                    <option value="女">女</option></select> *  <br>
     所 属 部 门：<select name="branch" id="branch">
                    <option value="总经理室" selected>总经理室</option>
                    …
                    </select> *   <br>
   出 生 日 期：<input name="birthday" type="text" id="birthday" /> * <br>
   籍       贯：<input name="nativeplace" type="text" id="nativeplace" /> *   <br>
   婚 姻 状 况：<select name="marriage" id="marriage">
                  <option value="未婚" selected>未婚</option>
                  …
                  </select> *   <br>
   身 份 证 号：<input name="identityid" type="text" id="identityid" /> *   <br>
   政 治 面 貌：<select name="politics" id="politics">
```

```
49                     <option value="党员" selected>党员</option>
50                     …
51                     </select> *   <br>
52   民        族：<input name="folk" type="text"   id="folk"> *   <br>
53   学        历：<select name="education" id="education">
54                     <option value="初中">初中</option>
55                     …
56                     </select>  <br>
57   专        业：  <input name="department" type="text"   id="department">  <br>
58   毕 业 日 期：<input name="graduatedate" type="text" id="graduatedate" /><br>
59   毕 业 院 校：<input name="university" type="text"   id="university"  >  <br>
60   职        称：<select name="position" id="position">
61                    <option value="助理工程师" selected>助理工程师</option>
62                    …
63                    </select>  <br>
64   在 职 情 况：<select name="incumbency" id="incumbency">
65                    <option value="在职" selected>在职</option>
66                    …
67                    </select>  <br>
68   用 工 形 式：<select name="incumbencytype" id="incumbencytype">
69                    <option value="正式工" selected>正式工</option>
70                    …
71                    </select>  <br>
72 个 人 简 历：<textarea name="resume" cols="60" rows="4" id="resume"></textarea>
73    <br><input name="Submit" type="reset" value="清  除" />  
74           <input name="Submit" type="submit" value="提  交" />
75 </form></body></html>
```

【程序说明】

- 第 4 ~ 30 行使用 JavaScript 脚本定义函数 check_input( )，用于验证输入值。
- 第 31 行中"method="post""指定本页面表单提交方式为 post；"action="Sample5_6.jsp""指定本页面的表单由 Sample5_6.jsp 负责处理；"onSubmit="return check_input(this)""指定当单击"提交"按钮时，先调用客户端验证函数 check_input( )，用于验证输入值是否符合要求。
- 第 32 ~ 72 行定义若干表单对象，分别用于输入或选择员工编号、员工姓名、员工性别、所属部门、出生日期、籍贯、婚姻状况、身份证号、政治面貌、民族、学历、专业、毕业日期、毕业院校、职称、在职情况、用工形式、个人简历。

【案例代码】Sample5_6.jsp 页面代码如下所示：

```
<%@ page contentType="text/html;charset=GB2312" language="java" %>
<%@ page import="java.sql.*"%>
<% request.setCharacterEncoding("GB2312"); %>
<html>
<head><title>新增员工档案信息</title></head>
<%
  Connection conn=null;
  try {
```

```
    Class.forName("com.microsoft.sqlserver.jdbc.SQLServerDriver");
String strConn = "jdbc:sqlserver://MONICA\\SQLEXPRESS:1433;DatabaseName=hrms";
    String strUser = "sa";
    String strPassword = "111111";
    conn = DriverManager.getConnection(strConn,strUser,strPassword);
      String department = "";
      String graduatedate = "";
      String university = "";
      String resume = "";
      String employeeid =  request.getParameter("employeeid") ;
      String username =  request.getParameter("username") ;
      String sex =  request.getParameter("sex") ;
      String branch =  request.getParameter("branch") ;
      String birthday =  request.getParameter("birthday") ;
      String nativeplace =  request.getParameter("nativeplace") ;
      String marriage =  request.getParameter("marriage") ;
      String identityid =  request.getParameter("identityid") ;
      String politics =  request.getParameter("politics") ;
      String folk =  request.getParameter("folk") ;
      String education =  request.getParameter("education") ;
      department =  request.getParameter("department") ;
      graduatedate =  request.getParameter("graduatedate") ;
      university =  request.getParameter("university") ;
      String position =  request.getParameter("position") ;
      String incumbency =  request.getParameter("incumbency") ;
      String incumbencytype =  request.getParameter("incumbencytype") ;
      resume =  request.getParameter("resume") ;
      String sql = "insert into employee values(?,?,?,?,?,?,?,?,?,?,?,?,?,?,?,?,?,?)" ;
                PreparedStatement pstm = conn.prepareStatement(sql);
                pstm.setString(1,employeeid);
                pstm.setString(2,username);
                pstm.setString(3,sex);
                pstm.setString(4,branch);
                pstm.setString(5,birthday);
                pstm.setString(6,nativeplace);
                pstm.setString(7,marriage);
                pstm.setString(8,identityid);
                pstm.setString(9,politics);
                pstm.setString(10,folk);
                pstm.setString(11,education);
                pstm.setString(12,department);
                pstm.setString(13,graduatedate);
                pstm.setString(14,university);
                pstm.setString(15,position);
                pstm.setString(16,incumbency);
                pstm.setString(17,incumbencytype);
                pstm.setString(18,resume);
                int n = pstm.executeUpdate();
                if(n>0) {
 out.print("<script Language='JavaScript'>window.alert('添加成功,即将返回添加页面')</script
>");
 out.print("<script Language='JavaScript'>window.location='addEmployee.htm'</script>"); }
```

```
60                    else{
61  out.print(" <script Language = 'JavaScript' > window.alert('添加失败,即将返回添加页面') </script >");
62  out.print(" <script Language = 'JavaScript' > window.location = 'addEmployee.htm ' </script > "); }
63        pstm.close();
64        conn.close();
65      } catch (Exception e) {
66          throw new ServletException(e.toString()); }
67  % >
68  </html >
```

【程序说明】

- 第 1 行使用 page 指令设置页面属性。
- 第 2 行使用 page 指令设置 import 属性，定义该页面使用“java. sql. *”类。
- 第 3 行使用 request. setCharacterEncoding（"GB2312"），定义服务器接受请求后，对请求中的字符设置字符编码为“GB2312”。
- 第 9 行使用 Class. forName( )方法加载 Microsoft SQL Server 2005 JDBC Driver 驱动程序。
- 第 10 行设置连接的 URL:jdbc:sqlserver://127. 0. 0. 1:1433;DatabaseName = hrms，其中“127. 0. 0. 1”为本机的 SQL Server 2005 服务器地址，“1433”为服务器端口号，“hrms”为数据库名。
- 第 11、12 行设置用户名为“sa”，密码为“111111”。
- 第 13 行使用 DriverManager. getConnection( )方法建立与数据库 hrms 的连接，如果连接成功，返回一个 Connection 对象 conn，供后续的数据库操作使用。
- 第 14 ~ 35 行使用 request. getParameter( )方法获取客户端表单对象值，即输入或选择的员工档案信息。
- 第 36 行构造带参数的 SQL 语句，用于新增员工档案信息。
- 第 37 行使用 conn. prepareStatement（sql）方法创建 PreparedStatement 对象。
- 第 38 ~ 55 行使用 PreparedStatement 对象的 setXXX 方法设置预编译 SQL 语句对应的参数。
- 第 56 行使用 PreparedStatement 对象的 executeUpdate( )方法，执行指定的、新增数据的 SQL 语句。并返回受影响记录的行号，保存在 int 型变量 n 中。
- 第 57 ~ 59 行判断 n 的值，若大于 0，表示新增成功，将弹出提示框显示新增成功提示信息，单击“确定”按钮后返回新增员工档案信息页面 addEmployee. htm。
- 第 60 ~ 62 行判断 n 的值，若小于等于 0，表示新增失败，将弹出提示框显示新增失败提示信息，单击“确定”按钮后返回新增员工档案信息页面 addEmployee. htm。
- 第 63、64 行表示按顺序关闭 PreparedStatement、Connection 对象。
- 第 65、66 行进行异常处理。

【程序运行界面】 addEmployee. htm 页面运行界面如图 5-24 所示。输入或选择各项值后单击“提交”按钮，新增成功显示如图 5-25 所示界面。

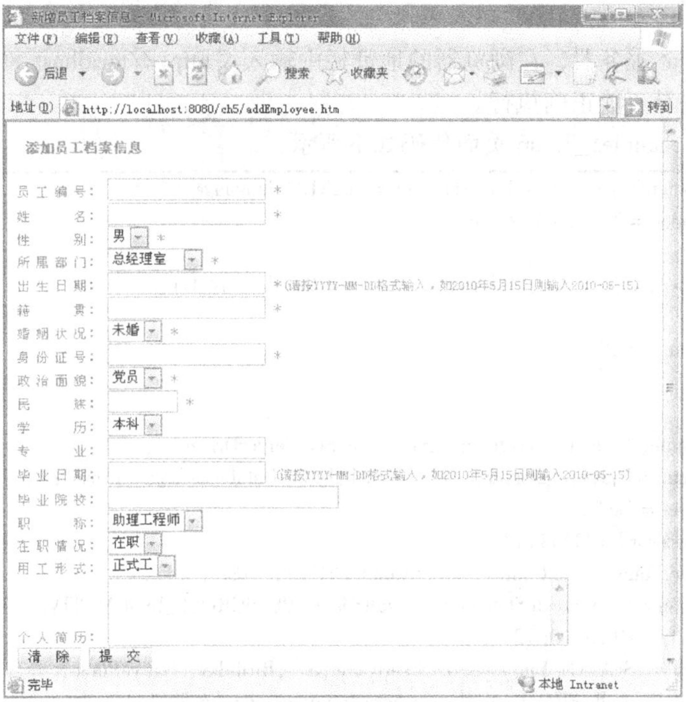

图 5-24　addEmployee. htm 页面

图 5-25　新增员工档案信息成功界面

5.3.7　案例 7　分页显示员工档案信息

【案例学习目标】学习使用 Statement 接口和 ResultSet 接口查询数据库中数据的方法，学习在 JSP 页面中对查询数据进行分页显示的方法。

【案例知识要点】通过 Statement 接口的 executeQuery( ) 方法执行 SQL 语句，获得结果集；通过 ResultSet 接口读取结果集内容并进行分页操作处理。

【案例完成步骤】

1）将 ch5 目录中的 JSP 页面 Sample5_3. jsp 复制到本目录下，并重命名为 Sample5_7. jsp。

2）修改 Sample5_7. jsp 页面代码，添加分页操作处理代码，实现分页显示员工档案信息。

3）启动 Tomcat 服务器，在浏览器的地址栏中输入“http://localhost:8080/ch5/Sample5_7.jsp”，验证程序是否能正确执行。

【案例代码】 Sample5_7.jsp 页面代码如下所示：

```
<%@ page contentType="text/html;charset=GB2312" language="java" %>
<%@ page import="java.sql.*"%>
<html>
<head><title>分页浏览员工基本信息</title></head><BODY>
<%
  Connection conn=null;
  try
  {
    Class.forName("com.microsoft.sqlserver.jdbc.SQLServerDriver");
    String strConn="jdbc:sqlserver://127.0.0.1:1433;DatabaseName=hrms";
    String strUser="sa";
    String strPassword="111111";
    conn=DriverManager.getConnection(strConn,strUser,strPassword);
    Statement stm=conn.createStatement(ResultSet.TYPE_SCROLL_INSENSITIVE, ResultSet.CONCUR_READ_ONLY);
    String strSql="SELECT EmployeeID,UserName,Sex,Birthday, NativePlace, Marriage, IdentityID,Folk FROM employee where Incumbency='在职'";
    ResultSet rs=stm.executeQuery(strSql);
%>
<center><h2>分页浏览在职员工的基本信息</h2></center>
<table border="1" align="center" border="0" align="center" cellpadding="0" cellspacing="1" bgcolor="#c5d7ed">
   <tr height="30">
   <th>员工编号</th><th>员工姓名</th><th>员工性别</th><th>出生日期</th>
   <th>员工籍贯</th><th>婚姻状况</th><th>身份证号</th><th>民族</th></tr>
   <%  int p;
       int pagecount=3;
       int p2=1;
       int rowcount;
       int intpagecount;
       String page1=request.getParameter("page");
       if(page1==null){
             p=1; }
       else{
             p=Integer.parseInt(page1); }
       rs.last();
       rowcount=rs.getRow();
       intpagecount=(rowcount+pagecount-1)/pagecount;
       if(p<1) p=1;
       if(p>intpagecount) p=intpagecount;
       rs.beforeFirst();
       while(rs.next()){
       if(p2>(p-1)*pagecount&&p2<=p*pagecount){
%>
   <tr height="30" bgcolor="#ffffff" align="center">
```

```
43          <td><%=rs.getString(1)%></td>
44          <td><%=rs.getString(2)%></td>
45          <td><%=rs.getString(3)%></td>
46          <td><%=rs.getString(4)%></td>
47          <td><%=rs.getString(5)%></td>
48          <td><%=rs.getString(6)%></td>
49          <td><%=rs.getString(7)%></td>
50          <td><%=rs.getString(8)%></td></tr>
51  <% }
52        p2++; }
53  %>
54  </table><p align="center" class="STYLE7">
55  <form method="POST" action="Sample5_7.jsp">
56  第<%=p%>页 共<%=intpagecount%>页  
57  <%if(p>1){ %>
58  <a href="Sample5_7.jsp?page=1">第一页</a>
59  <a href="Sample5_7.jsp?page=<%=p-1%>">上一页</a>
60  <%} %>  
61  <%if(p<intpagecount){ %>
62  <a href="Sample5_7.jsp?page=<%=p+1%>">下一页</a>
63  <a href="Sample5_7.jsp?page=<%=intpagecount%>">最后一页</a>
64  <%} %>  转到第<input type="text" name="page" size="4">页
65  <input name="Submit" type="submit" value="GO" /></form></p>
66  <%
67        rs.close();
68        stm.close();
69        conn.close();
70  }catch(ClassNotFoundException e){
71        out.println(e.getMessage());
72  }catch(SQLException e){
73        out.println(e.getMessage());}
74  %>
75  </BODY></html>
```

【程序说明】

- 第 1 行使用 page 指令设置页面属性。
- 第 2 行使用 page 指令设置 import 属性，定义该页面使用“java.sql.*”类。
- 第 9 行使用 Class.forName()方法加载 Microsoft SQL Server 2005 JDBC Driver 驱动程序。
- 第 10 行设置连接的 URL：jdbc:sqlserver://127.0.0.1:1433;DatabaseName=hrms，其中“127.0.0.1”为本机的 SQL Server 2005 服务器地址，“1433”为服务器端口号，“hrms”为数据库名。
- 第 11、12 行设置用户名为“sa”，密码为“111111”。
- 第 13 行使用 DriverManager.getConnection()方法建立与数据库 hrms 的连接，如果连接成功，返回一个 Connection 对象 conn，供后续的数据库操作使用。
- 第 14 行使用 conn.createStatement()方法创建 Statement 对象 stm，同时必须指定 ResultSet.TYPE_SCROLL_INSENSITIVE，ResultSet.CONCUR_READ_ONLY 为参数，否则

使用 ResultSet 对象的 last( )方法和 absolute( )方法时会出现异常。

- 第 15 行定义用来获取在职员工基本信息的 SQL 语句。
- 第 16 行通过 Statement 对象的 executeQuery( )方法，执行指定查询并将结果集保存在 ResultSet 对象的实例 rs 中。
- 第 20 ~ 22 行输出表头信息。
- 第 23 行定义变量 p，用于存储当前页页码。
- 第 24 行定义变量 pagecount，用于设置每页显示记录数，本书案例设为每页显示 3 条条记录，读者可根据实际需要修改显示的记录数。
- 第 25 行定义变量 p2，初始赋值为 1。
- 第 26 行定义变量 rowcount，用于存储结果集 rs 中的记录总数。
- 第 27 行定义变量 intpagecount，用于存储总页数。
- 第 28 行中使用 request. getParameter( )方法获取需跳转到的页码，并存储在变量 page1 中。
- 第 29 ~ 32 行对 page1 的值做判断，如果为 null，则 p 值为 1（即当前为第 1 页），否则，将 page1 的值赋予 p（即当前页为用户指定的页码）。
- 第 33、34 行使用 ResultSet 对象的 last( )方法将指针移动到此结果集的最后一行，与 getRow( )方法配合使用取得结果集中的记录数。
- 第 35 行根据总记录数 rowcount 和每页显示记录数 pagecount 计算结果集总页数 intpagecount。
- 第 36、37 行对页码超界情况进行处理，若小于 1，则 P 值置为 1；若大于最大页数，则 P 值置为最大页数。
- 第 38 行应用 ResultSet 对象的 beforeFirst( )方法将指针移动到此结果集的第一行。
- 第 39 ~ 53 行利用 while 循环结构输出 rs 中指定页码的记录。其中第 43 ~ 50 行分别用 ResultSet 对象的 getString( )方法获取“员工编号”、“员工姓名”、“员工性别”、“出生日期”、“员工籍贯”、“婚姻状况”、“身份证号”、“民族”等信息。
- 第 56 行显示当前页（p 值）和总页码（intpagecount 值）信息。
- 第 57 ~ 63 行根据当前页码决定“第一页”、“上一页”、“下一页”、“最后一页”链接是否显示。若当前页码大于 1，则显示“第一页”、“上一页”；若当前页码小于总页数，则显示“下一页”、“最后一页”。
- 第 64、65 行显示按输入数字跳转的信息。
- 第 67 ~ 69 行表示按顺序关闭 ResultSet、Statement 及 Connection 对象。
- 第 70 ~ 73 行进行异常处理。

【程序运行界面】程序运行界面如图 5-26 所示。

5.3.8 案例 8 连接 Access 数据库

Access 数据库管理系统是 Microsoft Office 系统软件中的一个重要组成部分，它是一个关系型桌面数据库管理系统，可以用来建立中、小型的数据库应用系统，应用非常广泛。同时，由于 Access 数据库操作简单、使用方便等特点，许多小型的 Web 应用程序也采用 Access 数据库。

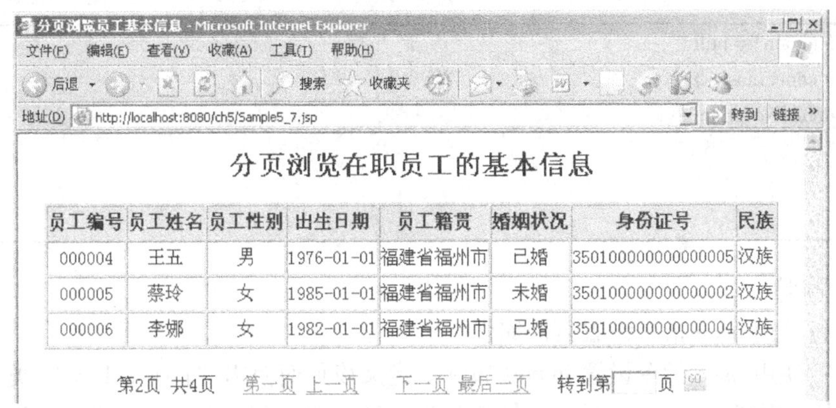

图 5-26 Sample5_7. jsp 页面

下面以 Access 2003 数据库管理系统、图书管理系统数据库 bookshop. mdb 为例介绍使用 JDBC - ODBC 连接 Access 数据库的方法。

【案例学习目标】 学习使用 JDBC - ODBC 连接 Access 数据库的方法。

【案例知识要点】 调用方法 Class. forName 显式地加载 Access 数据库驱动程序；使用 DriverManager 类的 getConnection 方法建立与指定 Access 数据库的连接。

【案例完成步骤】

1）在 ch5 目录中编写 JSP 页面 Sample5_8. jsp，该页面使用 JDBC - ODBC 桥驱动方式连接 Access 数据库 bookshop. mdb。

2）启动 Tomcat 服务器，在浏览器的地址栏中输入“http：//localhost：8080/ch5/Sample5_8. jsp”，验证程序是否能正确执行。

【案例代码】 Sample5_8. jsp 页面代码如下所示：

```
<%@ page contentType = "text/html;charset = GB2312"  language = "java"  % >
<%@ page import = "java. sql. * "% >
<html>
<head><title>JDBC - ODBC 桥驱动连接 SQL Server 数据库</title></head>
<%    Connection conn = null;
  try{
    Class. forName( "sun. jdbc. odbc. JdbcOdbcDriver" );
    String path = request. getRealPath( "" );
        String url = "jdbc:odbc:driver = {Microsoft Access Driver ( * . mdb)};DBQ = " + path + "/data/bookshop. mdb";
    String strUser = "";
    String strPassword = "";
    conn = DriverManager. getConnection( url, strUser, strPassword);
    out. println( "<h2>JDBC - ODBC 桥驱动连接 Access 数据库成功!</h2>");  }
  catch( ClassNotFoundException e)   {
    out. println( e. getMessage( ) );
  }catch( SQLException e)   {
    out. println( e. getMessage( ) );  }
  finally
  {
    try{
```

```
21            if (conn! = null)
22                conn.close();
23        }catch(Exception e){}
24    }
25 %>
26 </html>
```

【**程序说明**】

- 第 1 行使用 page 指令设置页面属性。
- 第 2 行使用 page 指令设置 import 属性，定义该页面使用“java. sql. *”类。
- 第 7 行使用 Class. forName( )方法加载 JDBC - ODBC 驱动程序“sun. jdbc. odbc. JdbcOdbcDriver”。
- 第 8 行获取当前请求文件的绝对路径。
- 第 9 行设置 URL，用于连接与当前文件 Sample5_8. jsp 在同一目录下的“data/bookshop. mdb”。
- 第 10、11 行设置用户名、密码，本书案例两者值都为空。
- 第 12 行使用 DriverManager. getConnection ( ) 方法建立与指定 Access 数据库 bookshop. mdb 的连接。
- 第 13 行表示如果连接成功，返回一个 Connection 对象，供后续的数据库操作使用，同时，提示连接成功信息。
- 第 14 ~ 17 行处理连接过程中的异常。
- 第 18 ~ 24 行关闭连接，释放占用的资源。

【**程序运行界面**】程序运行界面如图 5-27 所示。

图 5-27　JDBC - ODBC 桥驱动连接数据库

说明：由于本例的 URL 采用的是系统默认的连接 Access 数据库的驱动 Microsoft Access Driver (*. mdb)，所以不需要手动配置 ODBC 数据源。也可以参照案例 1 (Sample5_1. jsp)，手动配置 ODBC 数据源，参照与 Sample5_1. jsp 文件中相同的 JSP 程序代码完成数据库的连接。

5. 3. 9　案例 9　连接 MySQL 数据库

MySQL 是开放源码的数据库，是完全网络化的、跨平台的关系型数据库系统，任何人都能从 Internet 下载 MySQL 软件，而无需支付任何费用，并且“开放源码”意味着任何人都可以使用和修改该软件，这一特点使 MySQL 应用广泛。

下面以 MySQL 数据库管理系统、db_database08 数据库为例介绍使用本地协议纯 Java 驱动程序连接 MySQL 数据库的方法。

【案例学习目标】学习使用本地协议纯 Java 驱动程序连接 MySQL 数据库的方法。

【案例知识要点】调用方法 Class.forName 显式地加载 MySQL 数据库驱动程序；使用 DriverManager 类的 getConnection 方法建立到指定 MySQL 数据库的连接。

【案例完成步骤】

1）下载连接 MySQL 数据库需要用到的程序包，如下载程序包 mysql-connector-java-3.0.16-ga-bin.jar，复制 mysql-connector-java-3.0.16-ga-bin.jar 文件到 ch5/WEB-INF/lib 目录下。

2）在 ch5 目录中编写 JSP 页面 Sample5_9.jsp，该页面使用本地协议纯 Java 驱动程序连接到 MySQL 数据库 db_database08。

3）启动 Tomcat 服务器，在浏览器的地址栏中输入"http://localhost:8080/ch5/Sample5_9.jsp"，验证程序是否能正确执行。

【案例代码】Sample5_9.jsp 页面代码如下所示：

```
1  <%@ page contentType="text/html;charset=GB2312" language="java" %>
2  <%@ page import="java.sql.*"%>
3  <html>
4  <head><title>本地协议纯 Java 驱动程序连接 MySQL 数据库</title></head>
5  <%    Connection conn=null;
6     try{
7        Class.forName("com.mysql.jdbc.Driver");
8        String url="jdbc:mysql://127.0.0.1:3306/db_database08";
9        String strUser="root";
10       String strPassword="111111";
11       conn=DriverManager.getConnection(url,strUser,strPassword);
12       out.println("<h2>本地协议纯 Java 驱动程序连接 MySQL 数据库成功!</h2>");
13    }catch(ClassNotFoundException e)   {
14       out.println(e.getMessage());
15    }catch(SQLException e)   {
16       out.println(e.getMessage());   }
17    finally
18    {
19       try{
20          if (conn!=null)
21             conn.close();}
22       catch(Exception e){}
23    }
24 %>
25 </html>
```

【程序说明】

- 第 1 行使用 page 指令设置页面属性。
- 第 2 行使用 page 指令设置 import 属性，定义该页面使用"java.sql.*"类。
- 第 7 行使用 Class.forName()方法加载 MySQL 数据库的驱动程序"com.mysql.jdbc.Driver"。
- 第 8 行设置连接的 URL：jdbc：mysql://127.0.0.1：3306/db_database08，其中

"127.0.0.1" 为本机的 MySQL 服务器地址， "3306" 为服务器端口号，"db_database08"为数据库名。

- 第 9、10 行设置用户名、密码，本书案例用户名为 "root"，密码为 "111111"。
- 第 11 行使用 DriverManager.getConnection( ) 方法建立与指定 MySQL 数据库 db_database08 的连接。
- 第 12 行表示如果连接成功，返回一个 Connection 对象，供后续的数据库操作使用，同时，提示连接成功信息。
- 第 13 ~ 16 行处理连接过程中的异常。
- 第 17 ~ 23 行关闭连接，释放占用的资源。

【程序运行界面】 程序运行界面如图 5-28 所示。

图 5-28 本地协议纯 Java 驱动程序连接 MySQL 数据库

5.4 习题

1. 填空题

(1) ________类是 JDBC 的管理层，作用于用户和驱动程序之间。在 JSP 中要加载注册驱动程序必须调用该类的________方法。

(2) 在 JSP 中，当执行查询操作时，一般将查询结果保存在________对象中。

(3) 当执行的 SQL 语句是预编译的时，需要借助于________对象来实现。

(4) 创建一个 Statement 对象的实例需要调用 Connection 的________方法。Statement 对象的________方法一般用于执行 SQL 的 INSERT、UPDATE 或 DELETE 语句；________方法一般用于执行 SQL 的 SELECT 语句。

2. 选择题

(1) (　　) 方法用于判断连接是否已经关闭。

A. close( )　　B. isClosed( )　　C. executeUpdate( )　　D. executeQuery( )

(2) ResultSet 对象的 next( ) 方法的作用是 (　　)。

A. 将记录指针移到记录集的第一行　　B. 将记录指针从当前位置上移一行
C. 将记录指针移到记录集的最后一行　D. 将记录指针从当前位置下移一行

(3) 更新数据库使用的关键字是 (　　)。

A. INSERT　　B. DELETE　　C. UPDATE　　D. SELECT

3. 问答题

(1) 常见的 JDBC 驱动程序有哪些?

（2）简述 JDBC 访问操作数据库的基本步骤。

5.5 实训

【实训目的】掌握在 SQL Server 2005 数据库管理系统中创建数据库和数据表的方法；掌握使用 JDBC 技术访问数据库，以及查询、更新数据的方法。

【实训内容】

1. 创建数据库及数据表

在 SQL Server 2005 中创建人事管理系统的数据库 hrms 及数据表。

说明：人事管理系统的数据库 hrms 的逻辑结构设计见本书第 9 章，请读者参照表 9-1 ~ 表 9-6 建立数据表。

2. 实现登录模块

运用 JDBC 技术完成人事管理系统用户登录模块，该模块包含两个 JSP 页面，名字分别为 login. jsp、checkLogin. jsp。具体要求如下所示：

1）login. jsp 页面设计一个表单，提供一个单行文本框和一个密码域，供用户输入管理员账号和密码并提交给 checkLogin. jsp 页面，其效果如图 5-29 所示。

2）checkLogin. jsp 页面使用 request 对象获取用户输入的管理员账号和密码，使用 JDBC 技术访问数据库，验证管理员账号和密码。若输入正确则将管理员账号存储于 session 对象中；反之，则重定向至 login. jsp 页面。图 5-30 所示为管理员登录失败界面，图 5-31 所示为管理员登录成功界面。

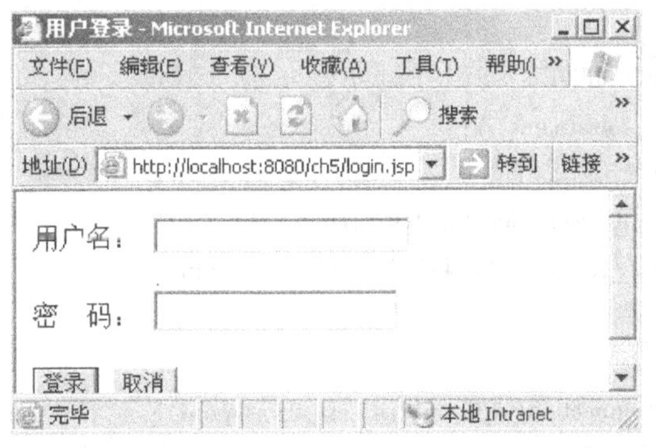

图 5-29　inputNumber. jsp 页面

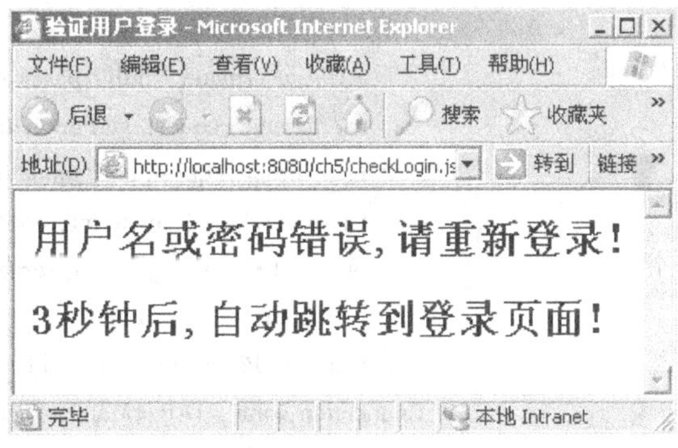

图 5-30　登录失败

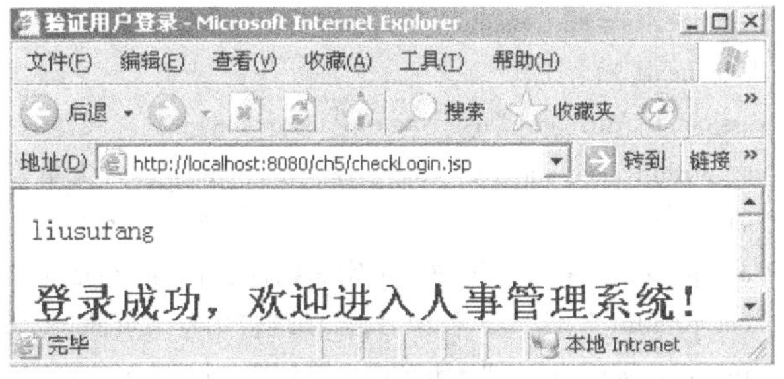

图 5-31　登录成功

3. 实现档案管理模块

运用 JDBC 技术完成人事管理系统员工档案管理模块，在该模块中可以添加员工档案、修改员工档案、查询员工档案。

说明：读者可参照本章节的案例 3 ~ 案例 7 完成本实训内容。此处不再给出详细参考代码。

【参考代码】 login. jsp 页面参考代码如下所示：

```
<%@ page contentType = "text/html; charset = GB2312" %>
<html><head><title>用户登录</title></head>
    <body><form method = "post" action = "checkLogin. jsp">
            <p>用户名：<input type = "text" name = "username" size = "20"></p>
            <p>密  码：<input type = "password" name = "password" size = "20"></p>
            <p><input type = "submit" value = "登录" name = "ok">
                <input type = "reset" value = "取消" name = "cancel"></p>
</form></body></html>
```

checkLogin. jsp 页面参考代码如下所示：

```
<%@ page language = "java" import = "java. util. * " pageEncoding = "GB2312"% >
<%@ page import = "java. sql. * "% >
<html><head><title>验证用户登录</title></head><body>
<%      try {
                String username = null, password = null;
                username = request. getParameter( "username" );
                password = request. getParameter( "password" );
                Class. forName( "com. microsoft. sqlserver. jdbc. SQLServerDriver" );
                String strConn = "jdbc:sqlserver://127. 0. 0. 1:1433;DatabaseName = hrms";
                String strUser = "sa";
                String strPassword = "111111";
            Connection conn = DriverManager. getConnection( strConn, strUser, strPassword);
                Statement stm = conn. createStatement( );
String sql = "select * from users where UserName = '" + username + "'and password = '" + password + "'";
                ResultSet rs = stm. executeQuery( sql);
                if( rs. next( ) ) {
                session. setAttribute( "userName", username);
                out. println( username + "<h2>登录成功,欢迎进入人事管理系统!</h2>");
                } else {
                 out. println( "<h2>用户名或密码错误,请重新登录!</h2>");
                 out. println( "<h2>3 秒钟后,自动跳转到登录页面!</h2>");
                 response. setHeader( "Refresh", "3;URL = login. jsp"); }
            rs. close( );
```

```
            stm.close();
            conn.close();
            }catch(SQLException e) {
                out.println(e.getMessage()); }
%> </body></html>
```

第 6 章　JavaBean 技术

学习目标

通过本章节的学习，读者可以达到以下学习目标：

- 了解 JavaBean 的概念。
- 了解 JavaBean 的优点。
- 了解 JavaBean 的种类。
- 熟悉 JavaBean 的规范。
- 掌握编写 JavaBean 的方法。
- 掌握 JavaBean 的基本应用。

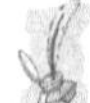

教学要求

知识要点	能力要求	相关知识
JavaBean 概念	了解	JavaBean 概念
JavaBean 优点	了解	JavaBean 优点
JavaBean 种类	了解	JavaBean 种类
JavaBean 规范	熟悉	JavaBean 规范
开发、使用 JavaBean	掌握	开发 JavaBean、使用 JavaBean
JavaBean 的基本应用	掌握	JavaBean 的基本应用

6.1　JavaBean 简介

6.1.1　JavaBean 的概念

JavaBean 组件本质是一种 Java 类，通过封装属性和方法成为具有某种功能的类，简称 bean。JavaBean 组件被定义为一个可重复使用的软件组件。JavaBean 将 JSP 页面中部分可以重复利用的程序代码抽取出来，并封装到其中，实现业务逻辑封装。JSP 页面通过 JSP 动作标记可以很容易地调用 JavaBean 组件，从而提高组件的重用性。

6.1.2　JavaBean 的优势

JavaBean 组件的优势主要体现在以下几方面。

（1）易编写、易使用

JavaBean 编写简单，JSP 提供了 <jsp: userBean>、<jsp: getProperty>、<jsp: setProperty> 等一系列动作标记可以很容易地调用 JavaBean 组件。

（2）可重用

可以在任何应用程序、其他组件或 Web 应用中方便地调用 JavaBean 组件，实现组件的可重用。

（3）可移植

JavaBean 组件是基于 Java 语言编写的，所以其继承了 Java 语言的可移植特性，可以轻易地移植到各种运行平台上。

6.1.3 JavaBean 分类

JavaBean 按功能可分为可视化 JavaBean 和非可视化 JavaBean 两类。

（1）可视化 JavaBean

可视化 JavaBean 就是具有 GUI 图形用户界面的 JavaBean。

（2）非可视化 JavaBean

非可视化 JavaBean 即没有 GUI 图形用户界面的 JavaBean。在 JSP 程序中常用于封装事务逻辑、数据库操作等，从而实现业务逻辑与页面相分离，使得系统具有更好的健壮性和灵活性。

6.1.4 JavaBean 规范

通常一个标准的 JavaBean 需遵循以下规范：

1）实现 java.io.Serializable 接口。

2）是一个公共类。

3）类中必须存在一个无参数的构造函数。

4）属性必须声明为 private，方法必须声明为 public。

5）提供对应的 setXxx( ) 和 getXxx( ) 方法来存取类中的属性，方法中的“Xxx”为属性名称，属性的第一个字母应大写。若属性为布尔类型，则可使用 isXxx( ) 方法代替 getXxx( ) 方法。

6.2 JavaBean 开发

6.2.1 创建 JavaBean

通过第 6.1 节的介绍，了解到 JavaBean 实质上就是一种遵循了特殊规范的 Java 类，所以创建 JavaBean 就是在遵循 JavaBean 规范的基础上创建一个 Java 类。

读者可以新建一个记事本，然后在记事本中输入代码，最后保存为 *.java 文件即可完成一个 JavaBean 的创建。也可以使用开发工具创建 JavaBean，如使用第 2 章中介绍过的 Eclipse 工具。

6.2.2 案例 1　编写一个简单的 JavaBean

【案例学习目标】 学习编写 JavaBean 的方法。

【案例知识要点】 JavaBean 的编写；setXxx( ) 方法和 getXxx( ) 方法的使用。

【案例完成步骤】

1）在 Tomcat 服务器的 webapps 目录下创建用于保存第 6 章案例文件的目录 ch6，本章案例中的 JSP 页面及 JavaBean 均保存在 ch6 目录中。

2）复制 WEB－INF 目录及其子文件 web. xml 到 ch6 目录下。

3）编写第一个简单的 JavaBean 程序 FirstBean. java。

4）将 FirstBean. java 编译为一个类（FirstBean. class）文件，并把该类（连同所在的包）存放在指定的 Tomcat 应用程序中的 classes 文件夹（本案例存放位置为 D：\Tomcat6. 0\webapps\ch6\WEB－IMF\classes），之后该 JavaBean 才可以被指定的 JSP 程序调用。

【案例代码】FirstBean. java 文件代码如下所示：

```
1  package mybean;
2  public class FirstBean {
3     private String  username = null;
4     private String  password = null;
5     public FirstBean()
6     {
7     }
8     public void setUsername(String value){
9        username = value;
10    }
11    public void setPassword(String value){
12       password = value;
13    }
14    public String getUsername(){
15       return username;
16    }
17    public String getPassword(){
18       return password;
19    }
20 }
```

【程序说明】

- 第 1 行定义名为 mybean 的类包，将 FirstBean 类添加到该类包中。
- 第 2 行定义 FirstBean 类的开始。
- 第 3、4 行定义两个属性（实例变量、数据成员）。
- 第 5～7 行构造不带参数的函数。
- 第 8～13 行定义属性的 setXxx()方法，用于设置属性的值。其中，“Xxx”为属性名称，属性的第一个字母应大写。
- 第 14～19 行定义属性的 getXxx()方法，用于获取属性的值。其中，“Xxx”为属性名称，属性的第一个字母应大写。
- 第 20 行定义 FirstBean 类的结束。

说明：FirstBean 是一个很典型的 JavaBean，其中 username 和 password 是该 JavaBean 的两个属性，外部可以通过 setXxx()、getXxx()方法对这两个属性进行操作；setUsername

(String value) 用来设置属性 username 的值; setPassword (String value) 用来设置属性 password 的值; getUsername()用来获取属性 username 的值; getPassword()用来获取属性 password 的值。

6.3 JavaBean 使用

在使用 JavaBean 的 JSP 页面中，首先必须有相应的 page 指令引入 JavaBean 类，例如：

```
<%@ page import = "mybean.FirstBean" %>
```

在 JSP 中提供了 <jsp: useBean>、<jsp: setProperty> 和 <jsp: getProperty> 等动作标记来实现对 JavaBean 的操作。下面将一一介绍。

6.3.1 <jsp : useBean>动作标记

为了在 JSP 页面中使用 JavaBean，必须使用 JSP 动作标记 <jsp : useBean>。

<jsp: useBean>动作标记可以在 JSP 程序中定义一个具有一定作用域以及一个唯一 id 的 JavaBean 实例，JSP 页面通过指定的 id 来识别 JavaBean，也可以通过 id.method 语句来调用 JavaBean 中的方法。其语法格式为：

```
<jsp:useBean id = "beanName" scope = "page|request|session|application" class = "packageName.
className"/>
```

在执行过程中，<jsp: useBean>动作标记首先会尝试寻找已经存在的、具有相同 id 和 scope 值的 JavaBean 实例，如果没有找到就会自动创建一个新的实例。

表 6-1 列出了 <jsp: useBean>标记的基本属性含义。

表 6-1 <jsp: useBean>标记基本属性

属性名	描述
id	JavaBean 在 JSP 程序中的唯一标识，代表一个 JavaBean 的实例。在 JSP 程序中通过 id 来识别 JavaBean
scope	代表 JavaBean 的作用域，可以设置以下 4 个值中的一个： page：表示该标记在当前页面范围内有效，当用户离开这个页面时，JSP 引擎取消分配给该用户的 JavaBean request：表示该标记在当前的用户请求范围内有效，JSP 引擎对请求作出响应之后，就取消分配给用户的 JavaBean session：表示该标记在当前用户的会话范围内有效，当用户关闭浏览器时，JSP 引擎取消分配给用户的 JavaBean application：表示该标记在当前整个 Web 应用范围内有效，当服务器关闭时，JSP 引擎取消分配给用户的 JavaBean
class	创建 JavaBean 的 class，注意要带有包名，大小写要完全一致

6.3.2 <jsp : setProperty>动作标记

使用 <jsp: setProperty>标记可以设置 JavaBean 的属性值。使用该标记之前，必须使用 <jsp: useBean>标记得到一个可操作的 JavaBean，而且该 JavaBean 中必须保证有相应的 setXxx()方法。

<jsp：setProperty>标记可以通过 3 种方式设置 JavaBean 属性值。

（1）将 JavaBean 属性值设置为一个表达式的值或字符串

这种方式更适用于属性值是汉字的情况。

JavaBean 属性值设置为一个表达式的值的语法格式如下所示：

```
<jsp:setProperty name="beanName" property="propertyName" value="<%=expression%>"/>
```

JavaBean 属性值设置为一个字符串的语法格式如下所示：

```
<jsp:setProperty name="beanName" property="propertyName" value="字符串" />
```

如果将表达式的值设置为 JavaBean 属性值，表达式值的类型必须和 JavaBean 的属性类型一致。如果将字符串设置为 JavaBean 的属性值，这个字符串会自动被转化为 JavaBean 的属性类型。Java 语言将字符串转化为其他数值类型的方法如下所示：

- 转化为 int 类型：Integer. parseInt（Sting s）。
- 转化为 long 类型：Long. parseInt（Sting s）。
- 转化为 float 类型：Float. parseInt（Sting s）。
- 转化为 double 类型：Double. parseInt（Sting s）。

这些方法都可能发生 NumberFormatException 异常，例如，若试图将字符串“ab23”转化为 int 型数据时就会发生 NumberFormatException 异常。

（2）通过 HTTP 表单的参数的值来设置 JavaBean 的相应属性值

通过 HTTP 表单的参数的值来设置 JavaBean 的相应属性的值时，JSP 引擎会自动将参数的字符串转换为 JavaBean 相对应属性的类型。

其语法格式如下所示：

```
<jsp:setProperty name="beanName" property="*" />
```

根据上述语法格式设置 JavaBean 的属性值要求表单参数名字必须与 JavaBean 属性的名字相同，在代码中该标记不用再具体指定 JavaBean 属性的值将对应表单中哪个参数指定的值，系统会自动根据名字进行匹配对应。

（3）通过 request 参数的值来设置 JavaBean 的相应属性值

通过 request 参数的值来设置 JavaBean 的相应属性值，这种处理方式主要用于解决表单元素的名称与 JavaBean 中的属性名不相同的情况。

其语法格式如下所示：

```
<jsp:setProperty name="beanName" property="propertyName" param="paramName" />
```

按上述语法格式设置 JavaBean 的属性值时，表单参数名字与 JavaBean 属性的名字可以不相同，JSP 引擎会自动将 request 获取的字符串数据类型转换为 JavaBean 相应的属性类型。

表 6-2 列出了<jsp：setProperty>标记的基本属性含义。

表 6-2　<jsp：setProperty>标记基本属性

属 性 名	描 述
name	指定在当前 JSP 页面中使用的 JavaBean 的名称。即使用<jsp：useBean>标记定义的 JavaBean 的实例
property	指定 JavaBean 中的属性名。如果使用 property =" * "，程序会反复查找当前 HTTP 表单的所有参数，并且匹配 JavaBean 中相同名字的属性
param	指定 JSP 页面中表单元素的名称，注意<jsp：setProperty>标记中不能同时使用 param 和 value
value	指定 JavaBean 中指定属性的属性值

6.3.3　<jsp：getProperty>动作标记

使用<jsp：getProperty>标记可以获取 JavaBean 的属性值，并将这个值以字符串的形式显示给用户。使用该标记之前，必须使用<jsp：useBean>标记得到一个可操作的 JavaBean，而且该 JavaBean 中必须保证有相应的 getXxx()方法。

其语法格式如下所示：

```
<jsp:getProperty name="beanName" property="propertyName" />
```

或

```
<jsp:getProperty name="beanName" property="propertyName">
</jsp:getProperty>
```

该指令的作用相当于在程序片中使用 JavaBean 调用 getXxx()方法，即相当于 Java 表达式。如：

```
<% =JavaBean 的 id. getXxx() %>
```

表 6-3 列出了<jsp：getProperty>标记的基本属性含义。

表 6-3　<jsp：getProperty>标记基本属性

属 性 名	描 述
name	指定在当前 JSP 页面中使用的 JavaBean 的名称。即使用<jsp：useBean>标记定义的 JavaBean 的实例
property	指定要获取的 JavaBean 的属性名

6.3.4　案例 2　使用 JavaBean

【案例学习目标】学习在 JSP 页面中使用 JavaBean 的方法。

【案例知识要点】<jsp：userBean>动作标记的使用；<jsp：setProperty>动作标记的使用；<jsp：getProperty>动作标记的使用；JavaBean 属性的读写操作。

【案例完成步骤】

1）在 ch6 目录中编写 JSP 页面 Sample6_2. jsp，该页面调用案例 1 中开发的 FirstBean。

2）启动 Tomcat 服务器，在浏览器的地址栏中输入“http：//localhost：8080/ch6/Sample6_2. jsp”，验证程序是否能正确执行。

【**案例代码**】 Sample6_2. jsp 页面代码如下所示：

```
1  <%@ page contentType = "text/html;charset = GB2312" import = "mybean. FirstBean" %>
2  <html><head><title>第一个 JavaBean</title></head>
3    <body>
4      <jsp:useBean id = "login" class = "mybean. FirstBean" scope = "page"/>
5      <% login. setUsername( "liusufang" );
6        login. setPassword( "123456" );   %>
7      <h3>应用 getProperty 动作标记获得的值为：</h3>
8      用户名：
9      <jsp:getProperty name = "login" property = "username" />
10     密码：
11     <jsp:getProperty name = "login" property = "password" />
12     <jsp:setProperty name = "login" property = "username" value = "lsf" />
13     <jsp:setProperty name = "login" property = "password" value = "111111" />
14     <h3>调用属性 getXxx()方法获得的值为：</h3>
15     用户名：
16     <% = login. getUsername()%>
17     密码：
18     <% = login. getPassword()%>
19 </body></html>
```

【**程序说明**】

- 第 1 行使用 page 指令设置页面属性，同时使用“import = "mybean. FirstBean"”导入 FirstBean 类。
- 第 4 行使用 <jsp：useBean>动作标记定义使用 FirstBean，指定其 id 为“login”，作用域（scope）为 page，即其作用域为当前页。
- 第 5、6 行使用 FirstBean 属性的 setXxx()方法分别设置 username、password 属性的值。
- 第 9、11 行使用<jsp：getProperty>动作标记用于获取 FirstBean 的属性 username、password 的属性值并输出。
- 第 12、13 行使用<jsp：setProperty>动作标记用于设置 FirstBean 的属性 username、password 的属性值。
- 第 16、18 行使用 FirstBean 属性的 getXxx()方法，分别获取 username、password 属性的值并输出。

【**程序运行界面**】程序运行界面如图 6-1 所示。

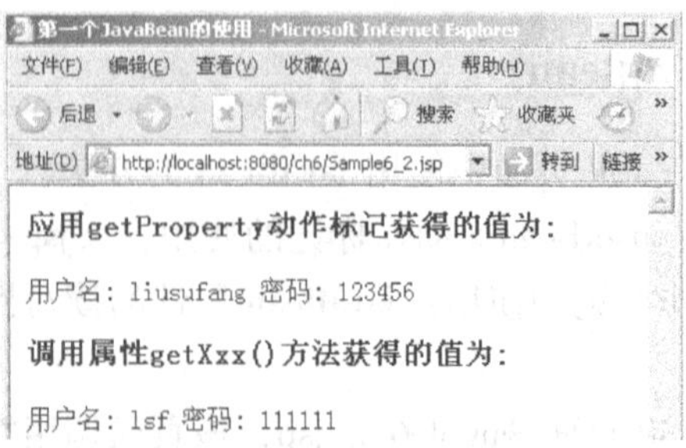

图 6-1　Sample6_2. jsp 页面

6.3.5 案例3 使用 JavaBean 与 HTML 表单交互

【案例学习目标】 学习在 JSP 页面中使用 JavaBean 与 HTML 表单交互的方法。

【案例知识要点】 HTML 表单的设计；与 HTML 表单交互的 JavaBean 的编写和调用；通过 HTTP 表单的参数值来设置 JavaBean 的相应属性的值；JavaBean 获取 HTML 表单参数值。

【案例完成步骤】

1）参考案例 1 中创建的 FirstBean，编写进行用户登录处理的 JavaBean 文件 LoginBean. java。该 JavaBean 是在 FirstBean 的基础上增加了一个进行用户名和密码验证的 check( ) 方法。

2）将 LoginBean. java 编译为一个类（LoginBean. class）文件，并把该类（连同所在的包）存放在指定的 Tomcat 应用程序中的 classes 文件夹（本案例存放位置为 D:\Tomcat6. 0\webapps\ch6\WEB－IMF\classes）。

3）在 ch6 目录中编写用户登录页面 login. htm。

说明：可将第 4 章案例 8 中的登录页面文件复制到 ch6 目录下再作修改，表单参数名要与 LoginBean 中的属性名一一对应，同时增加客户端验证函数 check( )。

4）在 ch6 目录中编写处理用户登录的 JSP 页面 Sample6_3. jsp。

5）启动 Tomcat 服务器，在浏览器的地址栏中输入“http://localhost:8080/ch6/login. htm”，验证程序是否能正确执行。

【案例代码】 LoginBean. java 文件代码如下所示：

```
1  package mybean;
2  public class LoginBean {
3     private String username = null;
4     private String password = null;
5     public LoginBean()   {}
6     public void setUsername(String value) {
7        username = value;   }
8     public void setPassword(String value) {
9        password = value;   }
10    public String getUsername() {
11       return username;   }
12    public String getPassword() {
13       return password;   }
14    public int check() {
15       if (username. equals("liusufang") && password. equals("123456")) {
16          return 1;
17       } else   {
18          return 0; }   }
19 }
```

【程序说明】

- 第 1 行定义名为 mybean 的类包，将 LoginBean 类添加到该类包中。
- 第 2 行定义 LoginBean 类的开始。
- 第 3、4 行定义两个属性 username、password。

- 第 5 行构造不带参数的函数 LoginBean()。
- 第 6～9 行定义设置属性值的方法 setUsername（String value）和 setPassword（String value），用于设置属性 username、password 的值。
- 第 10～13 行定义获取属性值的方法 getUsername()和 getPassword()，用于获取属性 username、password 的值。
- 第 14～18 行定义进行用户名和密码验证的 check()方法，本案例假定合法的用户名为“liusufang”，密码为“123456”。
- 第 19 行定义 LoginBean 类的结束。

【案例代码】 login.htm 页面代码如下所示：

```
1  <html><head><title>用户登录</title>
2    <script type="text/javascript">
3      function check(){
4          var username=document.all('username').value;
5          var password=document.all('password').value;
6            if(username.length<1){
7              alert("姓名不能为空!");
8              return false;
9            }else if(password.length<1){
10             alert("密码不能为空!");
11             return false;  }
12             }
13 </SCRIPT></head>
14   <body><form method="post" action="Sample6_3.jsp" onsubmit="return check()">
15       <p>用户名:<input type="text" name="username" size="20"></p>
16       <p>密 码:<input type="password" name="password" size="20"></p>
17       <p><input type="submit" value="登录" name="ok">
18         <input type="reset" value="取消" name="cancel"></p>
19 </form></body></html>
```

【程序说明】

- 第 3～12 行使用 JavaScript 脚本定义 check()函数，进行用户名和密码的为空性验证。
- 第 14 行中“method="post"”指定本页面表单提交方式为 post。
- 第 14 行中“action="Sample6_3.jsp"”指定本页面的表单由 Sample6_3.jsp 负责处理。
- 第 15、16 行定义两个单行文本框，分别用于输入用户名和密码，name 值分别为“username”和“password”，与 LoginBean 中的属性 username 和 password 一致，以便通过 HTTP 表单的参数的值来设置 JavaBean 的相应属性的值。

【案例代码】 Sample6_3.jsp 页面代码如下所示：

```
<%@ page contentType="text/html;charset=GB2312" import="mybean.LoginBean"%>
<jsp:useBean id="login" scope="page" class="mybean.LoginBean" />
<jsp:setProperty name="login" property="*" />
<% int i=login.check();
```

```
5   if (i==1) {
6 %>
7 <h2>欢迎<font color=blue><%=login.getUsername()%></font>进入人事档案管理平台</h2>
8 <%  }
9   if (i==0) {
10 %>
11 <h2>登录失败！点击<a href="javascript:history.back(-1);">这里</a>重新登录！</h2>
12 <%  } %>
```

【程序说明】

- 第 1 行使用 page 指令设置页面属性，使用 “import=" mybean.LoginBean"” 导入 LoginBean 类。
- 第 2 行使用 <jsp: useBean >动作标记定义使用 LoginBean，指定其 id 为 “login”，作用域（scope）为 page，即其作用域为当前页。
- 第 3 行使用 <jsp: setProperty >动作标记设置 LoginBean 属性的值，使用 property="*"实现 HTML 表单参数与 LoginBean 中属性的同名匹配，完成对 LoginBean 中属性的赋值。
- 第 4 行调用 LoginBean 中的 check（）方法进行 username 和 password 属性的合法性验证。
- 第 5～8 行表示如果验证通过（本案例用户名为 “liusufang”，密码为 “123456”），显示欢迎信息，如图 6-3 所示。其中第 7 行使用 LoginBean 属性的 getUsername()方法获取 username 属性的值并输出。
- 第 9～12 行表示如果验证未通过，显示失败信息，如图 6-4 所示。

【程序运行界面】 login.htm 页面运行界面如图 6-2 所示，输入用户名和密码后，单击 “登录” 按钮，若用户名、密码输入正确（本案例用户名为 “liusufang”，密码为 “123456”），则显示如图 6-3 所示界面；若输入不正确，则显示如图 6-4 所示界面。

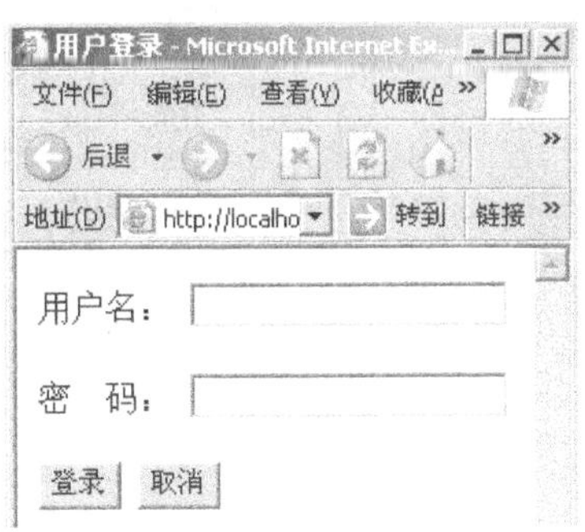

图 6-2　login.htm 页面

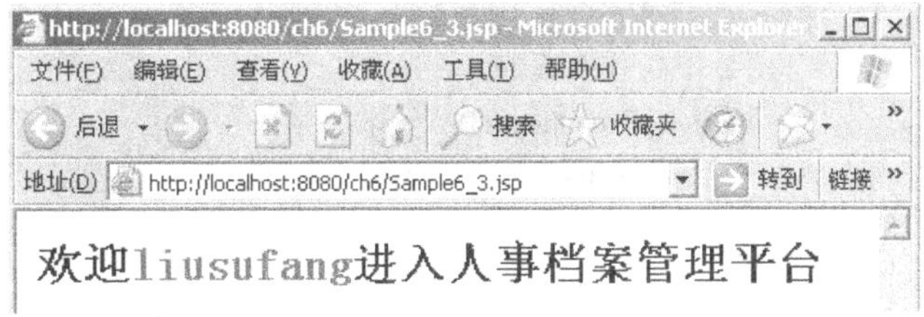

图 6-3　登录成功界面

图 6-4　登录失败界面

参照案例3的开发步骤，可以对开发、使用JavaBean的一般步骤总结如下：

1）编写实现特定功能的JavaBean。

2）编译JavaBean并部署到特定应用程序的classes文件夹中。

3）在JSP文件中使用<jsp：useBean>标记声明并初始化JavaBean，实现对JavaBean的调用。在JSP页面中，该JavaBean有一个唯一的id标识，还有一个作用域（scope），同时还要指定该JavaBean的class来源（如mybean. LoginBean）。

4）调用JavaBean提供的public方法或直接使用<jsp：setProperty>标记来设置JavaBean中的属性值；调用JavaBean提供的public方法或者直接使用<jsp：getProperty>标记来获取JavaBean中的属性值。

5）调用JavaBean中的特定方法完成指定的功能（如进行用户登录验证等）。

可以对案例3进一步改进，即通过数据库（如人事管理系统数据库hrms）进行登录验证。该操作只需要将LoginBean. java文件中，check( )方法中的代码修改为如下所示代码即可，读者可以自行完成。

```
public int check( ) {
    try {
        Class. forName( " com. microsoft. sqlserver. jdbc. SQLServerDriver" ) ;
        String strConn = " jdbc:sqlserver://127. 0. 0. 1:1433;DatabaseName = hrms" ;
        String strUser = " sa" ;
        String strPassword = " 111111" ;
        conn = DriverManager. getConnection( strConn,strUser,strPassword) ;
        Statement stm = conn. createStatement( ) ;
        String sql = " SELECT * FROM users WHERE UserName ='" + username + "'and Password =
'" + password + "'" ;
        ResultSet rs = stm. executeQuery( sql) ;
        if( rs. next( ) ) {
            return 1;
        } else {
            return 0; }
    } catch( Exception e) {
        return 0; }
}
```

6. 4 JavaBean在JSP中的典型应用

6. 4. 1 案例4 使用JavaBean封装数据库访问操作

本书第5章详细介绍了在JSP页面中连接数据库的多种方法，以及对数据库进行新增、删除、修改和查询的各种操作。在同一Web系统中会有许多的程序都需要进行数据库的连接，以及数据库记录的各种操作，如人事管理系统的用户登录验证，员工档案信息的新增、删除、修改和查询等。如果每个模块都重复地编写数据库连接代码，将造成代码冗余，而且若数据库的基础信息发生变化（如数据库服务器名称变化）则需要进行大量代码的修改，这样后期的维护工作量将很大。因此，JavaBean 在 JSP 中的一个典型应用就是将对数据库的一些常用操作封装到 JavaBean 中，访问数据库的程序可以借助 JSP 提供的 JavaBean 动作标识来实现对 JavaBean 的调用。

本案例以人事管理系统数据库 hrms 为例，说明使用 JavaBean 封装对数据库的访问操作。

【案例学习目标】 学习使用 JavaBean 封装对数据库的访问操作。

【案例知识要点】 封装通用数据库访问操作的 JavaBean 的编写和使用。

【案例完成步骤】

1）将第 5 章案例 2 中下载并解压后的 sqlJDBC. jar 文件复制到 ch6/WEB-INF/lib 目录下。

2）编写封装数据库访问操作的 JavaBean 文件 BaseDAO. java。

3）将 BaseDAO. java 编译为一个类（BaseDAO. class）文件，并将该类（连同所在的包）文件存放在指定的 Tomcat 应用程序中的 classes 文件夹（本案例存放位置为 D:\Tomcat6. 0\webapps\ch6\WEB-IMF\classes）。

4）将案例 3 中的登录页面文件 login. htm 复制到 ch6 目录下，并重命名为 login2. htm，同时将第 14 行代码修改为如下所示代码，即指定本页面的表单由 Sample6_4. jsp 负责处理。

```
<form method = "post" action = "Sample6_4. jsp" >
```

5）在 ch6 目录中编写实现用户登录验证的 JSP 页面 Sample6_4. jsp。

6）启动 Tomcat 服务器，在浏览器的地址栏中输入 "http://localhost: 8080/ch6/login2. htm"，验证程序是否能正确执行。

【案例代码】 LoginBean. java 文件代码如下所示：

```
package mybean;
import java. sql. * ;
import javax. naming. Context;
import javax. naming. InitialContext;
public class BaseDAO {
    Connection con;
    Statement stm = null;
    ResultSet rs = null;
    String connstr;
    String strUser = "" ;
    String strPassword = "" ;
public Connection getConnection( ) throws Exception {
try {
connstr = "jdbc:sqlserver://127. 0. 0. 1:1433;DatabaseName = hrms" ;
strUser = "sa" ;
strPassword = "111111" ;
Class. forName( "com. microsoft. sqlserver. jdbc. SQLServerDriver" ) ;
con = DriverManager. getConnection( connstr, strUser, strPassword) ;
```

```
19 } catch(Exception e) {
20     System.out.println(e) ;}
21 return con;}
22 public int Exec(String sql) {
23     int n = 0;
24         try{
25         con = getConnection( ) ;
26 stm = con.createStatement(ResultSet.TYPE_SCROLL_INSENSITIVE,ResultSet.CONCUR_READ_ONLY) ;
27             n = stm.executeUpdate(sql) ;
28         }catch(Exception e) {
29                 System.out.print(e.toString( )) ; }
30     return n;}
31 public ResultSet getRs(String sql) throws SQLException{
32 try{
33             con = getConnection( ) ;
34 stm = con.createStatement(ResultSet.TYPE_SCROLL_INSENSITIVE,ResultSet.CONCUR_READ_ONLY) ;
35             rs = stm.executeQuery(sql) ;
36                 return rs;
37 }catch(Exception e) {
38             System.out.print(e) ; }
39 return null;
40     }
41 public void closeCon( ) {
42     try{
43         if(rs != null)
44             rs.close( ) ;
45     }catch(Exception e) {
46         e.printStackTrace( ) ;}
47     try{
48         if(stm != null)
49             stm.close( ) ;
50     }catch(Exception e) {
51         e.printStackTrace( ) ;}
52     try{
53         if(con != null)
54             con.close( ) ;
55     }catch(Exception e) {
56         e.printStackTrace( ) ;}
57 }
58 }
```

【程序说明】

- 第 1 行定义名为 mybean 的类包，将 BaseDAO 类添加到该类包中。
- 第 2 ~4 行引入相关类包。
- 第 5 行定义 BaseDAO 类的开始。
- 第 6 ~8 行初始化 Connection、Statement 和 ResultSet 对象。
- 第 9 ~11 行定义 3 个变量 connstr、strUser 和 strPassword。

- 第 12 ~21 行定义 getConnection( )方法，用于设置连接属性、打开到指定数据库的连接并返回连接对象。
- 第 22 ~30 行定义 Exec( )方法，用于根据指定的 INSERT、UPDATE 或 DELETE 语句执行数据库的更新操作，并返回更新操作所影响的行数。
- 第 31 ~40 行定义 getRs( )方法，用于根据指定的 SELECT 语句执行数据库查询，并返回结果集。
- 第 41 ~57 行定义 closeCon( )方法，关闭数据库连接。
- 第 58 行定义 BaseDAO 类的结束。

【案例代码】 Sample6_4. jsp 页面代码如下所示：

```
1  <%@ page contentType="text/html;charset=GB2312" import="java.sql.*" %>
2  <%@ page import="mybean.BaseDAO;"%>
3  <%  String username=(String)request.getParameter("username");
4      String password=(String)request.getParameter("password");
5      BaseDAO bd=new BaseDAO();
6      if(username!=null || username!=""){
7      try{
8  String sql="SELECT * FROM users WHERE UserName='"+username+"'and Password='"+password+"'";
9              ResultSet rs=bd.getRs(sql);
10             if(rs.next()){
11                 session.setAttribute("username",username);
12 out.print("<h2>欢迎<font color=blue>"+username+"</font>进入人事档案管理平台</h2>");
13             }else{
14 out.print("<h2>登录失败！点击<a href='javascript:history.back(-1);'>这里</a>重新登录！</h2>");}
15 }catch(SQLException e){
16         out.println(e.getMessage());}
17 }
18  %>
```

【程序说明】

- 第 1 行使用 page 指令设置页面属性，使用 “import = "java. sql. * "” 引入 sql 类。
- 第 2 行引入 BaseDAO 类。
- 第 3、4 行获取用户输入的用户名、密码。
- 第 5 行实例化 BaseDAO 类。
- 第 8 行定义 SQL 语句，该语句以输入的用户名和密码为条件进行查询 。
- 第 9 行调用 BaseDAO 的 getRs( )方法连接数据库，并根据指定的 SQL 语句执行查询，实现验证用户名和密码功能。
- 第 10 ~12 行表示如果验证通过，显示欢迎信息，如图 6-6 所示。
- 第 13、14 行表示如果验证未通过，显示失败信息，如图 6-7 所示。

【程序运行界面】 login2. htm 页面运行界面如图 6-5 所示，输入用户名和密码后，单击“登录”按钮，若输入的用户名、密码正确（本案例 hrms 数据库中用户名为“liusufang”，密码为“123456”），则显示如图 6-6 所示界面；若输入不正确，则显示如图 6-7 所示界面。

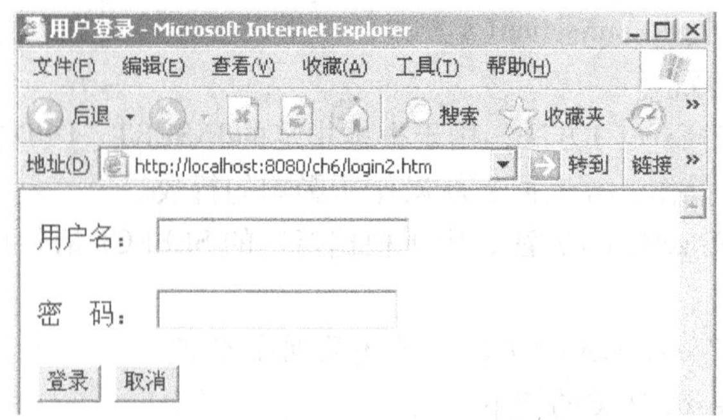

图 6-5 login2. htm 页面

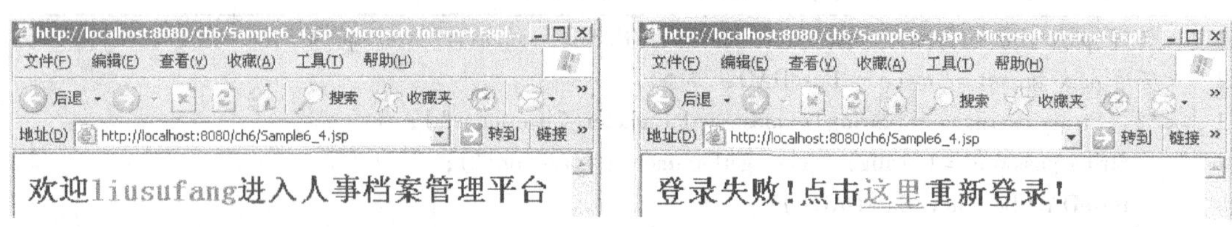

图 6-6 登录成功界面

图 6-7 登录失败界面

6.4.2 案例5 使用 JavaBean 封装编码转换操作

进行 JSP 程序开发时，通常需要对 HTML 表单中的中文数据进行编码处理，否则中文数据将显示为乱码。可以将 ISO - 8859 - 1 编码转换为 GBK 编码格式，解决中文乱码显示问题；有时也可能需要将 GBK 编码转换为 ISO - 8859 - 1 编码格式。有了 JavaBean 后，通常的做法是将这些编码转换的功能封装到 JavaBean 中，提供给其他应用程序使用。

【案例学习目标】学习使用 JavaBean 封装编码转换。

【案例知识要点】ISO - 8859 - 1 编码转换为 GBK 编码；GBK 编码转换为 ISO - 8859 - 1 编码。

【案例完成步骤】

1）编写封装编码转换功能的 JavaBean 文件 CodeConv. java。

2）将 CodeConv. java 编译为一个类（CodeConv. class）文件，并将该类（连同所在的包）文件存放在指定的 Tomcat 应用程序中的 classes 文件夹（本案例存放位置为 D:\Tomcat6. 0\webapps\ch6\WEB-IMF\classes）。

3）在应用程序中需要进行编码转换的地方调用 CodeConv。调用方法可参照案例 4，本案例不再详细介绍。

【案例代码】 CodeConv. java 文件代码如下所示：

```
package mybean;
import java. util. * ;
public class CodeConv {
  public CodeConv( )
  {
  }
  public String toISO8859(String strvalue) {
```

```
8          try{
9              if(strvalue == null) {
10                 return null;
11             }
12             else{
13                 strvalue = new String(strvalue.getBytes("GBK"), "ISO-8859-1");
14                 return strvalue;
15             }
16         }catch(Exception e) {
17             return "";}
18     }
19     public String toGBK(String strvalue) {
20         try{
21             if(strvalue == null) {
22                 return "";}
23             else{
24                 strvalue = new String(strvalue.getBytes("ISO-8859-1"), "GBK");
25                 return strvalue; }
26         }catch(Exception e) {
27             return ""; }
28         }
29 }
```

【程序说明】

- 第 1 行定义名为 mybean 的类包，将 CodeConv 类添加到该类包中。
- 第 2 行引入相关类包。
- 第 4~6 行构造不带参数的函数 CodeConv()。
- 第 7~18 行定义 toISO8859()方法，将 GBK 编码转换为 ISO-8859-1 编码。
- 第 19~28 行定义 toGBK()方法，将 ISO-8859-1 编码转换为 GBK 编码。

6.5 习题

1. 填空题

(1) 在 JSP 页面中可以使用________定义一个具有一定作用域以及一个唯一 id 的 JavaBean 的实例。

(2) 在 JSP 页面中可以使用________来设置 JavaBean 的属性值，可以使用________来获取 JavaBean 的属性值。

(3) JavaBean 的 scope 属性有 4 个值，分别为________、________、________和______，分别代表了 JavaBean 的 4 种作用域。

2. 选择题

(1) 在一个 JavaBean 组件中，有一个 int 类型的属性 number，则关于设置该属性值的方法声明正确的是（　　）文件。

A. public int set()　　　　B. public int setNumber ()

C. protected int setNumber()　　　　D. private int setNumber()

（2）在 JSP 中使用 <jsp：setProperty> 标记时，不会出现的属性是（　　）。

A. name　　B. property　　C. scope　　D. param

（3）在 JSP 中使用 <jsp：getProperty> 标记时，不会出现的属性是（　　）。

A. name　　B. property　　C. value　　D. param

（4）在 JSP 中使用 <jsp：useBean> 标记时，scope 属性的（　　）值表示 JavaBean 只在当前 JSP 程序运行期间有效。

A. page　　B. request　　C. session　　D. application

3. 问答题

（1）什么是 JavaBean？使用 JavaBean 的优点是什么？

（2）按功能 JavaBean 可分为哪几类？

（3）开发、使用 JavaBean 通常分为哪几个步骤？

（4）编写一个标准的 JavaBean 通常需遵循哪些规范？

（5）创建了一个名字为 moon 的 bean，该 bean 有一个 String 类型的 number 的属性。如果创建 moon 的 Java 类没有提供 public String getNumber( )方法，在 JSP 页面中是否允许使用 getProperty 标记获取 moon 的 number 属性的值？

6.6 实训

【实训目的】掌握编写 JavaBean 的方法；掌握 JavaBean 的基本应用。

【实训内容】

1. 运用 JavaBean 技术计算三角形面积

该应用包含一个 JSP 页面和一个 JavaBean，名字分别为 triangle. jsp、Triangle. java。具体要求如下所示：

1）triangle. jsp 页面设计一个表单，提供 3 个单行文本框，供用户输入三角形的 3 条边，表单提交后，JSP 页面将计算三角形面积的任务交给 Triangle. java 文件去完成。

2）Triangle. java 提供 setXxx( )方法和 GetXxx( )方法设置和获取 3 条边的属性；提供 isTriangle( )方法判断用户输入的 3 条边是否能构成三角形；提供 getArea( )方法计算三角形面积。

Triangle. java 需编译为一个类（Triangle. class）文件，并把该类（连同所在的包）存放在指定的 Tomcat 应用程序中的 classes 文件夹。编者将 Triangle. class（连同所在的包 mybean）存放在 D:\Tomcat6. 0\webapps\ch6\WEB-IMF\classes。

图 6-8 所示为输入 3 条边长（3、4、5）后显示计算三角形面积结果的页面效果。

2. 封装数据库

使用 JavaBean 封装人事管理系统对数据库的访问操作，文件命名为 BaseDAO. java。BaseDAO. java 需编译为一个类（Triangle. class）文件，并把该类（连同所在的包）存放在指定的 Tomcat 应用程序中的 classes 文件夹。编者将 Triangle. class（连同所在的包 mybean）存放在 D:\Tomcat6. 0\webapps\hrms\WEB-IMF\classes。

说明：hrms 为创建的人事管理系统 Web 服务目录。读者可参照本章节的案例 4 完成本实训内容。此处不再给出详细参考代码。

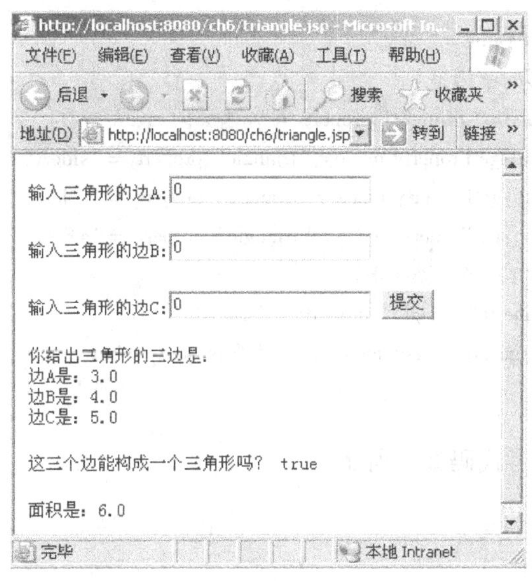

图 6-8　使用 JavaBean 计算三角形面积

3. 完成登录模块

使用 JSP + JavaBean 完成人事管理系统登录模块。该模块包含两个 JSP 页面，名字分别为 login. jsp、checkLogin. jsp。具体要求如下所示：

1）login. jsp 页面设计一个表单，提供一个单行文本框和一个密码域，供用户输入管理员账号和密码并提交给 checkLogin. jsp 页面，其效果如第 6. 4. 1 节中的图 6-5 所示。

2）checkLogin. jsp 页面使用 request 对象获取用户输入的管理员账号和密码，调用实训内容 2 中创建并编译好的 BaseDAO 文件访问数据库，验证管理员账号和密码。若输入正确则将管理员账号存储于 session 对象中，并重定向页面到管理首页；反之，则重定向至 login. jsp 页面。

说明： 读者可参照本章节的案例 4 完成本实训内容。此处不再给出详细参考代码。

4. 完成档案管理模块

使用 JSP + JavaBean 完成人事管理系统员工档案管理模块，该模块添加员工档案、修改员工档案、查询员工档案。

说明： 读者可将第 5 章实训内容 3 中完成的员工档案管理模块结合参考本章节的案例 4 完成本实训内容。此处不再给出详细参考代码。

【参考代码】　triangle. jsp 页面参考代码如下所示：

```
<%@ page contentType = "text/html; charset = GB2312" %>
<%@ page import = "mybean. Triangle" %>
<jsp:useBean id = "triangle" class = "mybean. Triangle" scope = "page"/>
<HTML> <BODY > <FORM action = "" Method = "post" >
<P>输入三角形的边 A: <Input type = text name = "sideA" value = 0 >
<P>输入三角形的边 B: <Input type = text name = "sideB" value = 0 >
<P>输入三角形的边 C: <Input type = text name = "sideC" value = 0 >
```

```
<Input type = submit value = "提交" >
<P >你给出三角形的三边是:
<jsp:setProperty name = "triangle"  property = " * "  / >
<BR >边 A 是: <jsp:getProperty name = "triangle"  property = "sideA"/ >
<BR >边 B 是: <jsp:getProperty name = "triangle"  property = "sideB"/ >
<BR >边 C 是: <jsp:getProperty name = "triangle"  property = "sideC"/ >
<P >这三个边能构成一个三角形吗?
<jsp:getProperty name = "triangle"  property = "triangle"/ >
<P >面积是: <jsp:getProperty name = "triangle"  property = "area"/ >
</body > </html >
```

Triangle. java 文件参考代码如下所示:

```
package mybean;
public class Triangle{
    double sideA,sideB,sideC, area;
    boolean isTriangle;
    public void setSideA(double a){
        sideA = a; }
    public double getSideA(){
        return sideA; }
    public void setSideB(double b){
        sideB = b; }
    public double getSideB(){
        return sideB; }
    public void setSideC(double c){
        sideC = c; }
    public double getSideC(){
        return sideC; }
    public double getArea(){
        double p = (sideA + sideB + sideC)/2. 0;
        area = Math. sqrt(p * (p - sideA) * (p - sideB) * (p - sideC));
        return area; }
    public boolean isTriangle(){
        if(sideA < sideB + sideC&&sideB < sideA + sideC&&sideC < sideA + sideB)
            isTriangle = true;
        else
            isTriangle = false;
        return isTriangle; }
}
```

第 7 章　Servlet 技术

学习目标

通过本章节的学习，读者可以达到以下学习目标：

- 了解 Servlet 的概念。
- 了解 Servlet 的特点及优势。
- 了解 Servlet 的生命周期。
- 掌握编写 Servlet 的方法。
- 掌握 Servlet 的基本应用。

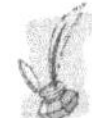

教学要求

知识要点	能力要求	相关知识
Servlet 概念	了解	Servlet 概念
Servlet 特点、优势	了解	Servlet 特点、Servlet 优势
Servlet 常用接口和类	熟悉	Servlet 常用接口和类
Servlet 生命周期	熟悉	Servlet 生命周期
编写、配置和调用 Servlet	掌握	编写 Servlet、配置 Servlet、调用 Servlet
Servlet 的基本应用	掌握	Servlet 的基本应用

7.1　Servlet 简介

7.1.1　Servlet 的概念

Servlet 是一种运行于服务器端的 Java 应用程序，具有独立于平台和协议的特性，可以生成动态的 Web 应用程序。

Servlet 是使用 Java Servlet 应用程序设计接口（API）及相关类和方法的 Java 程序。通常所说的 Servlet 是指 HttpServlet，用于处理 HTTP 请求，其能够处理的请求有 doGet()、doPost()、service()等方法。在开发 Servlet 时，可以直接继承 javax. Servlet. http. HttpServlet 接口。

使用 Servlet 需要在 web. xml 文件中进行描述，例如，映射执行 Servlet 的名字、配置 Servlet 类、初始化参数、进行安全配置、URL 映射和设置启动的优先权等。Servlet 不仅可以生成 HTML 脚本输出，也可以生成二进制表单进行输出。

Servlet 的主要功能包括以下几点。

1）读取用户端发送到服务器端的显式数据（表单数据）。

2）读取用户端发送到服务器端的隐式数据（请求报头）。

3）服务器端发送显式的数据到用户端（HTML）。

4）服务器端发送隐式的数据到用户端（状态代码和响应报头）。

7.1.2 Servlet 的特点

Servlet 程序在服务器端运行，可以用来生成动态的 Web 页面。Java 语言能够实现的功能，Servlet 基本上都能实现（除了图形界面外）。总的来说，Servlet 具有以下特点。

（1）高效

在服务器上仅有一个 Java 虚拟机在运行，它的优势在于当多个来自用户端的请求进行访问时，Servlet 为每个请求分配一个线程而不是进程。

（2）方便

Servlet 提供了大量的实用工具例程，例如处理很难完成的 HTML 表单数据、读取和设置 HTTP 头、处理 Cookie 和跟踪会话等。

（3）跨平台

Servlet 是基于 Java 类编写的，它可以在不同的操作系统平台和不同的应用服务器平台下运行。

（4）功能强大

在 Servlet 中，许多使用传统 CGI 程序很难完成的任务都可以利用 Servlet 技术轻松地完成。例如，Servlet 能够直接和 Web 服务器交互，而普通的 CGI 程序不能实现此功能；Servlet 还能够在各个程序之间共享数据，使得数据库连接池之类的功能很容易实现。

（5）灵活性和可扩展性

采用 Servlet 开发的 Web 应用程序，继承了 Java 类的继承性、构造函数等特点，使得其应用灵活，可随意扩展。

（6）共享数据

Servlet 之间通过共享数据可以很容易地实现数据库连接池。它能方便地实现管理用户请求、简化 session 和获取前一页面信息的操作。

（7）安全

有些 CGI 版本有明显的安全弱点。即使是使用最新的标准和 PERL 等语言，系统也没有基本安全框架。而 Java 定义有完整的安全机制，包括 SSL\CA 认证、安全政策等规范。

7.1.3 Servlet 的优势

与传统的 CGI（计算机图形接口）和许多其他类似 CGI 技术相比，Servlet 具有更好的可移植性、更强大的功能、更少的投资、更高的效率、更好的安全性等优点。总的来说，Servlet 的优势体现在以下几方面。

1）Servlet 可以和其他资源交互，用于生成返回给客户端的响应内容，也可以根据用户需要保存“请求 - 响应”过程中的信息。

2）采用 Servlet 技术，服务器可以完全授权对本地资源（如数据库）的访问，并且 Servlet 自身将会控制外部用户的访问数量及访问性质。

3）Servlet 可以是其他服务的客户端程序。例如，它们可以应用于分布式应用系统中，从本地硬盘或通过网络从远端硬盘激活 Servlet。

4）Servlet 可被链接。一个 Servlet 可以调用另一个或一系列 Servlet，即成为它的客户端。

5）采用 Servlet Tag 技术。Servlet 能够生成嵌于静态 HTML 页面中的动态内容，在 HT-

ML 页面中也可以动态调用 Servlet。

6）Servlet API 与协议无关，并不对传递它的协议有任何假设。

7.1.4 Servlet 与 JSP 的区别

Servlet 是一种在服务器端运行的 Java 程序，从某种意义上说，它就是服务器端的 Applet。所以 Servlet 可以像 Applet 一样作为一种插件（Plugin）嵌入到 Web Server 中去，提供诸如 HTTP、FTP 等协议服务甚至用户自己订制的协议服务。而 JSP 是继 Servlet 后 Sun 公司推出的新技术，它是以 Servlet 为基础开发的。Servlet 与 JSP 相比有以下几点区别：

1）编程方式不同。

2）Servlet 必须在编译以后才能执行。

3）运行速度不同。

7.1.5 案例1　编写一个简单的 Servlet

【案例学习目标】 学习 Servlet 的基本编写方法。

【案例知识要点】 Servlet 的编写；Servlet 的编译。

【案例完成步骤】

1）在 Tomcat 服务器的 webapps 目录下创建用于保存第 7 章案例文件的目录 ch7，本章案例中的 JSP 页面及 Servlet 均保存在 ch7 目录中。

2）复制 WEB-INF 目录及其子文件 web. xml 到 ch7 目录下。

3）编写第 1 个简单的 Servlet 程序 FirstServlet. java。

【案例代码】 FirstServlet. java 文件代码如下所示：

```
1  package myservlet;
2  import java.io.IOException;
3  import java.io.PrintWriter;
4  import javax.servlet.ServletException;
5  import javax.servlet.http.HttpServlet;
6  import javax.servlet.http.HttpServletRequest;
7  import javax.servlet.http.HttpServletResponse;
8  public class FirstServlet extends HttpServlet {
9      public void doGet(HttpServletRequest request, HttpServletResponse response)
               throws ServletException, IOException {
10         PrintWriter out = response.getWriter();
11 out.println("<HTML><BODY><h3>Welcome to my first Servlet! </h3></BODY></HTML>");
12         out.flush();
13         out.close();
14     }
15 }
```

【程序说明】

- 第 1 行定义名为 myservlet 的类包，将 FirstServlet 类添加到该类包中。
- 第 2 ~7 行引入编写 Servlet 所需要的包。
- 第 9 ~14 行重写 HttpServlet 类中的 doGet( )方法，实现 Servlet 的功能。

说明： FirstServlet. java 文件代码显示了一个简单的 Servlet 的基本结构。该 Servlet 处理的是 GET 请求，Servlet 也可以很方便地处理 POST 请求；Servlet 程序编好后，必须在 Servlet 容器中进行配置，才能正常访问。下一节将详细介绍 Servlet 的编写、配置和调用。

7.2　Servlet 技术原理

7.2.1　Servlet 的常用类与接口

Java API 提供了编写 Servlet 的接口和类，这些接口和类存放在 javax. servlet 和 javax. servlet. http 包中。

javax. servlet 包中有下列主要接口和类：

- javax. servlet. Servlet 接口
- javax. servlet. ServletConfig 接口
- javax. servlet. GenericServlet 接口
- javax. servlet. ServletRequest 接口
- javax. servlet. ServletResponse 接口
- javax. servlet. RequestDispatcher 接口

javax. servlet. http 包中有下列主要接口和类：

- javax. servlet. http. HttpServlet 接口
- javax. servlet. http. HttpServletRequest 接口
- javax. servlet. http. HttpServletResponse 接口
- javax. servlet. http. HttpSession 接口

1. Servlet 常用类与接口的层次关系

Servlet 常用类与接口层次如图 7-1 所示。

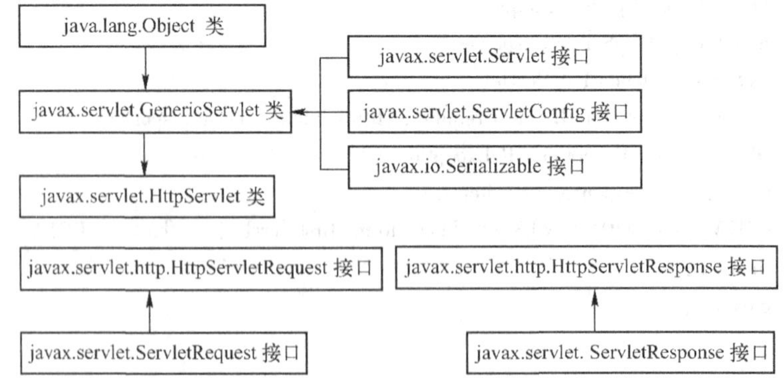

图 7-1　Servlet 常用类与接口层次图

编写 Servlet 要用到的 javax. servlet. http. HttpServlet 类为 javax. servlet. GenericServlet 的子类。javax. servlet. GenericServlet 类为 java. lang. Object 类的子类，并且实现了 javax. servlet. Servlet 接口、javax. servlet. ServletConfig 接口和 javax. io. Serializable 接口。一般情况下要用到的 javax.

servlet. http. HttpRequest 接口继承于 javax. servlet. ServletRequest 接口、javax. servlet. http. HttpResponse 接口继承于 javax. servlet. ServletResponse 接口。

2. 常用类与接口

（1）javax. servlet. Servlet 接口

javax. servlet. Servlet 接口用于开发 Servlet，所有的 Servlet 都要直接或间接地实现这个接口，这个接口定义了 Servlet 生命周期的方法。一般不用直接实现该接口，可以扩展 javax. servlet. GenericServlet 来实现一般协议的 Servlet，也可以扩展 javax. servlet. http. HttpServlet 来实现 HTTP 的 Servlet。

表 7-1 列出了 Servlet 接口的常用方法。

表 7-1 Servlet 接口常用方法

方　法	描　述
void init（ServletConfig config）	服务器装入 Servlet 时执行，在 Servlet 的生命周期中仅执行一次；默认的 init()方法设置了 Servlet 的初始化参数，并用 ServletConfig 对象参数来启动配置；通常用于装入 GIF 图像或进行初始化数据库连接
void service（ServletRequest request, ServletResponse response）	当一个用户请求一个 HttpServlet 对象时，该对象的 service()方法就要被调用；默认的服务功能是调用与 HTTP 请求的方法相对应的 do 功能（如 doGet()）；该方法不必要覆盖 service()方法，只需覆盖相应的 do 方法即可
void destroy()	服务器停止且卸载 Servlet 时执行该方法；通常用于将统计数字保存在文件中或关闭数据库连接
ServletConfig getServletConfig()	返回一个 ServletConfig 对象，该对象用于返回初始化参数和 ServletContext 接口。ServletContext 接口提供有关 Servlet 的环境信息
String getServletInfo()	提供 Servlet 的信息，如作者、版本、版本信息等

（2）javax. servlet. http. HttpServlet 接口

javax. servlet. http. HttpServlet 是一个抽象类，它继承于 javax. servlet. GenericServlet 类，提供了一个处理 HTTP 的框架，用于处理客户端的 HTTP 请求。这个类中的 service 方法支持 GET、POST、PUT、DELETE 等标准的 HTTP 请求类型，service 方法为每个 HTTP 请求类型调用相应的 doXxx()方法来处理，如 POST 请求调用 doPost()方法来处理。开发 HTTP 的 Servlet，只需实现 doXxx()方法即可，一般不用重写 service 方法。

表 7-2 列出了 HttpServlet 接口的常用方法。

表 7-2 HttpServlet 接口的常用方法

方　法	描　述
void doGet（HttpServletRequest request, HttpServletResponse response）	由 Servlet 引擎调用并处理一个 HTTP GET 请求
void doPost（HttpServletRequest request, HttpServletResponse response）	由 Servlet 引擎调用并处理一个 HTTP POST 请求
void doPut（HttpServletRequest request, HttpServletResponse response）	由 Servlet 引擎调用并处理一个 HTTP PUT 请求，请求 URI 指出被载入的文件位置
void doDelete（HttpServletRequest request, HttpServletResponse response）	由 Servlet 引擎调用并处理一个 HTTP DELETE 请求，请求 URI 指出被删除资源的位置
void service（HttpServletRequest request, HttpServletResponse response）	将请求导向 doGET()、doPOST()等，一般不重载此方法
void init()	初始化 HttpServlet

（3）javax. servlet. http. HttpServletRequest 接口

javax. servlet. http. HttpServletRequest 接口继承于 javax. servlet. ServletRequest 类，它用于定义封装客户端 HTTP 请求的“请求对象”。Servlet 容器创建了一个 HttpServletRequest 对象，并将它作为一个参数传递给 service、doPost、doGet 等方法。

表 7-3 列出了 HttpServletRequest 接口的常用方法，其中前 10 个方法为 HttpServletRequest 接口增加的方法，其他方法继承于 ServletRequest 接口。

表 7-3　HttpServletRequest 接口常用方法

方　法	描　述
String getContextPath( )	返回指定 Servlet 上下文（Web 应用）的 URL 的前缀
Cookie[ ] getCookies( )	返回与请求相关 cookie 的一个数组
String getHeader(String name)	返回指定的 HTTP 头标。如果其由请求给出，则名字大小写不敏感
String getMethod( )	返回 HTTP 请求方法（如 GET、POST 等）
String getQueryString( )	返回查询字符串，即 URL 中“?”后面的部分。
String getRequestedSessionId( )	返回客户端的会话 ID
String getRequestURI( )	返回 URI 中的一部分值，从“/”开始，包括上下文，但不包括任意查询字符串
String getServletPath( )	返回请求 URI 上下文后的子串
HttpSession getSession （boolean create)	返回当前 HTTP 会话，若当前会话不存在，则创建一个新的会话，此时 create 参数为 true
boolean isRequestedSessionIdValid( )	判断客户端返回的会话 ID 是否有效。如果仍然有效，则返回 true；反之，则返回 false
Object getAttribute （String name)	返回具有指定名字的请求属性，如果不存在则返回 null。属性可由 Servlet 引擎设置或使用 setAttribute( ) 方法显式加入
Enumeration getAttributeName( )	返回请求中所有属性名的枚举。如果不存在属性，则返回一个空的枚举
String getCharacteEncoding( )	返回请求所用的字符编码
Int getContentLength( )	指定输入流的长度，如果未知则返回 -1
String getParameter （String name)	返回指定输入参数，如果不存在，返回 null
String [ ] getParameterValues （String name)	返回指定输入参数名的取值数组，如果取值不存在则返回 null
String get Protocol( )	返回请求使用协议的名称和版本
String getServerName( )	返回处理请求的服务器的主机名
String getServerPort( )	返回接收主机正在侦听的端口号
String getRemoteAddr( )	返回客户端主机的数字型 IP 地址
String getRemoteHost( )	返回客户端主机名
void setAttribute （String name，Object obj)	以指定名称保存请求中指定对象的引用
void removeAttribute （String name)	从请求中删除指定属性

（4）javax. servlet. http. HttpServletResponse 接口

javax. servlet. http. HttpServletResponse 接口继承于 javax. servlet. ServletResponse 类，它用于定义使用 HTTP 响应客户端的“响应对象”。Servlet 容器创建了一个 HttpServletResponse 对象，该对象允许 Servlet 的 service、doPost、doGet 等方法使用 HTTP 头部信息域，并把数据发

送给客户端。

表 7-4 列出了 HttpServletResponse 接口的常用方法，其中前 5 个方法为 HttpServletResponse 接口增加的方法，其他方法继承于 ServletResponse 接口。

表 7-4　HttpServletResponse 接口的常用方法

方　法	描　述
void addCookie（Cookie cookie）	将一个 Set-Cookie 头标加入到响应
void addDateHeader（String name，long date）	将指定日期值加入带有指定名字的响应头标
void setHeader（String name，String value）	设置具有指定名字和取值的一个响应头标
boolean containsHeader（String name）	判断响应是否包含指定名字的头标。如果响应已包含此名字的头标，则返回 true；反之，则返回 false
void setStatus（int status）	设置响应状态码。只应用于不产生错误的响应，对于错误响应应使用 sendError( )方法。
String getCharacterEncoding( )	返回响应使用的字符编码。除非显式设置，否则默认为 ISO－8859－1
OutputStream getOutputStream( ) throws IOException	返回一个记录二进制的响应数据的输出流。此方法与 getWrite( )方法二者只能调用其一
Writer getWriter( ) throws IOException	返回一个记录文本的响应数据的 PrintWriter。此方法和 getOutputStream( )方法二者只能调用其一
void reset( )	清除输出缓存及任何响应头标。如果响应已得到确认，则引发事件 IllegalStateException
void setContentLength（int length）	设置响应的内容体的长度
void setContentType（String type）	设置响应的内容类型。在 HTTP Servlet 中即设置 Content-Type 头标

（5）javax. servlet. http. HttpSession 接口

javax. servlet. http. HttpSession 接口用于定义一个会话对象，该会话对象能够从页面的多个请求中甚至整个 Web 站点的范围内识别一个用户，并且能够存储该用户的相关信息。Servlet 容器使用该接口在 HTTP 客户端和 HTTP 服务器端之间建立一个 session。一个 session 可以使用多种方法维持，如 cookie 或 URL 重写等。

表 7-5 列出了 HttpSession 接口的常用方法。

表 7-5　HttpSession 接口的常用方法

方　法	描　述
Object getAttribute（String name）	返回当前 session 中指定名字的对象
Enumeration getAttributeNames( )	返回捆绑到当前会话的所有属性名的枚举值
void invalidate( )	终止 session，释放其绑定的任意对象
Boolean isNews( )	判断客户端是否加入过会话。否，则返回 true；反之，返回 false。当会话首次被创建时，会话 ID 被传入客户端，但客户端仍未进行包含此会话 ID 的第二次请求时，返回 true
void removeAttribute（String name）	删除当前 session 中指定名字的对象
void setAttribute（String name，Object value）	使用指定名字绑定一个对象到当前 session
void setStatus（int sc，String msg）	设置响应状态码为指定值

7.2.2 Servlet 的程序结构

从 7.2.1 节案例 1 中可以清楚地了解到 Servlet 程序的基本结构。

1）引入相关包。编写 Servlet 时，需要引入 java.io 包（要用到 PrintWriter 等类）、javax.servlet 包（要用到 HttpServlet 等类）以及 javax.servlet.http 包（要用到 HttpServletRequest 类和 Http ServletResponse 类）。

2）通过继承 HttpServlet 类得到 Servlet。编写 Servlet，应该从 HttpServlet 继承，然后根据数据是通过 GET 还是 POST 发送，重载 doGet、doPost 方法中的一个或全部。

3）重载 doGet 方法或 doPost 方法。doGet 方法和 doPost 方法都有两个参数，分别为 HttpServletRequest 类型和 HttpServletResponse 类型。其中，HttpServletRequest 提供访问有关请求的信息的方法，如表单数据、HTTP 请求头等；HttpServletResponse 提供用于指定 HTTP 应答状态（如 200、404 等）、应答头（如 Content-Type、Set-Cookie 等）的方法。

4）实现 Servlet 功能。一般情况下，在 doGet 或 doPost 方法中利用 HttpServletResponse 的一个用于向客户端发送数据的 PrintWriter 类的 println 方法生成向客户端发送的页面。

说明：doGet( )方法和 doPost( )方法要求抛出异常，因此必须在声明中引入异常类；doGet( )方法和 doPost( )方法是由 service( )方法调用的，有时可能需要直接覆盖 service( )。

7.2.3 Servlet 的生命周期

Servlet 是 javax.Servlet 包中 HttpServlet 类的子类的一个实例，由支持 Servlet 的服务器负责创建并完成初始化工作。当多个用户请求一个 Servlet 时，服务器为每个用户启动一个线程而不是启动一个进程，这些线程由服务器来管理，与传统的 CGI 为每个用户启动一个进程相比较，效率要高得多。

Servlet 的生命周期概括起来包括以下 3 个阶段。

1）初始化 Servlet。Servlet 第一次被请求加载时，服务器初始化这个 Servlet，即创建一个 Servlet 对象，该对象调用 init( )方法完成必要的初始化工作。

2）新生成的 Servlet 对象再调用 service( )方法响应用户的请求。

3）当服务器关闭时，调用 destroy( )方法，销毁 Servlet 对象。

init( )方法只被调用一次，即在 Servlet 第一次被请求加载时调用该方法。当后续的用户请求 Servlet 服务时，Web 服务器将启动一个新的线程，在该线程中，Servlet 调用 service( )方法响应用户的请求，也就是说，每个用户的每次请求都导致 service( )方法被调用执行，其执行过程分别运行在不同的线程中。

1. init( )方法

init( )方法是 HttpServlet 类中的方法，可以在子类中重写这个方法。

其声明格式如下所示：

```
public void init(ServletConfig config) throws ServletException
```

Servlet 第一次被请求加载时，服务器创建一个 Servlet 对象，这个对象调用 init( )方法完成必要的初始化工作。即 init( )方法在执行时，服务器会把一个 SevletConfig 类型的对象传递给该方法，之后该对象就被保存在 Servlet 对象中，直到 Servlet 对象被销毁。该 Servlet-Config 对象负责向 Servlet 传递服务设置信息，如果传递失败就会发生 ServeletException，此时 Servlet 就不能正常工作。

当多个用户请求一个 Servlet 时，服务器为每个用户启动一个线程，此时 Servlet 类的成员变量被所有的线程共享。

2. service()方法

service()方法是 HttpServlet 类中的方法，可以在子类中直接继承或重写。

其声明格式如下所示：

```
public void service(HttpServletRequest request, HttpServletResponse response)
                throw ServletException,IOException
```

当 Servlet 被成功创建和初始化之后，Servlet 就调用 service()方法来处理用户的请求并返回响应。服务器将两个参数传递给该方法，一个参数是 HttpServletRequest 类型的对象，该对象封装了用户的请求信息，通过调用相应的方法可以获取封装的信息，即使用这个对象可以获取用户提交的信息。另外一个参数对象是 HttpServletResponse 类型的对象，该对象用于响应用户的请求。与 init()方法不同的是，init()方法只被调用一次，而 service()方法可能被多次调用。当后续的用户请求 Servlet 服务时，服务器将启动一个新的线程，在该线程中，Servlet 调用 service()方法响应用户的请求，也就是说，每个用户的每次请求都导致 service()方法被调用执行，调用过程运行在不同的线程中，互不干扰。因此，不同线程的 service()方法中的局部变量互不干扰，一个线程改变自己的 service()方法中的局部变量的值，不会影响其他线程的 service()方法中的局部变量。

3. destroy()方法

destroy()方法是 HttpServlet 类中的方法。可以在子类中直接继承这个方法，一般不需要重写。

其声明格式如下所示：

```
public destroy()
```

当服务器终止服务时，如关闭服务器等，destroy()方法会被执行，用于销毁 Servlet 对象。

7.3 Servlet 开发

7.3.1 创建 Servlet

本章通过案例 1 详细介绍了编写 Servlet 的基本方法，现对创建 Servlet 的基本步骤总结如下：

1）继承 HttpServlet 抽象类。

2）重载适当的方法，如覆盖（或称为重写）doGet()方法或 doPost()方法。

3）如果有 HTTP 请求信息，获取该信息。可通过调用 HttpServletRequest 类对象的方法获取，具体有以下 3 种方法：

```
getParameterNames( )            //获取请求中所有参数的名字
getParameter( )                 //获取请求中指定参数的值
getParameterValues( )           //获取请求中所有参数的值
```

4）生成 HTTP 响应。HttpServletResponse 类对象生成响应，并将它返回到发出请求的客户端。它的方法允许设置“请求”标题和“响应”主体。“响应”对象还含有 getWriter( ) 方法用于返回一个 PrintWriter 类对象。使用 PrintWriter 的 print( )方法和 println( )方法用于编写 Servlet 响应并返回给客户端，或者直接使用 out 对象输出相关的 HTML 文档内容。

读者可以按上述步骤创建 Servlet 类。

7.3.2 案例2 配置、调用 Servlet

本章案例 1 中创建的 Servlet 必须在 Servlet 容器中进行配置，才能正常访问。Servlet 的配置一般通过一个配置文件（如 web. xml）来实现，不同的 Web 服务器上安装 Servlet 的方法可能不同。本书案例使用 Tomcat 服务器。在 Tomcat 服务器下，Servlet 应该放到 Web 应用程序的 WEB-INF\classes 目录下（本章案例为 D:\Tomcat 6. 0\webapps\ch7\WEB-INF\classes），而调用 Servlet 的 URL 是“http：//主机名/应用程序名/Servlet 名”（本章案例为 http：//localhost：8080/ch7/ Servlet 名）。同时，大多数 Web 服务器还允许定义 Servlet 别名，因此 Servlet 也可能以使用别名形式的 URL 调用。

本案例将对案例 1 中创建的 Servlet 进行配置和调用。

【案例学习目标】 学习通过修改 web. xml 文件配置 Servlet 以及调用 Servlet 的方法。

【案例知识要点】 web. xml 的修改；Servlet 的部署；Servlet 的调用。

【案例完成步骤】

1）将案例 1 中创建的 FirstServlet. java 编译为一个类（FirstServlet. class）文件，并把该类（连同所在的包）存放在指定的 Tomcat 应用程序中的 classes 文件夹（本案例存放位置为 D:\Tomcat6. 0\webapps\ch7\WEB-IMF\classes）。

2）修改 web. xml 文件，部署、配置 FirstServlet。

3）启动 Tomcat 服务器，在浏览器的地址栏中输入“http://localhost:8080/ch7/ FirstServlet”，验证程序是否能正确执行。

【案例代码】 web. xml 文件代码如下所示：

```
<? xml version = "1.0" encoding = "UTF - 8"? >
<web - app >
    < servlet >
      < description > My First Servlet </description >
      < display - name > FirstServlet </display - name >
      < servlet - name > FirstServlet </servlet - name >
      < servlet - class > myservlet. FirstServlet </servlet - class >
    </servlet >
```

```
9    <servlet-mapping>
10       <servlet-name>FirstServlet</servlet-name>
11       <url-pattern>/FirstServlet</url-pattern>
12   </servlet-mapping>
13 </web-app>
```

【程序说明】

- 第 1 行为 XML 声明。
- 第 2、13 行表示 web. xml 文件根标记开始以及结束标签。
- 第 3 ~ 8 行完成对 Servlet 的名称（name）和 Servlet 类（class）之间的匹配。其中第 4 行定义 Servlet 的描述信息；第 5 行定义发布时 Servlet 的名称；第 6 行定义 Servlet 的名称；第 7 行定义 Servlet 类的路径。
- 第 9 ~ 12 行完成 Servlet 的映射。其中第 10 行定义 Servlet 的名称（该名称必须和 <servlet>标记的子标记 <servlet-name> 相同）；第 11 行定义请求 Servlet 对象的 URL 格式。

【程序运行界面】

程序运行界面如图 7-2 所示。

图 7-2　FirstServlet 运行结果

7.3.3　案例 3　应用 Servlet 获取指定 HTML 表单数据

前面章节中已经学习过使用 request 对象获取 HTML 表单数据的方法。Servlet 同样可以完成 HTML 表单数据的读取操作。

本案例将对第 6 章中的登录页面编写获取用户名、密码的 Servlet。

【案例学习目标】学习 Servlet 获取指定 HTML 表单数据的方法。

【案例知识要点】HTML 页面中指定表单元素名称；Servlet 根据名称读取表单元素；Servlet 输出读取到的值；部署 Servlet；调用 Servlet。

【案例完成步骤】

1）将 ch6 目录中的 login. htm 文件复制到 ch7 目录下，并将该文件中的第 14 行代码修改为如下所示代码，即指定本页面的表单由 LoginServlet 负责处理。

```
<form method="post" action=" LoginServlet " onsubmit="return check()">
```

2）编写读取 login. htm 表单中输入的用户名、密码的 Servlet 程序 LoginServlet. java。

3）将 LoginServlet. java 编译为一个类（LoginServlet. class）文件，并把该类（连同所在的包）存放在指定的 Tomcat 应用程序中的 classes 文件夹（本案例存放位置为 D:\Tomcat6. 0

\webapps\ch7\WEB-IMF\classes）。

4）修改 web. xml 文件，配置 LoginServlet。

5）启动 Tomcat 服务器，在浏览器的地址栏中输入“http://localhost:8080/ch7/login. htm”，验证程序是否能正确执行。

【案例代码】 LoginServlet. java 文件代码如下所示：

```
1  package myservlet;
2  import java. io. * ;
3  import javax. servlet. * ;
4  import javax. servlet. http. * ;
5  public class LoginServlet extends HttpServlet{
6      public void doPost( HttpServletRequest request, HttpServletResponse response) throws ServletException, IOException{
7          response. setContentType( " text/html; charset = GB2312" ) ;
8          PrintWriter out = response. getWriter( ) ;
9          out. println( " < html > " ) ;
10         out. println( " < head > < title >使用 Servlet 获取指定 HTML 表单数据 </title > </head > " ) ;
11         out. println( " < body > " ) ;
12         out. println( " < h3 >您输入的值为: </h3 > " ) ;
13         out. println( " < LI >用户名:" + request. getParameter( " username" ) ) ;
14         out. println( " < LI >密 码:" + request. getParameter( " password" ) ) ;
15         out. println( " </body > </html > " ) ;
16     }
17 }
```

【程序说明】

- 第 1 行定义名为 myservlet 的类包，将 LoginServlet 类添加到该类包中。
- 第 2 ~4 行引入编写 Servlet 所需要的包。
- 第 6 ~16 行重写 HttpServlet 类中的 doPost( )方法，实现 Servlet 的功能。
- 第 7 行设置响应的内容类型及编码方式。
- 第 8 行使用 response. getWriter( )方法构造输出对象 out。
- 第 13、14 行使用 request. getParameter( )方法获取 HTML 表单名称为“username”及“password”对象的值，并使用 out. println( )方法输出。

【案例代码】 web. xml 文件中有关 LoginServlet 配置部分的代码如下所示：

```
< servlet >
   < description > Login Servlet </description >
   < display - name > LoginServlet </display - name >
   < servlet - name > LoginServlet </servlet - name >
   < servlet - class > myservlet. LoginServlet </servlet - class >
</servlet >
< servlet - mapping >
```

```
8       <servlet-name>LoginServlet</servlet-name>
9       <url-pattern>/LoginServlet</url-pattern>
10  </servlet-mapping>
```

【**程序说明**】

● 第 1 ~6 行完成对 Servlet 的名称（name）和 Servlet 类（class）之间的匹配。其中第 2 行定义 Servlet 的描述信息；第 3 行定义发布时 Servlet 的名称；第 4 行定义 Servlet 的名称；第 5 行定义 Servlet 类的路径。

● 第 7 ~10 行完成 Servlet 的映射。其中第 8 行定义 Servlet 的名称（该名称必须和 <servlet> 标记的子标记 <servlet-name> 相同）；第 9 行定义请求 Servlet 对象的 URL 格式。

【**程序运行界面**】 Login. htm 页面运行界面如图 7-3 所示，输入用户名和密码后，单击“登录”按钮，显示如图 7-4 所示界面。

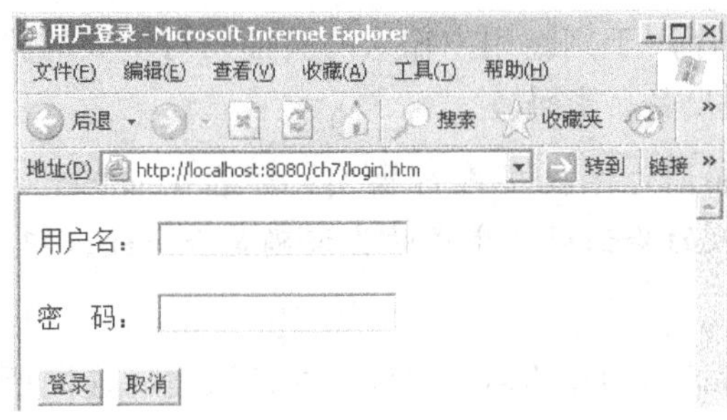

图 7-3　Login. htm 页面

图 7-4　LoginServlet 运行结果

7. 4　Servlet 在 JSP 中的典型应用

7. 4. 1　案例 4　编写生成 4 位随机验证码的 Servlet

【**案例学习目标**】学习使用 Servlet 生成随机验证码的方法。

【**案例知识要点**】使用 Servlet 生成随机验证码；在 JSP 页面中添加输入验证码功能；判断输入的验证码与生成的验证码是否相等。

【**案例完成步骤**】

1）编写生成验证码的 Servlet 文件 CheckCode. java。

说明：该文件主要通过 service( ) 方法生成验证码，由于在生成验证码的过程中，需要随机生成输出内容的颜色，所以该文件中还需编写一个用于随机生成 RGB 颜色的方法 getRandColor( )，该方法返回 java. awt. Color 类型的颜色。

2）将 CheckCode. java 编译为一个类（CheckCode. class）文件，并把该类（连同所在的包）存放在指定的 Tomcat 应用程序中的 classes 文件夹（本案例存放位置为 D:\Tomcat6. 0\webapps\ch7\WEB-IMF\classes）。

3）修改 web. xml 文件，配置 CheckCode。

web. xml 文件中有关 CheckCode 配置部分的代码如下所示：

```
<servlet>
    <description>Check Code Servlet</description>
    <display-name>CheckCode</display-name>
    <servlet-name>CheckCode</servlet-name>
    <servlet-class>myservlet.CheckCode</servlet-class>
</servlet>
<servlet-mapping>
    <servlet-name>CheckCode</servlet-name>
    <url-pattern>/CheckCode</url-pattern>
</servlet-mapping>
```

4）将 ch7 目录中的 login. htm 文件复制到本目录下，并重命名为 login2. htm，通过修改代码添加输入验证码功能。

5）编写 Servlet 程序 LoginServlet2. java，该程序用于判断用户输入的验证码与生成的验证码是否一致，并读取 login. htm 表单中输入的用户名、密码。

说明：可参照本章案例 3 中 LoginServlet. java 文件代码进行编写，即在 LoginServlet. java 代码中添加一段代码，用于判断用户输入的验证码与生成的验证码是否一致，即可完成该 Servlet 的编写。

6）将 LoginServlet2. java 编译为一个类（LoginServlet2. class）文件，并把该类（连同所在的包）存放在指定的 Tomcat 应用程序中的 classes 文件夹（本案例存放位置为 D:\Tomcat6. 0\webapps\ch7\WEB-IMF\classes）。

7）修改 web. xml 文件，配置 LoginServlet2。

web. xml 文件中有关 LoginServlet2 配置部分的代码如下所示：

```
<servlet>
    <description>Second Login Servlet</description>
    <display-name>LoginServlet2</display-name>
    <servlet-name>LoginServlet2</servlet-name>
    <servlet-class>myservlet. LoginServlet2</servlet-class>
</servlet>
<servlet-mapping>
    <servlet-name>LoginServlet2</servlet-name>
    <url-pattern>/LoginServlet2</url-pattern>
</servlet-mapping>
```

8）启动 Tomcat 服务器，在浏览器的地址栏中输入“http://localhost:8080/ch6/login2. htm”，验证程序是否能正确执行。

【案例代码】 CheckCode. java 文件代码如下所示：

```
package myservlet;
import java.awt.*;
import java.awt.image.BufferedImage;
```

```
import java.io.IOException;
import java.util.Random;
import javax.imageio.ImageIO;
import javax.servlet.ServletException;
import javax.servlet.http.*;
public class CheckCode extends HttpServlet {
    public Color getRandColor(int s, int e) {     // 定义获取随机颜色的方法
    Random random = new Random();
        if(s > 255) s = 255;
        if(e > 255) e = 255;
        int r = s + random.nextInt(e - s);        //随机生成 RGB 颜色中的 r 值
        int g = s + random.nextInt(e - s);        //随机生成 RGB 颜色中的 g 值
        int b = s + random.nextInt(e - s);        //随机生成 RGB 颜色中的 b 值
        return new Color(r, g, b);
    }
public void service(HttpServletRequest request, HttpServletResponse response)
            throws ServletException, IOException {
        //禁止缓存
        response.setHeader("Pragma", "No-cache");
        response.setHeader("Cache-Control", "No-cache");
        response.setDateHeader("Expires", 0);
        response.setContentType("image/jpeg");// 指定生成的响应是图片
        int width = 166; //指定验证码的宽度
        int height = 45; //指定验证码的高度
BufferedImage image = new BufferedImage(width, height,BufferedImage.TYPE_INT_RGB);
        Graphics g = image.getGraphics();   //获取 Graphics 类的对象
        Random random = new Random();//实例化一个 Random 对象
        Font mFont = new Font("宋体", Font.ITALIC, 26);   //通过 Font 构造字体
        g.setColor(getRandColor(200, 250));  //设置颜色
        g.fillRect(0, 0, width, height); //绘制验证码背景
        g.setFont(mFont); //设置字体
        g.setColor(getRandColor(180, 200));  //设置文字的颜色
        String sRand = "";
        for(int i = 0; i < 4; i++) { // 输出随机的验证文字
            char ctmp = (char)(random.nextInt(26) + 65);   //生成 A ~ Z 的字母
            sRand += ctmp;
Color color = new Color(20 + random.nextInt(110), 20 + random.nextInt(110), 20 + random.nextInt(110));
            g.setColor(color); //设置颜色
            g.drawString(String.valueOf(ctmp), width/6 * i + 23, height/2 + 10);     }
        HttpSession session = request.getSession(true);
        session.setAttribute("randCheckCode", sRand); // 将生成的验证码保存到 session 中
        g.dispose();
        ImageIO.write(image, "JPEG", response.getOutputStream());
    }
}
```

【程序说明】

- 第 1 行定义名为 mybean 的类包，将 CheckCode 类添加到该类包中。
- 第 2 ~ 8 行引入编写 CheckCode 类所需要的包。
- 第 10 ~ 18 行定义一个用于随机生成 RGB 颜色的方法 getRandColor( )，该方法返回 java. awt. Color 类型的颜色。
- 第 19 ~ 46 行在 service( ) 方法中编写生成 4 位随机验证码的代码。
- 第 21 ~ 24 行设置响应头信息禁止缓存，并指定生成的响应是 JPG 图片。
- 第 25 ~ 32 行创建用于生成验证码的绘图类对象，并绘制一个填色矩形作为验证码的背景。
- 第 33、34 行设置字体和文字颜色。
- 第 35 ~ 41 行随机生成由 4 个英文字母组成的验证码文字。
- 第 42 ~ 45 行将生成的验证码保存到 session 对象中，并输出生成后的验证码图片。

【案例代码】 login2. htm 页面代码如下所示：

```
1  <html>
2      <head><title>用户登录</title>
3      <script type="text/javascript">
4          function check(){
5              var username=document.all('username').value;
6              var password=document.all('password').value;
7                  if(username.length<1){
8                      alert("姓名不能为空!");
9                      return false;
10                 }else if(password.length<1){
11                     alert("密码不能为空!");
12                     return false;    }
13             }
14 function myReload(){
15     document.getElementById("myCheckCode").src=document.getElementById
   ("myCheckCode").src+"?nocache="+new Date().getTime(); }
16 </SCRIPT></head>
17     <body><form method="post" action="LoginServlet2" onsubmit="return check()">
18             <p>用户名:<input type="text" name="username" size="20"></p>
19             <p>密 码:<input type="password" name="password" size="20"></p>
20             <p>验证码:
21 <input name="checkCode" type="text" id="checkCode" size="8" maxlength="4">
22 <img src="CheckCode" name="myCheckCode" width="166" height="45" border="1" id="
   myCheckCode"/>
23  <a style="cursor:hand;"onClick="myReload()"> 看不清？换一个</a></p>
24                 <p><input type="submit" value="登录" name="ok">
25                 <input type="reset" value="取消" name="cancel"></p>
26 </form></body></html>
```

【程序说明】

- 第 14、15 行表示在 JavaScript 脚本中定义 myReload( ) 函数，用于重新生成验证码。

- 第 17 行中“action = "LoginServlet2"”指定本页面的表单由 LoginServlet2 负责处理。
- 第 22 行使用 <img> 标记，用于显示验证码，“src = "CheckCode"”指定显示 CheckCode 中生成的 4 位随机验证码。
- 第 23 行定义一个超链接，用于调用 myReload( ) 函数。

【案例代码】 LoginServlet2.java 文件代码如下所示：

```
1  package myservlet;
2  import java.io.*;
3  import javax.servlet.*;
4  import javax.servlet.http.*;
5  public class LoginServlet2 extends HttpServlet{
6      public void doPost(HttpServletRequest request, HttpServletResponse response) throws ServletException,IOException
7      {response.setContentType("text/html;charset = GB2312");
8          PrintWriter out = response.getWriter();
9          HttpSession session = request.getSession(true);
10 if(request.getParameter("checkCode").equals(session.getAttribute("randCheckCode"))){
11         out.println("<html>");
12 out.println("<head><title>使用 Servlet 获取指定 HTML 表单数据</title></head>");
13         out.println("<body>");
14         out.println("<h3>您输入的值为:</h3>");
15         out.println("<LI>用户名:" + request.getParameter("username"));
16         out.println("<LI>密 码:" + request.getParameter("password"));
17         out.println("</body></html>");
18 }else{
19 out.print("<script Language ='JavaScript'>window.alert('您输入的验证码不正确！即将返回登录页面')</script>");
20 out.print("<script Language ='JavaScript'>window.location ='login2.htm'</script>");}
21     }
22 }
```

【程序说明】

- 第 9 行用于声明得到 session 对象。
- 第 10 行判断用户输入的验证码与生成的验证码是否一致。
- 第 11 ~ 17 行，表示若判断结果一致则获取 login2.htm 表单中输入的用户名、密码，并输出到客户端。
- 第 18 ~ 21 行，表示若判断结果不一致则输出提示信息，返回登录页面。
- 其他行代码说明见案例 3。

【程序运行界面】 login2.htm 页面运行界面如图 7-5 所示，输入用户名、密码和验证码后，单击“登录”按钮，若输入验证码一致则显示如图 7-6 所示界面，反之，若输入不一致，则显示如图 7-7 所示界面，单击“确定”后则返回登录页面。

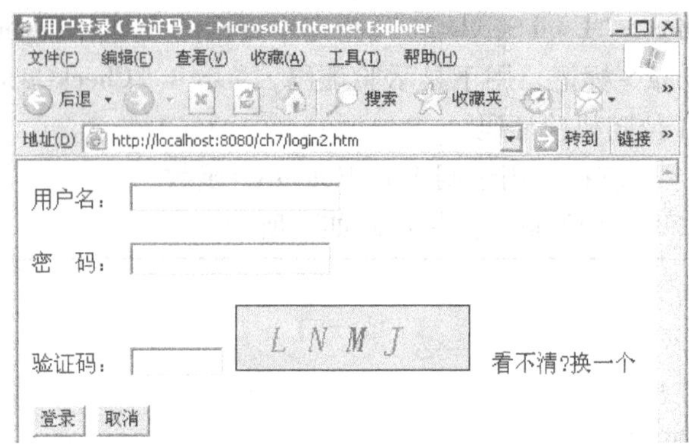

图 7-5　login2. htm 页面

图 7-6　验证码一致界面

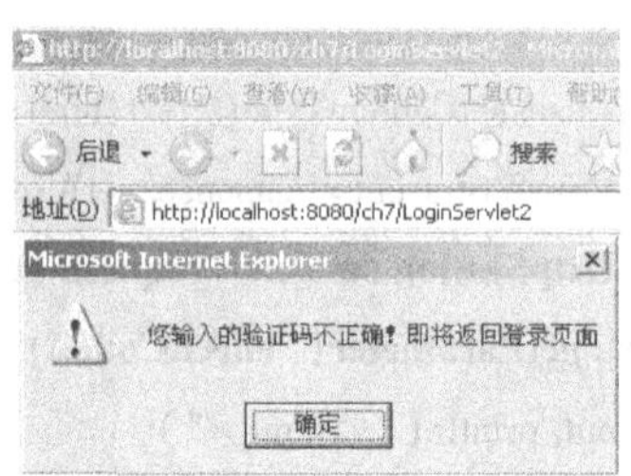

图 7-7　验证码不一致界面

7.4.2　案例 5　在 Servlet 中实现页面转发

在 Servlet 中实现页面转发主要是利用 RequestDispatcher 接口实现的。RequestDispatcher 接口可以把一个请求转发到另一个 JSP 页面。该接口包括以下两个方法。

1）forward()方法：forward()方法用于把请求转发到服务器上的另一个资源，可以是 Servlet、JSP 或 HTML。其语法格式如下所示：

```
requestDispatcher.forward(HttpServletRequest request,HttpServletResponse response)
```

其中，requestDispatcher 为 RequestDispatcher 对象的实例。

2）include()方法：include()方法用于把服务器上的另一个资源（Servlet、JSP、HTML）包含到响应中。其语法格式如下所示：

```
requestDispatcher.include(HttpServletRequest request,HttpServletResponse response)
```

其中，requestDispatcher 为 RequestDispatcher 对象的实例。

本案例结合数据库访问技术开发人事管理系统登录模块，实现在 Servlet 中验证用户名、密码，若验证结果正确，则将页面转发到管理首页；反之，则将页面转发到登录页面。

本案例可以在案例 4 的基础上添加访问数据库及页面转发代码来实现。

【案例学习目标】 学习使用 Servlet 转发页面的方法。

【案例知识要点】Servlet 根据名称读取表单元素；使用 Servlet 访问数据库；Servlet 实现页面转发。

【案例完成步骤】

1）将第 5 章案例 2 中下载并解压后的 sqlJDBC. jar 文件复制到 ch7/WEB - INF/lib 目录下。

2）将本章案例 4 中 ch7 目录中的 login2. htm 文件复制到本目录下，并重命名为 login. jsp，同时将该文件的第 17 行代码修改为如下所示代码，即指定本页面的表单由 EmpServlet 负责处理。

```
<form method = "post"  action = " EmpServlet "  onsubmit = "return check()" >
```

3）编写 Servlet 程序 EmpServlet. java，该程序用于读取 login. jsp 表单中输入的用户名、密码，并通过访问数据库验证输入的用户名、密码，按不同情况实现页面转发。

说明：可参照本章案例 4 中 LoginServlet2. java 文件代码进行编写，即在 LoginServlet2. java 代码中添加一段代码用于访问数据库并验证用户名、密码，之后根据不同情况实现页面转发。

4）将 EmpServlet. java 编译为一个类（EmpServlet. class）文件，并把该类（连同所在的包）存放在指定的 Tomcat 应用程序中的 classes 文件夹（本案例存放位置为 D:\Tomcat6. 0\webapps\ch7\WEB - IMF\classes）。

5）修改 web. xml 文件，配置 EmpServlet。

web. xml 文件中有关 EmpServlet 配置部分的代码如下所示：

```
<servlet>
    <description>Third Login Servlet</description>
    <display-name>EmpServlet</display-name>
    <servlet-name>EmpServlet</servlet-name>
    <servlet-class>EmpServlet</servlet-class>
</servlet>
<servlet-mapping>
    <servlet-name>EmpServlet</servlet-name>
    <url-pattern>/EmpServlet</url-pattern>
</servlet-mapping>
```

6）编写人事管理系统管理首页，如图 7-8 所示。其中获取并输出用户名的代码如下所示：

```
<% =session. getAttribute("userName") %>
```

7）启动 Tomcat 服务器，在浏览器的地址栏中输入“http://localhost:8080/ch6/login. jsp”，验证程序是否能正确执行。

【案例代码】EmpServlet. java 文件代码如下所示：

```
1  package myservlet;
2  import java.io.*;
3  import javax.servlet.*;
4  import javax.servlet.http.*;
5  import java.sql.*;
6  public class EmpServlet extends HttpServlet {
7      public void doGet(HttpServletRequest request, HttpServletResponse response)
               throws ServletException, IOException {
8          doPost(request,response);    }
9      public void doPost(HttpServletRequest request, HttpServletResponse response)
               throws ServletException, IOException {
10         response.setContentType("text/html;charset=gb2312");
11         PrintWriter out = response.getWriter();
12         HttpSession session = request.getSession(true);
13     try {   String username = null ;
14             String password = null ;
15 if(request.getParameter("checkCode").equals(session.getAttribute("randCheckCode"))) {
16             username = request.getParameter("username");
17             password = request.getParameter("password");
18             Connection conn = null;
19             Class.forName("com.microsoft.sqlserver.jdbc.SQLServerDriver");
20         String strConn = "jdbc:sqlserver://127.0.0.1:1433;DatabaseName = hrms";
21             String strUser = "sa";
22             String strPassword = "111111";
23             conn = DriverManager.getConnection(strConn,strUser,strPassword);
24             Statement stm = conn.createStatement();
25 String sql = "select * from users where UserName ='" + username + "'and password ='" + password + "'";
26             ResultSet rs = stm.executeQuery(sql);
27           if(rs.next()){
28           session.setAttribute("userName", username);
29 RequestDispatcher dispatcher = request.getRequestDispatcher("default.jsp");
30 dispatcher.forward(request, response);
31             }else{
32 out.print("<script Language ='JavaScript'>window.alert('用户名、密码或用户类型不正确,即将返回登录页面')</script>");
33 out.print("<script Language ='JavaScript'>window.location ='login.jsp'</script>");     }
34             rs.close();
35             stm.close();
36             conn.close();
37             }else{
38 out.print("<script Language ='JavaScript'>window.alert('您输入的验证码不正确! 即将返回登录页面')</script>");
39 out.print("<script Language ='JavaScript'>window.location ='login.jsp'</script>");     }
40         }catch(ClassNotFoundException e) {
41             out.println(e.getMessage());
42         }catch(SQLException e) {
43             out.println(e.getMessage());}
44     }
45 }
```

【程序说明】

- 第 1 行定义名为 mybean 的类包，将 EmpServlet 类添加到该类包中。
- 第 2 ~5 行引入编写 EmpServlet 类所需要的包。

- 第 7、8 行重写 doGet( )方法，该方法调用 doPost( )方法。
- 第 9 ~44 行重写 doPost( )方法，实现读取 login. jsp 表单中输入的用户名、密码，并访问数据库验证用户名、密码，之后根据不同情况实现页面转发。
- 第 10 行设置响应内容类型及编码方式。
- 第 11 行声明得到 out 对象。
- 第 12 行声明得到 session 对象。
- 第 15 行判断用户输入的验证码与生成的验证码是否一致。
- 第 16、17 行使用 request. getParameter( )方法获取用户输入的用户名、密码。
- 第 18 ~24 行加载驱动程序，创建到指定数据库的连接，返回用于执行 SQL 语句的 Sratement 对象。
- 第 25 行定义以输入的用户名、密码作为条件进行查询的 SQL 语句。
- 第 26 行使用 Sratement 对象的 executeQuery( )方法执行指定的 SQL 语句，返回结果集对象 ResultSet。
- 第 27 行，判断结果集对象，若结果不为空，即用户名、密码正确。
- 第 28 行使用 session. setAttribute( )方法将用户名保存在 session 对象中，以供后续其他应用程序调用。
- 第 29、30 行利用 RequestDispatcher 接口实现转发页面到管理首页。
- 第 31 ~33 行表示结果集对象为空，即用户名或密码错误，程序将输出相应的错误提示，并返回登录页面。
- 第 34 ~36 行表示按顺序关闭 ResultSet、Statement、Connection 对象。
- 第 37 ~39 行表示输入的验证码与生成的验证码不一致，程序将输出响应提示信息，并返回登录页面。
- 第 40 ~43 行进行异常处理。

【程序运行界面】 login. jsp 页面运行界面如图 7-8 所示，输入用户名、密码和验证码后，单击“登录”按钮，若输入的验证码不一致则显示如图 7-9 所示界面；反之，若输入的验证码一致，但用户名或密码错误，则显示如图 7-10 所示界面，若用户名、密码正确，则转发页面至如图 7-11 所示界面。

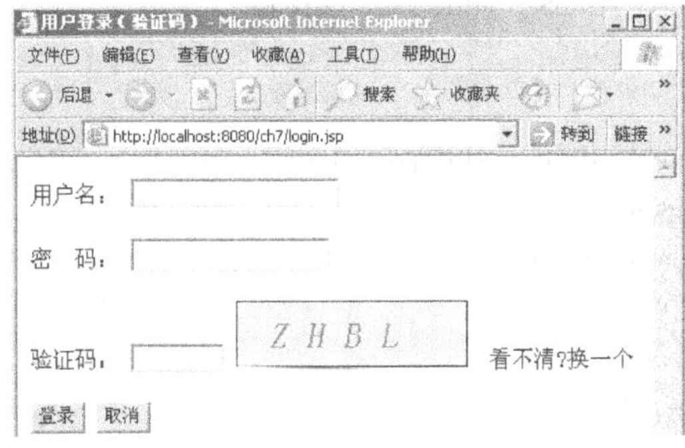

图 7-8 login. jsp 页面

图 7-9 验证码不一致界面

可以对案例 5 进一步改进，即使用 JavaBean 封装对数据库的访问操作，同时在 EmpServlet 调用 JavaBean 来访问数据库。具体步骤如下所示。

1）参照第6章案例4编写封装数据库访问操作的JavaBean文件BaseDAO. java，并编译为BaseDAO. class类文件，存放在指定的Tomcat应用程序中的classes文件夹（本案例存放位置为D:\Tomcat6. 0\webapps\ch7\WEB－IMF\classes）。

图7-10　用户名或密码错误界面

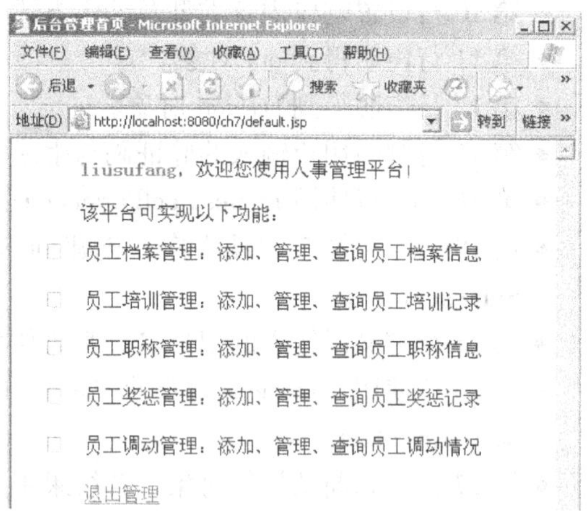

图7-11　管理首页

2）将EmpServlet. java文件修改为如下所示代码，并重新编译为EmpServlet. class类文件，存放在指定的Tomcat应用程序中的classes文件夹（本案例存放位置为D:\Tomcat6. 0\webapps\ch7\WEB－IMF\classes）。

读者可以自行完成。

```
package myservlet;
import java.io.*;
import javax.servlet. .*;
import javax.servlet.http.*;
import java.sql.*;
import mybean.BaseDAO;
public class EmpServlet extends HttpServlet {
public void doGet(HttpServletRequest request, HttpServletResponse response)
        throws ServletException, IOException {
    doPost(request,response); }
public void doPost(HttpServletRequest request, HttpServletResponse response)
        throws ServletException, IOException {
    response.setContentType("text/html;charset=gb2312");
    PrintWriter out = response.getWriter();
    HttpSession session = request.getSession(true);
  try {    String username = null, password = null ;
     if(request.getParameter("checkCode").equals(session.getAttribute("randCheckCode")))
{
        username = request.getParameter("username");
        password = request.getParameter("password");
```

```
                BaseDAO bd = new BaseDAO( ) ;
String sql = " select  *  from users where UserName ='" + username + "'and password ='" + password + "'" ;
                ResultSet rs = bd. getRs( sql) ;
              if( rs. next( ) ) {
              session. setAttribute( " userName" , username) ;
          RequestDispatcher dispatcher = request. getRequestDispatcher( " default. jsp" ) ;
          dispatcher. forward( request, response) ;
              } else{
      out. print( " <script Language ='JavaScript' > window. alert('用户名、密码或用户类型不正确,即
将返回登录页面 ') </script > " ) ;
   out. print( " <script Language ='JavaScript' > window. location ='login. jsp' </script > " ) ; }
                rs. close( ) ;
                bd. closeCon( ) ;
                } else{
      out. print( " <script Language ='JavaScript' > window. alert('您输入的验证码不正确! 即将返回
登录页面 ') </script > " ) ;
out. print( " <script Language ='JavaScript' > window. location ='login. jsp' </script > " ) ; }
          } catch( SQLException e) {
              out. println( e. getMessage( ) ) ; }
        }
}
```

7.4.3 案例6 应用 Servlet 获取所有 HTML 表单数据

【案例学习目标】 学习使用 Servlet 获取所有 HTML 表单数据的方法。

【案例知识要点】 使用 HttpServletResponse 接口的 getParameterNames 方法获取所有表单数据；使用 Enumeration 对象保存所有表单数据；对保存所有表单数据的 Enumeration 对象遍历后以表格形式输出。

【案例完成步骤】

1）将第 5 章案例 6 中 ch5 目录下的 addEmployee. htm 文件复制到 ch7 目录下，同时将该文件的第 31 行代码修改为如下所示代码，即指定本页面的表单由 AddEmployee 负责处理。

```
< form method = " post"  action = " AddEmployee"  onsubmit = "  return check_input( this) >
```

2）编写读取 AddEmployee. htm 表单中所有数据的 Servlet 程序 addEmployee. java。

3）将 AddEmployee. java 编译为一个类（AddEmployee. class）文件，并把该类（连同所在的包）存放在指定的 Tomcat 应用程序中的 classes 文件夹（本案例存放位置为 D: \Tomcat6. 0\webapps\ch7\WEB – IMF\classes）。

4）修改 web. xml 文件，配置 addEmployee。

web. xml 文件中有关 EmpServlet 配置部分的代码如下所示：

```
< servlet >
      < description > Add Employee Servlet </description >
```

```
        <display-name>AddEmployee</display-name>
        <servlet-name>AddEmployee</servlet-name>
        <servlet-class>AddEmployee</servlet-class>
    </servlet>
    <servlet-mapping>
        <servlet-name>AddEmployee</servlet-name>
        <url-pattern>/AddEmployee</url-pattern>
    </servlet-mapping>
```

5）启动 Tomcat 服务器，在浏览器的地址栏中输入“http://localhost:8080/ch7/addEmployee.htm”，验证程序是否能正确执行。

【案例代码】 AddEmployee.java 文件代码如下所示：

```
package myservlet;
import java.io.*;
import javax.servlet.*;
import javax.servlet.http.*;
import java.sql.*;
import java.util.*;
public class AddEmployee extends HttpServlet{
    public void doPost(HttpServletRequest request,HttpServletResponse response) throws ServletException, IOException {
        response.setContentType("text/html;charset=GB2312");
        PrintWriter out = response.getWriter();
        request.setCharacterEncoding("GB2312");
        out.println("<html>");
out.println("<head><title>应用 Servlet 获取所有 HTML 表单数据</title></head>");
        out.println("<body >\n");
        out.println("<h3>HTML 表单所有数据</h3>");
        out.println("<table border=1 align=left>\n");
        out.println("<tr bgcolor=\"#FFFFFF\">\n");
        out.println("<th>参数名<th>参数值");
        Enumeration enuNames = request.getParameterNames();
        while(enuNames.hasMoreElements()){
            String strParam = (String)enuNames.nextElement();
            out.println("<tr><td>" + strParam + "\n<td>");
            String[] paramValues = request.getParameterValues(strParam);
            if (paramValues.length == 1) {
                String paramValue = paramValues[0];
                if (paramValues.length == 0)
                    out.print("<i>Empty</i>");
                else
                    out.print(paramValue);
            }else{
                out.println("<ul>");
                for (int i = 0;i < paramValues.length;i ++){
                    out.println("<li>" + paramValues[i]); }
                out.println("</ul>"); }
        }   out.println("</table>\n</body></html>");     }
}
```

【程序说明】

- 第 1 行定义名为 mybean 的类包，将 AddEmployee 类添加到该类包中。
- 第 2 ~6 行引入编写 EmpServlet 类所需要的包。
- 第 8 ~35 行重写 doPost( )方法，用于获取所有表单数据，并以表格形式输出。
- 第 19 行使用 request. getParameterNames( )方法构造参数枚举对象 enuNames。
- 第 20 ~34 行通过 while 循环语句输出所有参数名（enuNames 对象的值）和参数值。
- 第 21 行使用 enuNames. nextElement( )方法获得一个参数名。
- 第 22 行输出所获取的参数名。
- 第 23 行使用 request. getParameterValues( )方法获取指定参数名的参数值。
- 第 24 ~29 行输出参数的单个值，如果参数值为空，则输出“Empty”。
- 第 30 ~34 行输出参数的多个值。

【程序运行界面】 addEmployee. htm 页面运行界面如图 7-12 所示，输入表单各项值后，单击“提交”按钮，将显示如图 7-13 所示界面。

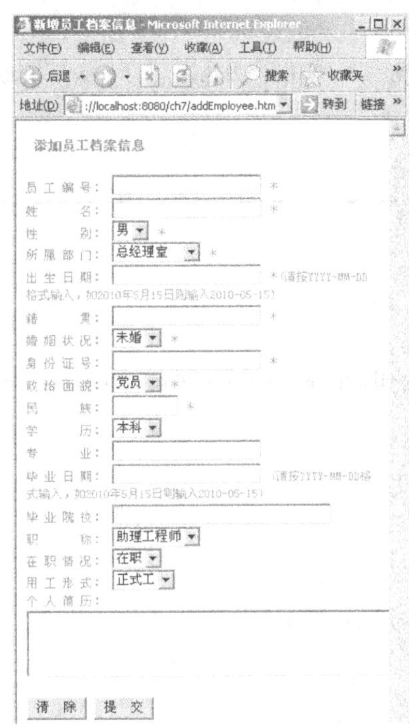

图 7-12　addEmployee. htm 页面

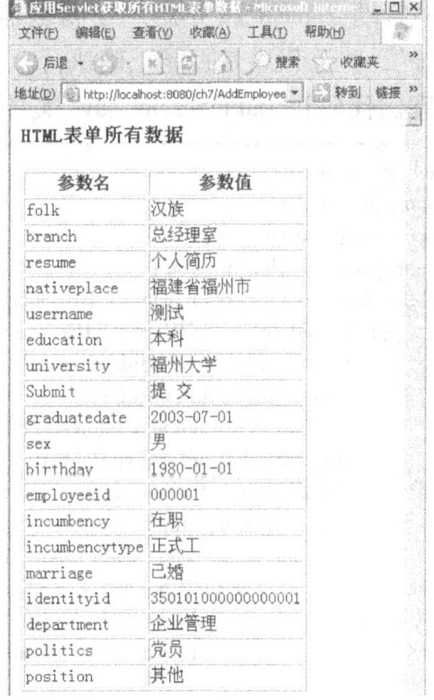

HTML表单所有数据

参数名	参数值
folk	汉族
branch	总经理室
resume	个人简历
nativeplace	福建省福州市
username	测试
education	本科
university	福州大学
Submit	提 交
graduatedate	2003-07-01
sex	男
birthday	1980-01-01
employeeid	000001
incumbency	在职
incumbencytype	正式工
marriage	已婚
identityid	350101000000000001
department	企业管理
politics	党员
position	其他

图 7-13　获取表单所有数据界面

7.4.4　案例 7　应用 Servlet 获取 Cookie 数据

【案例学习目标】 学习使用 Servlet 获取 Cookie 数据的方法。

【案例知识要点】 使用 HttpServletResponse 接口的 getCookies 方法获取 Cookie 数据，并输出 Cookie 数据。

【案例完成步骤】

1）编写读取 Cookie 数据的 Servlet 程序 CookieServlet. java。

2）将 CookieServlet. java 编译为一个类（CookieServlet. class）文件，并把该类（连同所

在的包）存放在指定的 Tomcat 应用程序中的 classes 文件夹（本案例存放位置为 D:\Tomcat6. 0\webapps\ch7\WEB－IMF\classes）。

3）修改 web. xml 文件，配置 CookieServlet。

web. xml 文件中有关 CookieServlet 配置部分的代码如下所示：

```
< servlet >
    < description > Cookie Servlet < /description >
    < display - name > CookieServlet < /display - name >
    < servlet - name > CookieServlet < /servlet - name >
    < servlet - class > CookieServlet < /servlet - class >
< /servlet >
< servlet - mapping >
    < servlet - name > CookieServlet < /servlet - name >
    < url - pattern > /CookieServlet < /url - pattern >
< /servlet - mapping >
```

4）启动 Tomcat 服务器，在浏览器的地址栏中输入“http://localhost:8080/ch7/CookieServlet”，验证程序是否能正确执行。

【案例代码】CookieServlet. java 文件代码如下所示：

```
package myservlet;
import java. io. * ;
import javax. servlet. * ;
import javax. servlet. http. * ;
public class CookieServlet extends HttpServlet{
    public void service( HttpServletRequest request, HttpServletResponse response) throws IOException {
        boolean blnFound = false;
        Cookie myCookie = null;
        Cookie[ ] allCookie = request. getCookies( ) ;
        response. setContentType( "text/html" ) ;
        PrintWriter out = response. getWriter( ) ;
        if (allCookie != null) {
            for (int i =0;i < allCookie. length;i ++ ) {
                if (allCookie[i]. getName( ). equals( "logincount" ) ) {
                    blnFound = true;
                    myCookie = allCookie[i];  }
            }
        }
        out. println( " < html > < body > " ) ;
        if (blnFound) {
            int temp = Integer. parseInt( myCookie. getValue( ) ) ;
            temp ++ ;
        out. println( "The number of times you have logged on is:" + String. valueOf( temp) ) ;
            myCookie. setValue( String. valueOf( temp) ) ;
            int age =60 * 60 * 24 * 30;
            myCookie. setMaxAge( age) ;
            response. addCookie( myCookie) ;
        } else{
            int temp =1;
            out. println( "This is the first time you have logged on" ) ;
```

```
31                  myCookie = new Cookie("logincount",String.valueOf(temp));
32                  int age = 60 * 60 * 24 * 30;
33                  myCookie.setMaxAge(age);
34                  response.addCookie(myCookie);            }
35          out.println("</body></html>");
36      }
37  }
```

【程序说明】

- 第 1 行定义名为 mybean 的类包，将 CookieServlet 类添加到该类包中。
- 第 2 ~4 行引入编写 CookieServlet 类所需要的包。
- 第 6 ~36 行重写 service( )方法，用于获取 Cookie 数据。
- 第 8 行初始化 myCookie 为空。
- 第 9 行使用 request. getCookies( )方法获取请求的一个 Cookie 数组 allCookie。
- 第 12 ~18 行对 Cookie 数组 allCookie 进行遍历，判断是否与 logincount 匹配。如果有匹配值，则设置 blnFound 为 true，表明找到指定的 Cookie，同时将该 Cookie （allCookie 的一个元素）赋值给 myCookie。
- 第 20 ~27 行如果在请求中查找到指定的 Cookie，则通过 myCookie. getValue( )方法获取该 Cookie 的值进行输出，然后将 Cookie 值加 1。
- 第 21 行将 myCookie 值转换后存放在 temp 变量中。
- 第 22 行将访问次数加 1。
- 第 23 行输出访问次数到客户端。
- 第 24 行将修改后的访问次数（加 1）保存到 myCookie 中。
- 第 25、26 行设置 myCookie 的生存时间。
- 第 27 行使用 response. addCookie（myCookie）方法，将 myCookie 加入到响应中。
- 第 28 ~34 行如果在请求中没有查找到指定的 Cookie，则创建一个指定的 Cookie（即 logincount)，然后 Cookie 设置为 1。
- 第 29 行设置访问次数为 1。
- 第 30 行输出访问次数到客户端。
- 第 31 行创建一个名为 logincount 的 Cookie 对象。
- 第 32、33 行设置 myCookie 的生存时间。
- 第 34 行使用 response. addCookie（myCookie）方法，将 myCookie 加入到响应中。

【程序运行界面】第 1 次运行 CookieServlet 如图 7-14 所示，第 5 次运行 CookieServlet 如图 7-15 所示。

图 7-14　CookieServlet 第 1 次运行结果

图 7-15　CookieServlet 第 5 次运行结果

7.4.5 案例8 应用 Servlet 获取 Session 数据

【案例学习目标】学习使用 Servlet 获取 Session 数据的方法。

【案例知识要点】使用 HttpServletResponse 接口的 getSession 方法获取 Session 数据，输出 Session 数据。

【案例完成步骤】

1）编写读取 Session 数据的 Servlet 程序 SessionServlet. java。

2）将 SessionServlet. java 编译为一个类（SessionServlet. class）文件，并把该类（连同所在的包）存放在指定的 Tomcat 应用程序中的 classes 文件夹（本案例存放位置为 D:\Tomcat6. 0\webapps\ch7\WEB－IMF\classes）。

3）修改 web. xml 文件，配置 SessionServlet。

web. xml 文件中有关 SessionServlet 配置部分的代码如下所示：

```
<servlet>
    <description>Session Servlet</description>
    <display-name>SessionServlet</display-name>
    <servlet-name>SessionServlet</servlet-name>
    <servlet-class>SessionServlet</servlet-class>
</servlet>
<servlet-mapping>
    <servlet-name>SessionServlet</servlet-name>
    <url-pattern>/SessionServlet</url-pattern>
</servlet-mapping>
```

4）启动 Tomcat 服务器，在浏览器的地址栏中输入"http://localhost:8080/ch7/SessionServlet"，验证程序是否能正确执行。

【案例代码】SessionServlet. java 文件代码如下所示：

```
package myservlet;
import java.io.*;
import java.util.Enumeration;
import javax.servlet.*;
import javax.servlet.http.*;
public class SessionServlet extends HttpServlet {
    public void doGet (HttpServletRequest request, HttpServletResponse response)
            throws ServletException, IOException  {
      HttpSession session = request.getSession(true);
      response.setContentType("text/html; charset = GB2312");
      PrintWriter out = response.getWriter();
      out.println("<html><head><title>Session Servlet</title></head><body>");
      out.println("<p><h2>Servlet 中使用 Session 实例 </h2>");
      Integer iCount = (Integer) session.getAttribute("counter");
          if (iCount == null)
                iCount = new Integer(1);
      else
                iCount = new Integer(iCount.intValue() + 1);
```

```
18              session. setAttribute( " counter" , iCount) ;
19                  out. println( "您访问本站的次数为: <b>" + iCount + " </b> 次. <p>") ;
20              out. println( "点击  <a href = " + response. encodeURL( "Session" ) + " >这里 </a>") ;
21              out. println( "  更新你的 Session 信息 <p>  " ) ;
22              out. println( " <h3>请求信息: </h3>") ;
23              out. println( "请求 Session Id 号: " + request. getRequestedSessionId( ) ) ;
24              out. println( " <br>是否使用 Cookie: "
                                + request. isRequestedSessionIdFromCookie( ) ) ;
25              out. println( " <br>是否从表单提交: "
                                + request. isRequestedSessionIdFromURL( ) ) ;
26              out. println( " <br>当前 Session 是否激活: "
                                + request. isRequestedSessionIdValid( ) ) ;
27              out. println( " <h3>Session 信息: </h3>") ;
28              out. println( "是否首次创建: " + session. isNew( ) ) ;
29              out. println( " <br>Session ID 号: " + session. getId( ) ) ;
30              out. println( " <br>创建时间: " + session. getCreationTime( ) ) ;
31              out. println( " <br>上次访问时间: " + session. getLastAccessedTime( ) ) ;
32                  out. println( " </body> </html>") ;
33      }
34  }
```

【程序说明】

- 第 1 行定义名为 mybean 的类包，将 SessionServlet 类添加到该类包中。
- 第 2 ~5 行引入编写 SessionServlet 类所需要的包。
- 第 7 ~33 行重写 doGet( )方法，用于获取 Session 数据。
- 第 8 行使用 request. getSession （true） 方法获取会话对象，true 表示如果这个对象不存在，则创建新的对象。
- 第 9 行设置响应内容的类型以及编码方式。
- 第 13 行使用 session. getAttribute( )方法获取 session 变量的 counter 属性值。
- 第 14 ~17 行如果 counter 为空，则赋值 1；否则在原有数值上加 1。
- 第 18 行使用 session. setAttribute( )方法设置 session 变量 counter 的属性值。
- 第 23 行使用 request. getRequestedSessionId( )方法获取 session 的 id 号。
- 第 24 行使用 request. isRequestedSessionIdFromCookie( )方法判断 id 号是否使用了 Cookie。
- 第 25 行使用 request. isRequestedSessionIdFromURL( )方法判断 session 是否是从表单提交的。
- 第 26 行使用 request. isRequestedSessionIdValid( )方法判断当前 session 是否激活。
- 第 28 行使用 session. isNew( )方法判断当前的 session 是否首次建立。
- 第 29 行使用 session. getId( )方法获得这个 session 的 id 号。
- 第 30 行使用 session. getCreationTime( )方法获取创建这个会话的时间。
- 第 31 行使用 session. getLastAccessedTime( )方法获取用户最后一次访问的时间。

【程序运行界面】第 1 次运行 SessionServlet 如图 7-16 所示，第 5 次运行 SessionServlet 如图 7-17 所示。

图 7-16　SessionServlet 第 1 次运行结果

图 7-17　SessionServlet 第 5 次运行结果

7.5　习题

1. 填空题

（1）Servlet 的诞生早于________技术。

（2）Servlet 实际上是一个在 Web 服务器上运行的________类。

（3）Web 应用系统中要使用的 Servlet 类继承于________类。

2. 选择题

（1）部署 Servlet 时打开（　　）文件。

A. user. jsp　　B. index. jsp　　C. web. xml　　D. FirstServlet. java

（2）当访问一个 Servlet 时，以下方法中，先被执行的是（　　）。

A. destroy()　　B. doGet()　　C. doPost()　　D. init()

（3）当 Servlet 结束时，将调用以下（　　）方法。

A. doService()　　B. doGet()　　C. doPost()　　D. doDelete()

（4）以下方法中，（　　）不是 HTTPServlet 类的方法。

A. destroy()　　B. doGet()　　C. doPost()　　D. init()

（5）以下类中，（　　）不是 javax. servlet 和 javax. servlet. http 包中提供的类或接口。

A. Servlet　　B. BaseServlet　　C. GenericServlet　　D. HttpServlet

3. 问答题

（1）Servlet 对象是在服务器端还是在用户端被创建？

（2）什么是 Servlet？Servlet 技术有何特点？

（3）Servlet 与 JSP 有什么区别？

（4）创建一个 Servlet 通常分为哪几个步骤？

（5）假设创建 servlet 的类是 myservlet，创建的 servlet 对象的名字是 myFirstServlet，应当怎样配置 web. xml 文件？

（6）如果 Servlet 类不重写 service 方法，那么应当重写哪两个方法？

（7）Servlet 对象怎样获得用户的 session 对象？

7.6 实训

【实训目的】 掌握编写 Servlet 的方法；掌握 Servlet 的基本应用。

【实训内容】

1. 运用 Servlet 技术设计一个猜数字游戏

运用 Servlet 技术设计一个猜数字游戏程序，该程序包含两个 JSP 页面和一个 Servlet，两个 JSP 页面名字分别为 random. jsp、inputNumber. jsp；Servlet 命名为 HandleGuess. java。具体要求如下所示：

1）random. jsp 随机分配给用户一个 1 ~ 100 之间的整数，并将这个整数存储在 session 对象中。

2）inputNumber. jsp 页面设计一个表单，提供一个单行文本框，供用户输入自己猜测的数字，并提交到 HandleGuess。

3）HandleGuess. java 负责处理用户的猜测值。若用户猜小了，将用户重定向到 inputNumber. jsp，并将“您猜小了”存放到 session 对象中；若用户猜大了，将用户重定向到 inputNumber. jsp，并将“您猜大了”存放到 session 对象中；若用户猜对了，将用户重定向到 inputNumber. jsp，并将“您猜对了”存放到 session 对象中。

HandleGuess. java 需编译为一个类（HandleGuess. class）文件，并把该类（连同所在的包）存放在指定的 Tomcat 应用程序中的 classes 文件夹（编者将 HandleGuess. class（连同所在的包 myservlet）存放在 D:\Tomcat6. 0\webapps\ch7\WEB－IMF\classes）。

读者需要在指定 Tomcat 应用程序的 web. xml 文件中配置 HandleGuess。

random. jsp 运行后页面如图 7-18 所示，单击“去猜数字”超链接进入 inputNumber. jsp 页面，用户输入自己的猜测数字后，单击“提交”按钮，由 HandleGuess 判断是否猜对了，并在 inputNumber. jsp 页面中显示反馈信息，如图 7-19 所示。

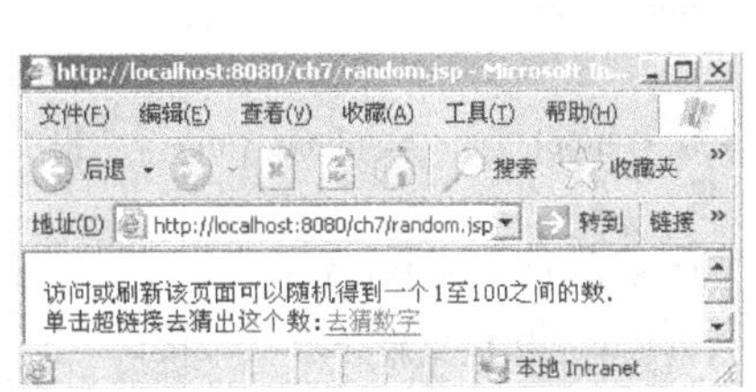

图 7-18　random. jsp 页面

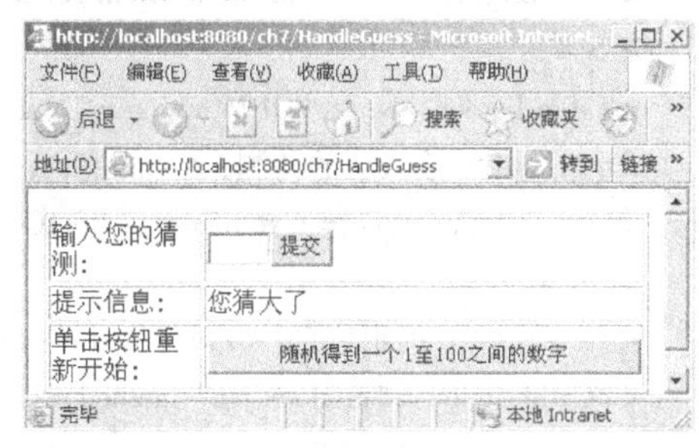

图 7-19　inputNumber. jsp 页面

2. 编写一个读取 cookie 的 servlet

编写一个读取 cookie 的 Servlet，并将其配置好之后执行该 Servlet。

说明： 读者可参照本章节的案例 7 完成本实训内容。此处不再给出详细参考代码。

3. 编写一个读取 session 的 Servlet

编写一个读取 session 的 Servlet，并将其配置好之后执行该 Servlet。

说明：读者可参照本章节的案例 8 完成本实训内容。此处不再给出详细参考代码。

4. 使用 JSP + Servlet 完成人事管理系统登录模块

说明：读者可参照本章节的案例 5 完成本实训内容。此处不再给出详细参考代码。

5. 完成员工档案管理模块

使用 JSP + Servlet 完成人事管理系统中的员工档案管理模块，在该模块中添加员工档案、修改员工档案、查询员工档案。

说明：读者可将第 5 章实训内容 3（或第 6 章实训内容 4）中完成的员工档案管理模块结合参考本章节的案例 5 完成本实训内容。此处不再给出详细参考代码。

【参考代码】

random. jsp 页面参考代码如下所示：

```
<%@ page contentType = "text/html; charset = GB2312"   % >
<HTML> <BODY>
<% session. setAttribute("message","请您猜数字");
   int randomNumber = (int)(Math. random() * 100) + 1;          //获取一个随机数
   session. setAttribute("savedNumber",new Integer(randomNumber));
% >访问或刷新该页面可以随机得到一个 1 至 100 之间的数.
<BR>单击超链接去猜出这个数: <A href = "inputNumber. jsp">去猜数字</A>
</body> </html>
```

inputNumber. jsp 页面参考代码如下所示：

```
<%@ page contentType = "text/html; charset = GB2312"   % >
<HTML> <BODY>
<% String message = (String)session. getAttribute("message"); //获取会话中的信息
% >
<Table border = 1 > <FORM action = "HandleGuess" method = post >
<tr> <td> 输入您的猜测: </td>
<td> <Input Type = text name = clientGuess size = 4 > <Input Type = submit value = "提交" >
</td>
</tr> <td> 提示信息: </td> <td> <% = message% > </td> </FORM>
<FORM action = "random. jsp" method = post > <tr> <td>单击按钮重新开始: </td>
     <td> <Input Type = submit value = "随机得到一个 1 至 100 之间的数字" > </td> </tr>
</FORM>
</body> </html>
```

HandleGuess. java 文件参考代码如下所示：

```
package myservlet;
import java. io. *;
```

```
import javax. servlet. * ;
import javax. servlet. http. * ;
public class HandleGuess extends HttpServlet{
   public void init( ServletConfig config) throws ServletException{
       super. init( config) ;    }
   public void   doPost( HttpServletRequest request,HttpServletResponse response)
              throws ServletException,IOException{
       HttpSession session = request. getSession( true) ;  //获取客户的 session 对象
       String str = request. getParameter( "clientGuess" ) ; //获取客户猜测的数字
       int guessNumber = -1;
       try{  guessNumber = Integer. parseInt( str) ;
       }catch( Exception e) {
              response. sendRedirect( "inputNumber. jsp" ) ;        }
         int savedNumber = ( ( Integer) session. getAttribute( "savedNumber" ) ). intValue( ) ;
       if( guessNumber < savedNumber) {
              session. setAttribute( "message" ,"您猜小了" ) ;
              response. sendRedirect( "inputNumber. jsp" ) ;        }
       if( guessNumber > savedNumber) {
              session. setAttribute( "message" ,"您猜大了" ) ;
              response. sendRedirect( "inputNumber. jsp" ) ;        }
       if( guessNumber == savedNumber) {
              session. setAttribute( "message" ,"您猜对了" ) ;
              response. sendRedirect( "inputNumber. jsp" ) ;        }
   }
   public    void   doGet( HttpServletRequest request,HttpServletResponse response)
                  throws ServletException,IOException{
       doPost( request,response) ;    }
}
```

web. xml 文件中有关 HandleGuess 配置部分的代码如下所示：

```
<servlet>
    <description>Handle Guess Servlet</description>
    <display-name>HandleGuess</display-name>
    <servlet-name>HandleGuess</servlet-name>
    <servlet-class>HandleGuess /servlet-class>
</servlet>
<servlet-mapping>
    <servlet-name>HandleGuess</servlet-name>
    <url-pattern>/HandleGuess</url-pattern>
</servlet-mapping>
```

第 8 章　MVC 模式

学习目标

通过本章节的学习，读者可以达到以下学习目标：

- 了解什么是 MVC 模式。
- 了解 JSP 中的 MVC 模式。
- 掌握模型的生命周期与视图更新。
- 掌握 MVC 模式的基本应用。

教学要求

知识要点	能力要求	相关知识
MVC 模式概念	了解	MVC 模式概念
JSP 中的 MVC 模式	了解	JSP 中的 MVC 模式
模型的生命周期与视图更新	熟悉	模型的生命周期与视图更新
MVC 模式的基本应用	熟悉	MVC 模式的基本应用

8.1　MVC 模式简介

模型－视图－控制器（MVC）是 Xerox PARC 在 20 世纪 80 年代为编程语言 Smalltalk－80 发明的一种软件设计模式，至今被广泛使用。最近几年被推荐为 J2EE 平台的设计模式，并且受到越来越多的开发者的欢迎。

MVC 应用程序被分为 3 个核心部件：模型、视图、控制器。每个部件分别处理自己的任务。

- 模型（Model）：用于存储数据的对象。
- 视图（View）：为模型提供数据显示的对象。
- 控制器（Controller）：负责具体的业务逻辑操作，即控制器根据视图提出的要求对数据做出处理，并将有关结果存储到模型中，同时负责让模型和视图进行必要的交互。当模型中的数据变化时，控制器让视图更新显示。

从面向对象的角度来看，MVC 结构可以使程序更具有对象化特性，也更容易维护。在设计程序时，可以将某个对象看做是“模型”，然后为“模型”提供恰当的显示组件，即“视图”。

8.2　JSP 中的 MVC 模式

经典 MVC 模式在桌面程序中发挥了很重要的作用，随着软件规模的不断扩大，MVC 设计模式正应用到各种应用程序的设计中。那么在 JSP 设计中，MVC 模式是如何具体体现的呢？

通过前面章节的介绍，了解到 JSP 页面擅长数据的显示，即适合作为用户的视图；Servlet 擅长数据的处理，适合作为控制器；JavaBean 擅长数据的存储，适合作为模型。JSP + JavaBean + Servlet 技术组合很好地实现了 MVC 模式。

在 JSP 技术中，“视图”、“模型” 和 “控制器” 的具体实现如下所示。

- 模型（Model）：一个或多个 JavaBean 对象，用于存储数据。JavaBean 主要提供简单的 setXxx( ) 方法和 getXxx( ) 方法，在这些方法中不涉及对数据的具体处理细节。
- 视图（View）：一个或多个 JSP 页面，为模型提供数据显示。JSP 页面主要使用 HTML 标记和 JavaBean 标记来显示数据。
- 控制器（Controller）：一个或多个 Servlet 对象，根据视图提交的要求进行数据处理操作，并将有关的结果存储到 JavaBean 中，然后 Servlet 使用重定向方式请求视图中的某个 JSP 页面更新显示。

JSP 的 MVC 模式的结构如图 8-1 所示。

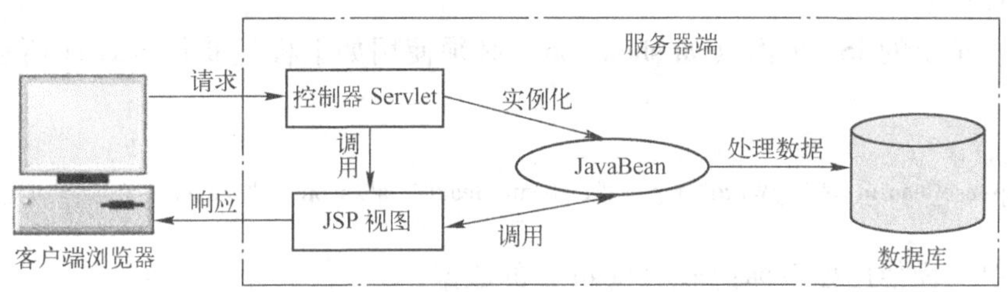

图 8-1　JSP 中的 MVC 模式

8.3　模型的声明周期与视图更新

在 JSP 的 MVC 模式中，由控制器 Servlet 负责创建 JavaBean，并将有关数据存储到所创建的 JavaBean 中，然后 Servlet 再请求某个 JSP 页面，该 JSP 页面通过使用 <jsp：getProperty > 标记显示 JavaBean 中的内容。

在 JSP 的 MVC 模式中，允许 Servlet 创建的 JavaBean 类可以有带参数的构造方法，类中的方法命名继续保留 get 规则，但可以不遵守 set 规则。

在 JSP 的 MVC 模式中，Servlet 创建的 JavaBean 也涉及生命周期，生命周期分为 request、session 和 application。

本小节假设创建的 JavaBean 类的名字是 BeanClass，该类的包名为 mybean。

8.3.1　request 周期的 JavaBean

1. JavaBean 的创建

Servlet 创建和使用 request 生命周期的 JavaBean 的步骤如下所示。

1）用 BeanClass 类的某个构造方法创建 bean 对象，例如：

```
BeanClass bean = new BeanClass( );
```

2）将所创建的 bean 对象存放到 HttpServletRequest 对象 request 中，并指定查找该 bean 的关键字。该步骤决定了 bean 的生命周期为 request。例如：

```
request. setAttribute( "keyWord" ,bean) ;
```

2. 视图更新

在 JSP 的 MVC 模式中，由 Servlet 负责根据模型中数据的变化通知视图（JSP 页面）更新，其手段是使用转发，即使用 RequestDispatcher 对象向某个 JSP 页面（如 show. jsp）发出请求，让所请求的 JSP 页面显示模型（如 bean）中的数据。其语法格式如下所示：

```
RequestDispatcher dispatcher = request. getRequestDispatcher( "show. jsp" ) ;
   dispatcher. forward( request,response) ;
```

Servlet 创建 bean 的步骤 2）决定了 bean 的生命周期为 request，因此当 Servlet 使用 RequestDispatcher 对象向某个 JSP 页面（如 show. jsp）发出请求时，该 bean 对象只对 Servlet 请求的 JSP 页面有效。

Servlet 所请求的 JSP 页面（如 show. jsp）必须使用如下标记获得 Servlet 所创建的 bean 的引用：

```
<jsp:useBean id = "keyWord" type = "mybean. BeanClass" scope = "request" />
```

然后 JSP 页面使用如下标记显示 bean 中的数据：

```
<jsp:getProperty name = "keyWord" property = "bean 的变量"/>
```

8. 3. 2　session 周期的 JavaBean

1. JavaBean 的创建

Servlet 创建和使用 session 生命周期的 JavaBean 的步骤如下所示。

1）用 BeanClass 类的某个构造方法创建 bean 对象，例如：

```
BeanClass bean = new BeanClass( ) ;
```

2）将所创建的 bean 对象存放到 HttpServletSession 对象 session 中，并指定查找该 bean 的关键字。该步骤决定了 bean 的生命周期为 session。例如：

```
HttpSession session = request. getSession( true) ;
session. setAttribute( "keyWord" ,bean) ;
```

2. 视图更新

在 JSP 的 MVC 模式中，由 Servlet 负责根据模型中数据的变化通知视图（JSP 页面）更新，其手段是使用转发，即使用 RequestDispatcher 对象向某个 JSP 页面（如 show. jsp）发出请求，让所请求的 JSP 页面显示模型（如 bean）中的数据。其语法格式如下所示：

```
RequestDispatcher dispatcher = request.getRequestDispatcher("show.jsp");
  dispatcher.forward(request,response);
```

Servlet 创建 bean 的步骤 2）决定了 bean 的生命周期为 session，因此只要用户会话没有销毁，该 bean 就一直存在，它对 Web 服务目录中的各个 JSP 页面都有效。

Servlet 所请求的 JSP 页面（如 show.jsp）必须使用如下标记获得 Servlet 所创建的 bean 的引用：

```
<jsp:useBean id = "keyWord"  type = "mybean.BeanClass"  scope = "session"  />
```

然后 JSP 页面使用如下标记显示 bean 中的数据：

```
<jsp:getProperty name = "keyWord"  property = "bean 的变量"/>
```

说明：需要注意的是，不同用户的 session 生命周期的 JavaBean 是互不相同的，即占有不同的内存空间。

8.3.3 application 周期的 JavaBean

1. Javabean 的创建

Servlet 创建和使用 application 生命周期的 JavaBean 的步骤如下所示。

1）用 BeanClass 类的某个构造方法创建 bean 对象，例如：

```
BeanClass bean = new BeanClass();
```

2）servlet 使用 getServletContext()方法返回服务器的 ServletContext 内置对象的引用，将所创建的 bean 对象存放到服务器的 ServletContext 内置对象中，并指定查找该 bean 的关键字。该步骤决定了 bean 的生命周期为 application。例如：

```
getServletContext().setAttribute("keyWord",bean);
```

2. 视图更新

在 JSP 的 MVC 模式中，由 Servlet 负责根据模型中数据的变化通知视图（JSP 页面）更新，其手段是使用转发，即使用 RequestDispatcher 对象向某个 JSP 页面（如 show.jsp）发出请求，让所请求的 JSP 页面显示模型（如 bean）中的数据。其语法格式如下所示：

```
RequestDispatcher dispatcher = request.getRequestDispatcher("show.jsp");
  dispatcher.forward(request,response);
```

Servlet 创建 bean 的步骤 2）决定了 bean 的生命周期为 application，因此只要 Web 应用程序不结束，该 bean 就一直存在，它对 Web 服务目录中的各个 JSP 页面都有效。

Servlet 所请求的 JSP 页面（如 show.jsp）必须使用如下标记获得 Servlet 所创建的 bean 的引用：

```
<jsp:useBean id = "keyWord" type = "mybean.BeanClass" scope = "application" />
```

然后 JSP 页面使用如下标记显示 bean 中的数据：

```
<jsp:getProperty name = "keyWord" property = "bean 的变量"/>
```

说明：需要注意的是，所有用户的 application 生命周期的 JavaBean 是相同的，即占有相同的内存空间。

说明：由 Servlet 创建的 session 及 application 生命周期的 JavaBean，如果 Servlet 希望某个 JSP 显示其中的数据，可以使用 RequestDispatcher 对象向该 JSP 页面发出请求，也可以使用 HttpServletResponse 类中的重定向方法（sendRedirect）向该 JSP 页面发出请求。

8.4 MVC 模式应用实例

8.4.1 案例1 MVC 模式计算三角形面积

本案例介绍使用 MVC 模式设计计算三角形面积的 Web 应用，该 Web 应用提供两个视图（JSP 页面），一个提供给用户输入三角形三边的值；另一个显示三角形的面积。该 Web 应用提供一个控制器（Servlet）和一个模型（JavaBean）。该 Servlet 负责计算三角形面积，并将相关数据存储到 JavaBean 中。JavaBean 负责存储数据结果，提供获取和设置属性值的方法。

【案例学习目标】学习 JSP 中开发 MVC 模式 Web 应用的方法。

【案例知识要点】JSP 中开发 MVC 模式 Web 应用的方法。

【案例完成步骤】

1）在 Tomcat 服务器的 webapps 目录下创建用于保存第 8 章案例文件的目录 ch8，本章案例中的 JSP 页面、Servlet 及 JavaBean 均保存在 ch8 目录中。

2）复制 WEB－INF 目录及其子文件 web.xml 到 ch8 目录下。

3）开发模型 Area.java，该模型提供成对的 setXxx()和 getXxx()方法用于设置和获取三角形三边和面积。

4）将 Area.java 编译为一个类（Area.class）文件，并把该类（连同所在的包）存放在指定的 Tomcat 应用程序中的 classes 文件夹（本案例存放位置为 D:\Tomcat6.0\webapps\ch8\WEB－IMF\classes）。

5）编写控制器 HandleArea.java，重写 doPost()方法计算三角形的面积，并将数据存储到 Area 模型中。

6）将 HandleArea.java 编译为一个类（HandleArea.class）文件，并把该类（连同所在的包）存放在指定的 Tomcat 应用程序中的 classes 文件夹（本案例存放位置为 D:\Tomcat6.0\webapps\ch8\WEB－IMF\classes）。

7）修改 web.xml 文件，配置 HandleArea。

web. xml 文件中有关 HandleArea 配置部分的代码如下所示：

```
<servlet>
    <description>Handle Area Servlet</description>
    <display-name>HandleArea</display-name>
    <servlet-name>HandleArea</servlet-name>
    <servlet-class>myservlet. HandleArea</servlet-class>
</servlet>
<servlet-mapping>
    <servlet-name>HandleArea</servlet-name>
    <url-pattern>/HandleArea</url-pattern>
</servlet-mapping>
```

8）设计视图 Sample8_1. jsp，在视图中设计一个表单，提供 3 个单行文本框供用户输入三角形三边，并提交到 HandleArea。

9）设计视图 showResult. jsp，用于显示模型中的数据（三角形的面积）。

10）启动 Tomcat 服务器，在浏览器的地址栏中输入“http://localhost:8080/ch8/ Sample8_1. jsp”，验证程序是否正确执行。

【案例代码】 Area. java 文件代码如下所示：

```
1  package mybean;
2  public class Area{
3      double a,b,c,area;
4      String mess;
5      public void setMess(String mess){
6          this. mess = mess;    }
7      public String getMess(){
8          return mess;    }
9      public void setA(double a){
10         this. a = a;    }
11     public void setB(double b){
12         this. b = b;    }
13     public void setC(double c){
14         this. c = c;    }
15     public void setArea(double s){
16         area = s;    }
17     public double getArea(){
18         return area;    }
19 }
```

【程序说明】

- 第 1 行定义名为 mybean 的类包，将 Area 类添加到该类包中。
- 第 2 行定义 Area 类的开始。
- 第 3、4 行定义 4 个 double 类型属性 a、b、c 和 area，定义一个 String 类型属性 mess。
- 第 5 ~ 18 行使用成对的 setXxx( ) 和 getXxx( ) 方法定义设置和获取三角形三边和面积的方法。

● 第 19 行定义 Area 类的结束。

【案例代码】Sample8_1. jsp 文件代码如下所示：

```
1  <%@ page contentType="text/html;charset=GB2312" %>
2  <HTML><BODY ><FONT size=2>
3  <FORM action="HandleArea" Method="post">
4  <P>输入三角形的边 A:<Input type=text name="a">
5  <P>输入三角形的边 B:<Input type=text name="b">
6  <P>输入三角形的边 C:<Input type=text name="c">
7  <Input type=submit value="提交">
8  </FONT></BODY></HTML>
```

【程序说明】

● 第 3 行 “action='HandleArea'” 指定表单提交到 HandleArea。

● 第 4 ~6 行定义 3 个单行文本框，name 值分别为 a、b、c。

【案例代码】HandleArea. java 文件代码如下所示：

```
1  package myservlet;
2  import java.io.*;
3  import javax.servlet.*;
4  import javax.servlet.http.*;
5  import java.sql.*;
6  import java.util.*;
7  import mybean.Area;
8  public class HandleArea extends HttpServlet{
9        public void doPost(HttpServletRequest request,HttpServletResponse response) throws ServletException,
   IOException {
10           Area dataBean = new Area();                    //创建 JavaBean 对象
11           request.setAttribute("data",dataBean);       //将 dataBean 存储到 request 对象中
12           try{    double a = Double.parseDouble(request.getParameter("a"));
13                   double b = Double.parseDouble(request.getParameter("b"));
14                   double c = Double.parseDouble(request.getParameter("c"));
15                   dataBean.setA(a);                   //将数据存储在 dataBean 中
16                   dataBean.setB(b);
17                   dataBean.setC(c);
18                   double s = -1;
19                   double p = (a+b+c)/2.0;
20                   if(a+b>c&&a+c>b&&b+c>a)
21                          s = Math.sqrt(p*(p-a)*(p-b)*(p-c));
22                dataBean.setArea(s);              //将数据存储在 dataBean 中
23                dataBean.setMess("三角形面积");
24           }catch(Exception e){
25                dataBean.setArea(-1);
26                dataBean.setMess(""+e);           }
27                RequestDispatcher dispatcher = request.getRequestDispatcher("showResult.jsp");
28                dispatcher.forward(request,response);   //请求 showResult.jsp 显示 dataBean 中的数据
29 }}
```

【程序说明】

● 第 9 ~28 行重写 doPost( )方法，实现获取三角形三边值，计算三角形面积。实例化模型，并将数据存储到模型中，并进行页面转发。

● 第 10 行创建 JavaBean 对象 dataBean。

- 第 11 行将 dataBean 存储到 request 对象中。
- 第 12 ~ 14 行获取用户输入的三边值。
- 第 15 ~ 17 行将三边数据存储在 dataBean 中。
- 第 18 ~ 21 行计算三角形面积。
- 第 22、23 行将三角形面积等数据存储在 dataBean 中。
- 第 27、28 行请求 showResult. jsp 显示 dataBean 中的数据。

【案例代码】 showResult. jsp 文件代码如下所示：

```
1  <%@ page contentType="text/html;charset=GB2312" import="mybean.Area" %>
2  <jsp:useBean id="data" type="mybean.Area" scope="request"/>
3  <HTML><BODY>
4      <jsp:getProperty name="data" property="mess"/>:
5      <jsp:getProperty name="data" property="area"/>
6  </BODY></HTML>
```

【程序说明】

- 第 1 行引入 mybean. Area。
- 第 2 行获得 HandleArea 所创建的 data 的引用。
- 第 4、5 行显示 data 模型中的数据。

【程序运行界面】 Sample8_1. jsp 运行界面如图 8-2 所示，输入三边值为 3、4、5，单击“提交”按钮后，显示如图 8-3 所示界面，显示三角形的面积。

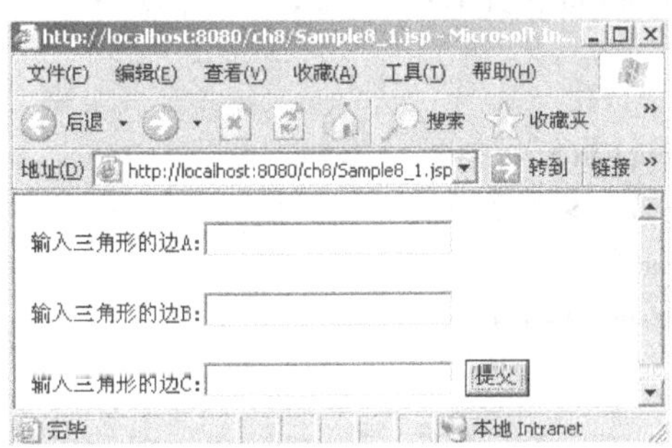

图 8-2　Sample8_1. jsp 页面

图 8-3　showResult. jsp 页面

8.4.2　案例 2　MVC 模式操作数据库完成会员注册

本案例介绍使用 MVC 模式设计会员注册的 Web 应用，该 Web 应用提供两个视图（JSP 页面），一个提供给用户输入注册内容；另一个显示注册是否成功。提供一个控制器（Servlet）和一个模型（JavaBean）。该 Servlet 负责将注册信息添加到指定的数据库，并将相关数据存储到 JavaBean 中。JavaBean 负责存储注册信息及结果，并提供获取和设置属性值的方法。

【案例学习目标】 学习 JSP 中开发 MVC 模式 Web 应用的方法。

【案例知识要点】 JSP 中开发 MVC 模式 Web 应用的方法。

【案例完成步骤】

1）使用 SQL Server 2005 建立数据库 member，在该库中建立一张数据表 member，数据表结构设计如图 8-4 所示。

表 - dbo.member 摘要

列名	数据类型	允许空
username	varchar(50)	
password	varchar(50)	
email	varchar(50)	✓

图 8-4 member 表

2）将第 5 章案例 2 中下载并解压后的 sqlJDBC. jar 文件复制到 ch8/WEB - INF/lib 目录下。

3）开发模型 Register. java，该模型提供成对的 setXxx( ) 和 getXxx( ) 方法，用于用户设置和获取注册用户输入的用户名、密码、电子邮件及反馈信息。

4）将 Register. java 编译为一个类（Register. class）文件，并把该类（连同所在的包）存放在指定的 Tomcat 应用程序中的 classes 文件夹（本案例存放位置为 D:\Tomcat6. 0\webapps\ch8\WEB - IMF\classes）。

5）编写控制器 HandleRegister. java，通过重写 doPost( ) 方法，连接数据库，并将用户提交的注册信息添加到 member 表，同时将数据存储到 Register 模型中，并将用户转发到 Sample8_2. jsp 页面查看注册反馈信息。

6）将 HandleRegister. java 编译为一个类（HandleRegister. class）文件，并把该类（连同所在的包）存放在指定的 Tomcat 应用程序中的 classes 文件夹（本案例存放位置为 D:\Tomcat6. 0\webapps\ch8\WEB - IMF\classes）。

7）修改 web. xml 文件，配置 HandleRegister。

web. xml 文件中有关 HandleRegister 配置部分代码如下所示：

```
<servlet>
    <description> Handle Register Servlet </description>
    <display-name>HandleRegister</display-name>
    <servlet-name>HandleRegister</servlet-name>
    <servlet-class>myservlet. HandleRegister</servlet-class>
</servlet>
<servlet-mapping>
    <servlet-name>HandleRegister</servlet-name>
    <url-pattern>/HandleRegister</url-pattern>
</servlet-mapping>
```

8）设计视图 register. jsp。在该视图中设计一个表单，提供两个单行文本框和一个密码域供用户输入注册信息，并提交到 HandleRegister。

9）设计视图 Sample8_2. jsp，用于显示模型中的数据（注册及反馈信息）。

10）启动 Tomcat 服务器，在浏览器的地址栏中输入 “http://localhost:8080/ch8/register. jsp” 验证程序是否能正确执行。

【案例代码】 Register. java 文件代码如下所示：

```
package mybean;
public class Register{
    String username = "",password = "",email = "",backNews;
```

```
4      public void setUsername( String name) {
5          username = name;  }
6      public String getUsername( ) {
7          return username;    }
8      public void setPassword( String pw) {
9          password = pw;     }
10     public String getPassword( ) {
11         return password;    }
12     public void setEmail( String em) {
13         email = em;     }
14     public String getEmail( ) {
15         return email;  }
16     public String getBackNews( ) {
17         return backNews;    }
18     public void setBackNews( String s) {
19         backNews = s;     }
20 }
```

【程序说明】

- 第 3 行定义 4 个 String 类型属性 username、password、email、backNews。
- 第 4 ~ 19 行使用成对的 setXxx( ) 和 getXxx( ) 方法，用于定义设置和获取用户名、密码、电子邮件反馈信息的方法。

【案例代码】register. jsp 文件代码如下所示：

```
1  <%@ page contentType = "text/html;charset = GB2312" %>
2  <HTML> <head> <title>用户注册</title> </head>
3  <BODY> <CENTER> <A href = "register. jsp" >用户注册</A>
4  <A href = "login. jsp" > <font size = 2 >用户登录</A> <br>
5  <FORM action = "HandleRegister"  name = form >
6  输入您的信息,用户名称必须由字母和数字组成,带 * 号项必须填写。 <table>
7      <tr> <td>用户名称: </td> <td> <Input type = text name = "username"  > * </td> </tr>
8      <tr> <td>设置密码: </td> <td> <Input type = password name = "password" > * </td> </tr>
9      <tr> <td>电子邮件: </td> <td> <Input type = text name = "email" > </td> </tr>
10     <tr> <td> <Input type = submit name = "g"  value = "提交" > </td> </tr> </table>
11 </Form> </CENTER> </Body> </HTML>
```

【程序说明】

- 第 5 行 “action = " HandleRegister" ” 指定表单提交到 HandleRegister。
- 第 7 ~9 行定义 3 个单行文本框，name 值分别为 username、password、email。

【案例代码】HandleRegister. java 文件代码如下所示：

```
package myservlet;
import java. io. * ;
import javax. servlet. * ;
import javax. servlet. http. * ;
import java. sql. * ;
import java. util. * ;
import mybean. Register;
public class HandleRegister extends HttpServlet {
    public void doGet( HttpServletRequest request, HttpServletResponse response)
    throws ServletException, IOException {
```

```
10              doPost( request, response) ;        }
11          public void doPost( HttpServletRequest request, HttpServletResponse response)
            throws ServletException, IOException {
12              response. setContentType( " text/html; charset = GB2312" ) ;
13              PrintWriter out = response. getWriter( ) ;
14              request. setCharacterEncoding( " GB2312" ) ;
15              String username = request. getParameter( " username" ) ;
16              String password = request. getParameter( " password" ) ;
17              String email = request. getParameter( " email" ) ;
18              String backNews = " " ;
19              Register reg = new Register( ) ;    //创建 Javabean 对象
20              request. setAttribute( "register", reg) ;//将 reg 存储到 request 对象中
21              try {    Connection conn = null;
22                  Class. forName( " com. microsoft. sqlserver. jdbc. SQLServerDriver" ) ;
23                  String strConn = " jdbc: sqlserver://127. 0. 0. 1:1433; DatabaseName = member" ;
24                  String strUser = " sa" ;
25                  String strPassword = " 111111" ;
26                  conn = DriverManager. getConnection( strConn, strUser, strPassword) ;
27                  Statement stm = conn. createStatement( ) ;
28  String sql = " INSERT INTO member VALUES ('" + username + "','" + password + "','" + email + "')" ;
29                  int n = stm. executeUpdate( sql) ;
30                if( n! = 0) {
31                  backNews = " 注册成功" ;
32                  reg. setBackNews( backNews) ;
33                  reg. setUsername( username) ;
34                  reg. setPassword( password) ;
35                  reg. setEmail( email) ;
36                } else {
37                  backNews = " 该会员名已被使用,请您更换名字" ;
38                  reg. setBackNews( backNews) ;                  }
39                  stm. close( ) ;
40                  conn. close( ) ;
41                } catch( ClassNotFoundException e)              {
42                  backNews = "添加失败" + e;
43                  reg. setBackNews( backNews) ;                   }
44                catch( SQLException e)              {
45                  backNews = " 数据库连接错误" + e;
46                  reg. setBackNews( backNews) ;        }
47                  RequestDispatcher dispatcher = request. getRequestDispatcher( "Sample8_2. jsp") ;
48                  Dispatcher. forward( request, response) ;              //请求 Sample8_2. jsp 显示信息
49                }
50  }
```

【程序说明】

- 第 11 ~49 行重写 doPost( )方法，用于获取注册信息、访问指定数据库，同时将注册信息添加到 member 数据表、将数据存储到模型 Register，并进行页面转发。
- 第 15 ~17 行获取注册的用户名、密码、电子邮件。
- 第 19 行创建 Javabean 对象 reg。
- 第 20 行将 reg 存储到 request 对象中。
- 第 21 ~29 行用于加载数据库驱动，建立到指定数据库的连接，同时将注册信息添加到 member 数据表。

- 第 30 ~35 行表示若添加成功，则将用户名、密码、电子邮件及注册成功反馈信息数据存储到模型 Register 中。
- 第 36 ~46 行表示若添加失败，程序将注册失败反馈信息数据存储到模型 Register 中。
- 第 47、48 行表示通过请求 Sample8_2. jsp 页面显示 dataBean 中的数据。

【案例代码】 Sample8_2. jsp 文件代码如下所示：

```
1  <%@ page contentType="text/html;charset=GB2312" import="mybean.Area"%>
2  <jsp:useBean id="data" type="mybean.Area" scope="request"/>
3  <HTML><BODY>
4      <jsp:getProperty name="data" property="mess"/>:
5      <jsp:getProperty name="data" property="area"/>
6  </BODY></HTML>
```

【程序说明】

- 第 1 行引入 mybean. Area。
- 第 2 行获得 HandleArea 所创建的 data 的引用。
- 第 4、5 行现实 data 模型中的数据。

【程序运行界面】 Register 页面的运行界面如图 8-5 所示，输入注册信息，单击“提交”按钮，注册成功后显示如图 8-6 所示界面，显示注册信息及反馈信息。

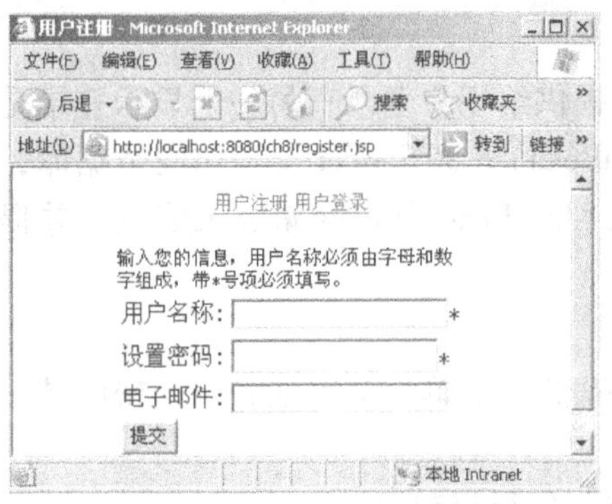

图 8-5　register. jsp 页面

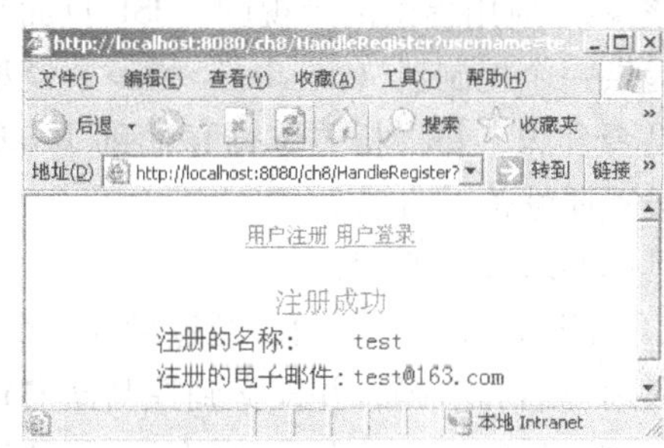

图 8-6　Sample8_2. jsp 页面

8.5　习题

1. 填空题

（1）在 JSP 的 MVC 模式中，由 Servlet 创建的 JavaBean 也涉及生命周期，生命周期分为________、________和________。

（2）在 JSP 的，MVC 模式中，数据模型的角色由________担当。

（3）在 JSP 的，MVC 模式中，控制器的角色由________担当。

（4）在 JSP 的，MVC 模式中，视图的角色由________担当。

2. 问答题

（1）MVC 的好处是什么？

（2）MVC 模式中用到的 JavaBean 是由 JSP 页面还是由 Servlet 负责创建？

8.6 实训

【实训目的】 掌握 JSP 中开发 MVC 模式 Web 应用的方法。

【实训内容】

1. 使用 MVC 模式设计计算梯形面积的 Web 应用

该 Web 应用提供两个视图（JSP 页面）、一个控制器（Servlet）和一个模型（JavaBean）。具体要求如下所示：

1）视图 inputTrapezoid. jsp 页面，通过设计一个表单，提供 3 个单行文本框，供用户输入梯形的上底、下底和高，并提交到控制器 HandleTraArea。

2）视图 showTraArea. jsp，用于显示模型中的数据（梯形的面积）。

3）模型 TraArea. java，提供成对的 setXxx( ) 和 getXxx( ) 方法用于设置和获取梯形上底、下底、高及面积。

4）控制器 HandleTraArea. java，通过重写 doPost( ) 方法计算梯形的面积，并将数据存储到 TraArea 模型中，并将用户转发到 showTraArea. jsp 页面查看登录反馈信息。

> **说明：** 读者可参考本章节的案例 1 完成本实训内容。此处不再给出详细参考代码。

2. 使用 MVC 模式设计会员登录的 Web 应用

该 Web 应用提供两个视图（JSP 页面），一个提供给用户登录；另一个显示登录是否成功。提供一个控制器（Servlet）和一个模型（JavaBean）。该 Servlet 负责访问数据库，验证用户是否合法，并将相关数据存储到 JavaBean 中。JavaBean 负责存储登录信息，并提供获取和设置属性值的方法。

具体要求如下所示：

1）视图 login. jsp 页面，通过设计一个表单，提供一个单行文本框和一个密码域，供用户输入用户名和密码，并提交到控制器 HandleLogin。

2）视图 showLogin. jsp，用于显示模型中的数据（登录信息）。

3）模型 Login. java，提供成对的 setXxx( ) 和 getXxx( ) 方法用于设置和获取用户名及登录信息。

4）控制器 HandleLogin. java，通过重写 doPost( ) 方法，负责连接数据库、验证用户是否合法，并将用户名、密码、登录信息等数据存储到 Login 模型中，并将用户转发到 showLogin. jsp 页面查看登录反馈信息。

> **说明：** 读者可以使用本章节案例 2 中创建的数据库，并参考案例 2 完成本实训内容。此处不再给出详细参考代码。

第 9 章　Web 人事管理系统

学习目标

通过本章节的学习，读者可以达到以下学习目标：

- 熟悉系统功能分析的过程。
- 熟悉系统设计的过程。
- 了解数据库设计的过程。
- 掌握数据库创建的过程。
- 掌握 Web 应用系统开发过程。

教学要求

知识要点	能力要求	相关知识
系统功能分析过程	熟悉	系统功能分析过程
系统设计过程	熟悉	系统设计过程
数据库设计过程	了解	数据库设计过程
数据库创建过程	掌握	数据库创建过程
Web 应用系统开发过程	掌握	Web 应用系统开发过程

9.1　系统功能分析

9.1.1　系统功能分析

人事管理是现代企业管理中的重要内容，也是人力资源开发利用的基础性工作。在人事管理信息化之前，员工进出、离退休、升迁、岗位变动、职称变动、学位变动，以及档案管理等方面存在诸多不利于管理的地方，不适应现代的人事管理形势和人力资源开发利用的要求。开发人事管理系统使人事管理工作实现了信息化、规范化，不仅使企业能够高效率完成人事管理的日常工作，还使企业深入开发利用人力资源成为可能。

根据人事管理的实际要求，结合人事信息管理的实际流程，本案例拟开发的“人事管理系统”可以满足以下要求：

1）能够掌握企业员工的基本信息，包括员工编号、姓名、性别、籍贯、民族、出生年月、政治面貌、专业、学历、婚姻状况、身份证号等信息，除此之外还可以掌握每个员工的职称信息、调动信息、培训记录、奖惩情况等相关信息。

2）能够通过本系统对员工信息变动做相应的管理工作，如进行数据的新增、查找和修改等操作。

9.1.2 系统功能模块设计

由于本案例中开发的人事管理系统主要面向的是小型企业的日常工作，所以设置的模块尽可能地满足企业的日常办公即可，其中设计的功能模块如图 9-1 所示。

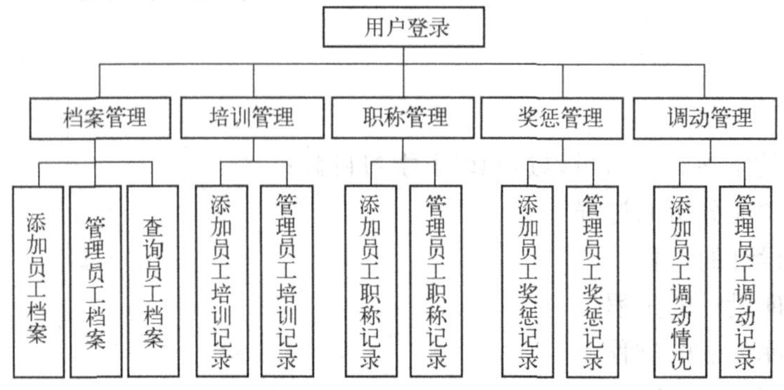

图 9-1 系统功能模块图

1. 用户登录

管理员进入登录界面，输入用户名和密码之后提交页面。若用户名或密码输入不正确，系统将返回到登录页面；若用户名和密码输入正确，系统将转发页面到管理首页。

2. 档案管理

管理员可以新增新进员工的档案信息；管理（查询、修改）员工档案信息。

3. 培训管理

管理员可以新增员工的培训记录；管理（查询、修改、删除）员工培训记录。

4. 职称管理

管理员可以新增员工的职称信息；管理（查询、修改、删除）员工职称信息。

5. 奖惩管理

管理员可以新增员工的奖惩情况；管理（查询、修改、删除）员工奖惩信息。

6. 调动管理

管理员可以新增员工的调动信息；管理（查询、修改、删除）员工调动信息。

7. 用户退出

管理员登录系统后，单击“退出”链接，系统将销毁与管理员会话有关的资源，返回到登录页面。

9.2 数据库模型

9.2.1 数据库需求分析

人事管理系统主要包含以下数据项和数据结构。

员工档案表：员工编号、姓名、性别、出生日期、籍贯、婚姻状况、身份证号、政治面貌、民族、学历、专业、毕业院校、毕业时间、职称、所属部门、在职情况、用工形式、个人简历等相关信息。

职称评定表：员工编号、职称、取得日期、取得方式、职务、起始日期、结束日期、聘用单位、职称英语、职称计算机及备注等相关信息。

培训管理表：员工编号、培训名称、培训内容、培训开始日期、培训结束日期、培训单位、培训结果及备注等相关信息。

奖惩管理表：员工编号、奖/惩、奖惩内容、奖惩原因、批准部门、批准人、开始日期、撤销日期、撤销原因及备注等相关信息。

员工调动表：员工编号、调动日期、调动前部门、调动后部门、调动前职务、调动后职务、经办人及备注等相关信息。

9.2.2 数据库概念结构设计

数据库概念设计最常用的方法是实体 - 联系方法。该方法是用 E - R 图来描述的，它可以很清晰地表示出实体之间的关系。人事管理系统涉及了员工档案、培训管理、职称管理、奖惩管理和员工调动 5 个实体属性。其属性图如图 9-2 ~ 图 9-6 所示。

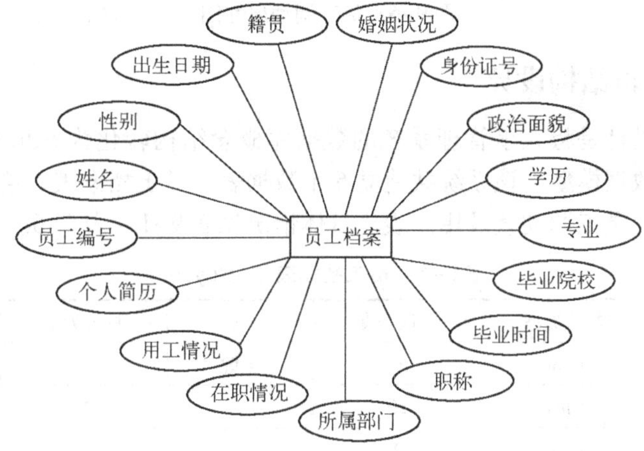

图 9-2　员工档案属性图

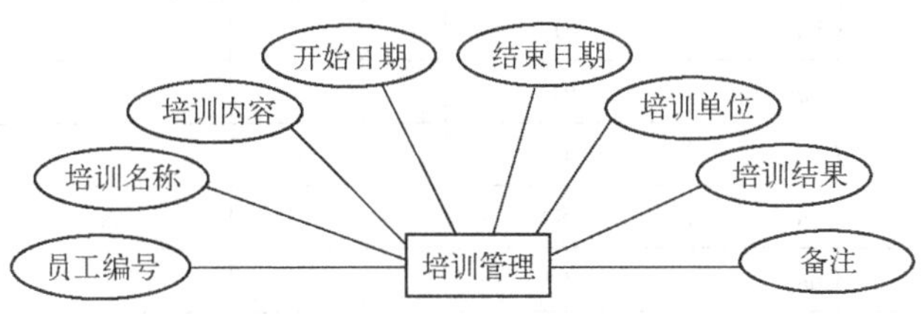

图 9-3　培训管理属性图

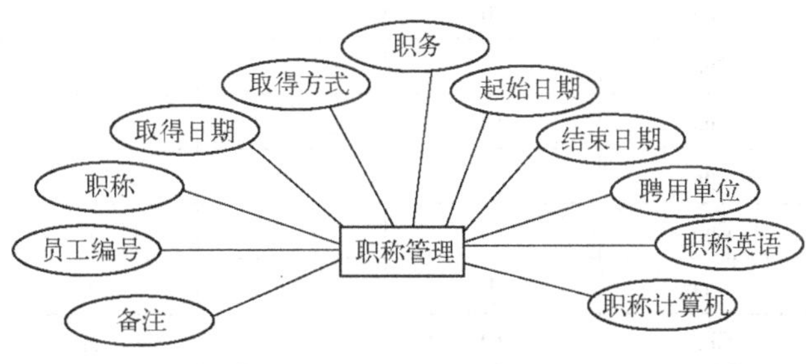

图 9-4　职称管理属性图

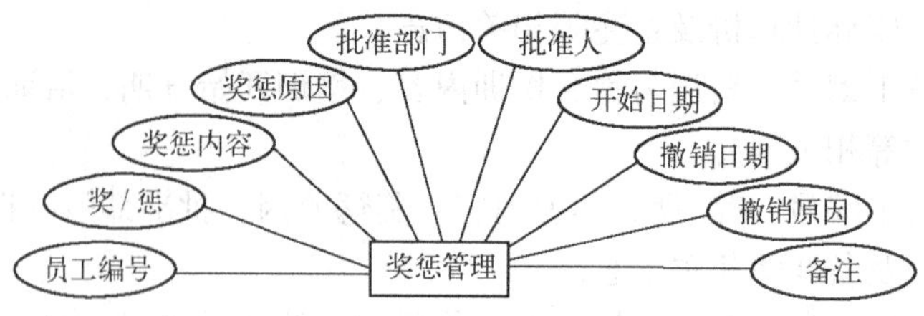

图 9-5 奖惩管理属性图

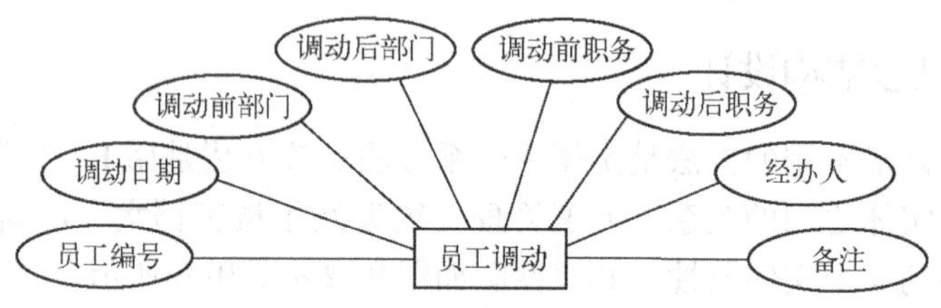

图 9-6 员工调动属性图

9.2.3 数据库逻辑结构设计

本系统的逻辑设计是将人事管理系统的数据库概念结构转化为 SQL Server 2005 数据库系统所支持的实际数据模型。该系统共建立 6 个数据表：员工档案表、培训管理表、职工评定表、奖惩管理表、员工调动表及用户表。具体情况见表 9-1 ~ 表 9-6。

表 9-1 员工档案表 employee

字 段 名	数据类型	字段长度	键	是否为空	说 明
EmployeeID	Char	6	主键	N	员工编号
UserName	Char	20		N	姓名
Sex	Char	2		N	性别
Branch	Char	20		N	所属部门
Birthday	Char	10		N	出生日期
NativePlace	Char	20		Y	籍贯
Marriage	Char	4		N	婚姻状况
IdentityID	Char	18		N	身份证号
Politics	Char	4		N	政治面貌
Folk	Char	20		N	民族
Education	Char	10		Y	学历
Department	Char	30		Y	专业
GraduateDate	Char	10		Y	毕业日期
University	Char	30		Y	毕业院校
Position	Char	20		Y	职称
Incumbency	Char	4		N	在职情况
IncumbencyType	Char	10		N	用工情况
Resume	Char	200		N	简历

表 9-2　培训管理表 train

字　段　名	数据类型	字段长度	键	是否为空	说　　明
TrainNO	Int		主键	N	记录序号（标识规范）
EmployeeID	Char	6		N	员工编号
TrainName	Char	20		N	培训名称
TrainWhat	Char	200		N	培训内容
StartDate	Char	10		N	培训开始日期
EndDate	Char	10		N	培训结束日期
TrainOrgan	Char	60		N	培训单位
TrainResult	Char	6		N	培训结果
Remark	Char	200		Y	备注

表 9-3　职称评定表 assess

字　段　名	数据类型	字段长度	键	是否为空	说　　明
AssessNO	Int		主键	N	记录序号（标识规范）
EmployeeID	Char	6		N	员工编号
Position	Char	20		N	职称
GetDate	Char	10		N	取得日期
GetType	Char	4		N	取得方式
Duty	Char	20		Y	职务
StartDate	Char	10		Y	聘用起始日期
EndDate	Char	10		Y	聘用结束日期
Department	Char	30		Y	聘用单位
English	Char	2		N	职称英语
Computer	Char	2		N	职称计算机
Remark	Char	200		Y	备注

表 9-4　奖惩管理表 reward

字　段　名	数据类型	字段长度	键	是否为空	说　　明
AssessNO	Int		主键	N	记录序号（标识规范）
EmployeeID	Char	6		N	员工编号
RewardPunish	Char	2		N	奖/惩
RewardContent	Char	30		N	奖惩内容
Reason	Char	100		N	奖惩原因
Branch	Char	20		N	批准部门
HandleName	Char	10		N	批准人
StartDate	Char	10		N	开始日期
CancelDate	Char	10		Y	撤销日期
CancelReason	Char	100		Y	撤销原因
Remark	Char	200		Y	备注

表 9-5　员工调动表 translate

字　段　名	数据类型	字段长度	键	是否为空	说　　明
TrainNO	Int		主键	N	记录序号（标识规范）
EmployeeID	Char	6		N	员工编号
TranslateDate	Char	10		N	调动日期
PriorBranch	Char	20		N	调动前部门
NextBranch	Char	20		N	调动后部门
PriorDuty	Char	20		N	调动前职务
NextDuty	Char	20		N	调动后职务
HandleName	Char	10		N	经办人
Remark	Char	200		Y	备注

表 9-6　用户表 users

字　段　名	数据类型	字段长度	键	是否为空	说　　明
UserName	Char	16	主键	N	管理员账号
Password	Char	16		N	密码

9.3　系统功能模块实现

在 Tomcat 服务器的 webapps 目录下创建用于保存人事管理系统文件的目录 hrms，本系统中的所有文件均保存在 hrms 目录中，复制 WEB - INF 目录及其子文件 web. xml 到 hrms 目录下。

9.3.1　公用组件及管理首页开发

1. 公用组件

本系统公用一个名称为 BaseDAO. java 的 JavaBean。该 JavaBean 为人事管理系统操作数据库的公用类，用于数据库的连接、查询和更新等操作。BaseDAO. java 编译为一个类（BaseDAO. class）文件，把该类（连同所在的包）存放在指定的 Tomcat 应用程序中的 classes 文件夹（本系统存放位置为 D:\Tomcat6. 0\webapps\hrms\WEB - IMF\classes）。

BaseDAO. java 参考代码如下所示：

```
package mybean;
import java. sql. * ;
import javax. naming. Context;
import javax. naming. InitialContext;
import javax. sql. * ;
public class BaseDAO {
    Connection con;
    Statement stm = null;
```

```
    ResultSet rs = null;
    String connstr, strUser = "", strPassword = "";
public Connection getConnection() throws Exception {
    try {
      connstr = "jdbc:sqlserver://127.0.0.1:1433;DatabaseName = hrms";
      strUser = "sa";
      strPassword = "111111";
      Class.forName("com.microsoft.sqlserver.jdbc.SQLServerDriver");
      con = DriverManager.getConnection(connstr, strUser, strPassword);
    } catch (Exception e) {
            System.out.println(e); }
      return con;
}
public int Exec(String sql) {
    int n = 0;
    try {
      con = getConnection();
      stm = con.createStatement(ResultSet.TYPE_SCROLL_INSENSITIVE, ResultSet.CONCUR_READ
_ONLY);
      n = stm.executeUpdate(sql);
    } catch(Exception e) {
          System.out.print(e.toString()); }
      return n;
}
public ResultSet getRs(String sql) throws SQLException {
    try {
      con = getConnection();
      stm = con.createStatement(ResultSet.TYPE_SCROLL_INSENSITIVE, ResultSet.CONCUR_READ
_ONLY);
      rs = stm.executeQuery(sql);
      return rs;
    } catch(Exception e) {
          System.out.print(e);
          return null; }
  }
public void closeCon() {
    try {
      if (rs != null)
         rs.close();
    } catch(Exception e) {
         e.printStackTrace();
    }
```

```
try{
    if (stm!=null)
        stm.close();
}catch(Exception e) {
        e.printStackTrace();
}
try{
    if (con!=null)
        con.close();
}catch(Exception e) {
        e.printStackTrace();
}
}
}
```

2. 管理首页

管理员输入账号、密码之后，进入管理首页 admin. jsp，该页面包含了到达本系统各子模块的超链接。

index. jsp 参考代码如下所示：

```
<%@ page language="java" import="java.util.*" pageEncoding="GB2312"%>
<html><head><meta http-equiv="Content-Type" content="text/html; charset=GB2312" />
<%@ include file="inc/title.jsp"%>
<%@include file="inc/check.jsp" %>
<% request.setCharacterEncoding("GB2312"); %>
<title><%=titleStr%></title>
<style>
a:link{text-decoration:none;color:#000000;}
.STYLE1 {color: #FFFFFF}
.STYLE3 {
    font-size: 12px;
    color: #222222;
    font-family: Arial, Helvetica, sans-serif;}
.STYLE5 {color: #ffffff}
.STYLE6 {font-family: "宋体"}
</style></head>
<body><div>
  <table width="1024" height="30" border="0" align="center" cellpadding="0" cellspacing
="0" background="Style/used.png">
    <tr><td align="right">
    <a  href="#" target="_blank"><span class="STYLE1"> 人事档案管理平台
</span></a><span class="STYLE1"> |  </span>
```

```
    <a  href="mailto:white_fangzi@sohu.com"><span class="STYLE1">与版主交流</span>
</a><span class="STYLE1"> |    </span></td>
    </tr></table></div>
<div><table width="1024" height="30" border="0" align="center" cellpadding="0" cell-
spacing="0">
  <tr><td><div align="center" class="STYLE6"><a href="default.jsp" class="STYLE5"
target="content">首页</a></div></td>
    <td><div align="center" class="STYLE6"><a href="employee/manageEmployee.jsp"
target="content">档案管理</a></div></td>
    <td><div align="center" class="STYLE6"><a href="train/manageTrain.jsp" target="
content">培训管理</a></div></td>
    <td><div align="center" class="STYLE6"><a href="assess/manageAssess.jsp" target
="content">职称评定</a></div></td>
    <td><div align="center" class="STYLE6"><a href="reward/manageReward.jsp" target
="content">奖惩管理</a></div></td>
    <td><div align="center" class="STYLE6"><a href="translate/manageTranslate.jsp" tar-
get="content">人员调动</a></div></td>
  </tr></table><hr width="1024" /></div>
<div align="center">
  <iframe width="1024" height="700" src="${pageContext.request.contextPath}/default.jsp"
name="content" frameborder="0" scrolling="auto"></iframe></div>
<div align="center"><hr width="1024" />
<span class="login-buttom-txt STYLE3">Copyright @ 2011     
    
<a href="mailto:white_fangzi@sohu.com"><span class="STYLE3">white_fangzi@sohu.com</
span></a></span>
</div></body></html>
```

3. **公用页面**

本系统将经常使用的字符串存放在公用页面 title.jsp 中，如页面标题的字符串。该页面存放在人事管理系统根目录 hrms 中的 inc 目录下。

title.jsp 参考代码如下所示：

```
<%@ page pageEncoding="GB2312"%>
<% String titleStr="人事管理平台@liusufang"; %>
```

9.3.2 用户管理模块开发

用户管理模块包括用户登录和用户退出两项操作。

1. **用户登录**

用户登录操作通过 JSP、Servlet、和 JavaBean 3 项技术共同实现，其中 JSP 负责显示登录页面，Servlet 负责验证用户并控制页面转向，JavaBean（BaseDAO）负责处理数据库操作

（BaseDAO 已在上一小节中创建并编译，本小节直接调用即可）。

（1）登录页面 login. jsp

登录页面 login. jsp 负责显示管理员登录系统时的输入界面。运行界面如图 9-7 所示，该页面提供两个单行文本框，用于输入管理员账号和密码。

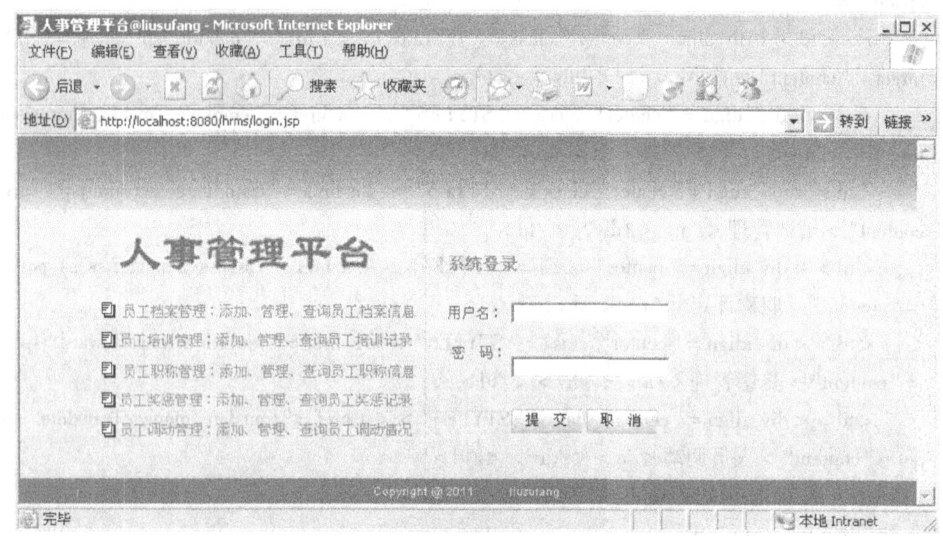

图 9-7　login. jsp 页面

login. jsp 页面中的表单属性设置如下所示，即指定本页面的表单由 EmpServlet 负责处理。

```
<form method = "post" action = " EmpServlet " onsubmit = "return check( ) >
```

（2）EmpServlet

EmpServlet 负责验证用户并控制页面转向。EmpServlet. java 编译为一个类（EmpServlet. class）文件，把该类（连同所在的包）存放在指定的 Tomcat 应用程序中的 classes 文件夹（本系统存放位置为 D:\Tomcat6. 0\webapps\hrms\WEB - IMF\classes）。

EmpServlet. java 文件参考代码如下所示：

```
package myservlet;
import java. io. * ;
import javax. servlet. * ;
import javax. servlet. http. * ;
import java. sql. * ;
import mybean. BaseDAO;
public class EmpServlet extends HttpServlet {
    public void doGet( HttpServletRequest request, HttpServletResponse response)
            throws ServletException, IOException {
```

```
            doPost( request,response) ; }
        public void doPost( HttpServletRequest request, HttpServletResponse response)
                throws ServletException, IOException {
            response. setContentType( " text/html; charset = GB2312" ) ;
            PrintWriter out = response. getWriter( ) ;
            try {
                String username = null, password = null;
                HttpSession session = null;
                session = request. getSession( true) ;
                username = request. getParameter( " username" ) ;
                password = request. getParameter( " password" ) ;
                BaseDAO bd = new BaseDAO( ) ;
                String sql = " select  *  from users where UserName ='" + username + "'and password ='"
  + password +  "'" ;
                ResultSet rs = bd. getRs( sql) ;
              if( rs. next( ) ) {
              session. setAttribute( " userName" , username) ;
              RequestDispatcher dispatcher = request. getRequestDispatcher( " admin. jsp" ) ;
              dispatcher. forward( request, response) ;
              } else{
                out. print( " < script Language ='JavaScript' >  window. alert('用户名、密码或用户类型
  不正确,即将返回登录页面 ') < /script > " ) ;
                out. print( " < script Language ='JavaScript' > window. location ='login. jsp' < /script > " ) ;
              }
                bd. closeCon( ) ;
            } catch( SQLException e) {
                out. println( e. getMessage( ) ) ; }
        }
  }
```

web. xml 文件中有关 EmpServlet 配置部分的代码如下所示:

```
  < servlet >
        < description > Login Servlet < /description >
        < display - name > EmpServlet < /display - name >
        < servlet - name > EmpServlet < /servlet - name >
        < servlet - class > myservlet.  EmpServlet < /servlet - class >
  < /servlet >
  < servlet - mapping >
        < servlet - name > EmpServlet < /servlet - name >
        < url - pattern > /EmpServlet < /url - pattern >
  < /servlet - mapping >
```

(3) checks. jsp 页面

checks. jsp 用于获取 EmpServlet 中存储在 session 对象中的 userName 属性的值（即管理员账号），若值为空，则重定向到登录页面。人事管理系统各子模块要求合法的管理员登录后才可能访问，该页面提供给各子模块判断是否经登录页面正确登录后访问，以控制各子模块访问权限。

checks. jsp 文件参考代码如下所示：

```
<%
    if (session.getAttribute("userName") == null) {
        response.sendRedirect("../login.jsp"); }
%>
```

2. 用户退出

用户退出操作比较简单，本系统使用 JSP 技术实现。

(1) default. jsp 页面

default. jsp 页面运行界面如图 9-8 所示。该页面提供“退出管理”超链接，单击后进入 exit. jsp 页面。

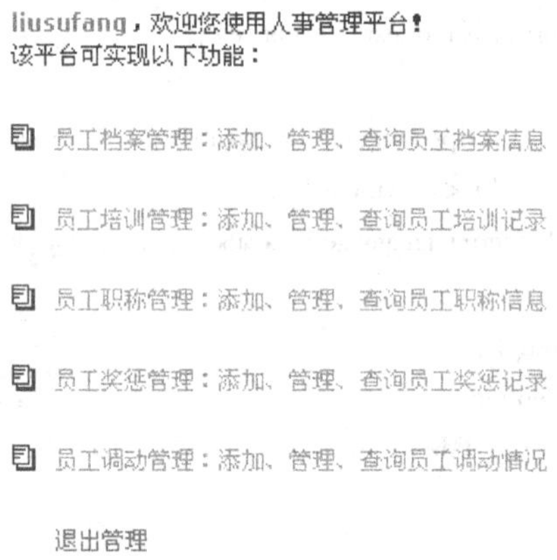

liusufang，欢迎您使用人事管理平台！
该平台可实现以下功能：

员工档案管理：添加、管理、查询员工档案信息

员工培训管理：添加、管理、查询员工培训记录

员工职称管理：添加、管理、查询员工职称信息

员工奖惩管理：添加、管理、查询员工奖惩记录

员工调动管理：添加、管理、查询员工调动情况

退出管理

图 9-8　default. jsp 页面

default. jsp 页面中获取 session 对象 userName 属性值（即管理员账号）并输出到客户端参考代码如下所示：

```
<% =session.getAttribute("userName") %>
```

default. jsp 页面中“退出管理”超链接属性参考代码如下所示：

```
<a href="${pageContext.request.contextPath}/exit.jsp">退出管理</a>
```

(2) exit. jsp 页面

exit. jsp 页面用于销毁 session 对象，返回到登录页面。

exit. jsp 文件参考代码如下所示：

```
<%@ include file = "inc/checks.jsp" % >
<%
session.invalidate( ) ;
out.print( " < script Language ='JavaScript' > window.alert('确认退出') < /script > " ) ;
out.print( " < script Language ='JavaScript' > window.open('login.jsp') < /script > " ) ;
out.print( " < script Language ='JavaScript' > window.parent.opener = null  < /script > " ) ;
out.print( " < script Language ='JavaScript' > window.parent.close( )  < /script > " ) ;
% >
```

9.3.3　档案管理模块开发

员工档案管理模块包括添加员工档案、管理员工档案和查询员工档案。

本模块的所有 JSP 文件都存放在人事管理系统根目录 hrms 中的 employee 目录下。

1. 添加员工档案

添加员工档案包括一个 JSP 页面和一个 Servlet。其中 addEmployee.jsp 页面负责显示添加界面；AddEmployee 负责调用 BaseDAO，并添加新进员工档案信息到指定数据库。

（1）添加员工档案信息的页面 addEmployee.jsp

addEmployee.jsp 页面负责显示添加员工档案信息界面，运行界面如图 9-9 所示。其表单属性“action = "AddEmployee"”指定本页面的表单由 AddEmployee 负责处理。

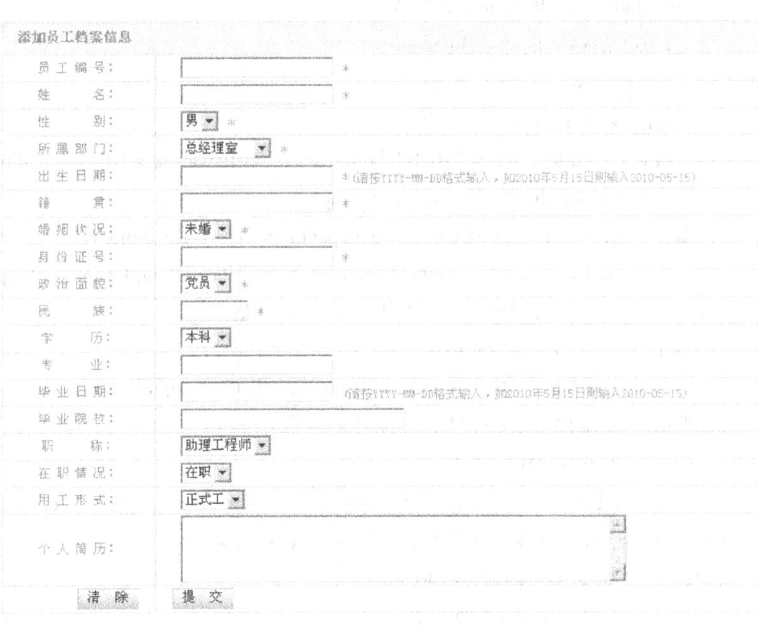

图 9-9　addEmployee.jsp 页面

addEmployee.jsp 文件参考代码如下所示：

```
<%@ page language = "java" import = "java.util. * " pageEncoding = "GB2312" % >
<%@ page import = "java.sql. * " % >
<%@ include file = "../inc/title.jsp" % >
```

```
<%@ include file="../inc/checks.jsp" %>
<html><head><title><%=titleStr%></title>
<script Language="JavaScript">
function check_input(theForm) {
  if (theForm.employeeid.value.length != 6) {
    alert("员工编号必须为6位。");
    return (false); }
  if (theForm.username.value == "") {
    alert("请输入姓名。");
    return (false); }
  if (theForm.birthday.value == "") {
    alert("请输入出生日期。");
    return (false); }
  if (theForm.nativeplace.value == "") {
    alert("请输入籍贯。");
    return (false); }
  if (theForm.identityid.value == "") {
    alert("请输入身份证号。");
    return (false); }
    if (theForm.folk.value == "") {
    alert("请输入民族。");
    return (false); }
} </script></head>
  <body><table width="1000" border="0" cellspacing="0" cellpadding="0">
   <tr><td width="150" valign="top">
 <table width="140" border="0" cellspacing="0" cellpadding="0"><tr> <td>
      <a href="${pageContext.request.contextPath}/employee/addEmployee.jsp" target="content" title="添加人员档案">添加员工档案</a>
  </td> </tr><tr><td>
     <a href="${pageContext.request.contextPath}/employee/manageEmployee.jsp" target="content" title="添加人员档案">管理员工档案</a>
  </td></tr><tr><td>
     <a href="${pageContext.request.contextPath}/employee/serchEmployee.jsp" target="content" title="添加人员档案">查询员工档案</a>
 </td> </tr></table></td>
           <td width="850">
 <form name="form2" method="post" action="AddEmployee" onSubmit="return check_input(this)">
     <table width="750"><tbody>
         <tr><td>添加员工档案信息</td></tr>
         <tr><td>员 工 编 号:</td>
```

```
        <td><input name="employeeid" type="text" id="employeeid" /> * </td></tr>
    <tr><td>姓    名:</td>
        <td><input name="username" type="text" id="username" /> * </td></tr>
    <tr><td>性    别:</td>
        <td><select name="sex" id="sex">
            <option value="男" selected>男</option>
            <option value="女">女</option>
            </select> * </td></tr>
    <tr><td>所属部门:</td>
        <td><select name="branch" id="branch">
            <option value="总经理室" selected>总经理室</option>
            …
            </select> * </td></tr>
    <tr><td>出生日期:</td>
        <td><input name="birthday" type="text" id="birthday" /> * (请按 YYYY-
MM-DD 格式输入,如 2010 年 5 月 15 日则输入 2010-05-15) </td></tr>
    <tr><td>籍    贯:</td>
        <td><input name="nativeplace" type="text" id="nativeplace" /> * </td></tr>
    <tr><td>婚姻状况:</td>
        <td><select name="marriage" id="marriage">
            <option value="未婚" selected>未婚</option>
            …
            </select> * </td></tr>
    <tr><td>身份证号:</td>
        <td><input name="identityid" type="text" id="identityid" /> * </td></tr>
    <tr><td>政治面貌:</td>
        <td><select name="politics" id="politics">
            <option value="党员" selected>党员</option>
            …
            </select> * </td></tr>
    <tr><td>民    族:</td>
        <td><input name="folk" type="text" id="folk"> * </td></tr>
    <tr><td>学    历:</td>
        <td><select name="education" id="education">
            <option value="初中">初中</option>
            …
            </select> * </td></tr>
    <tr><td>专    业:</td>
        <td><input name="department" type="text" id="department"/></td></tr>
    <tr><td>毕业日期:</td>
        <td><input name="graduatedate" type="text" id="graduatedate" />(请按
YYYY-MM-DD 格式输入,如 2010 年 5 月 15 日则输入 2010-05-15)</td></tr>
```

```
        <tr><td>毕 业 院 校:</td>
            <td><input name="university" type="text" id="university"/></td></tr>
        <tr><td>职      称:</td>
            <td><select name="position" id="position">
                <option value="助理工程师" selected>助理工程师</option>
                …
                </select>*</td></tr>
        <tr><td>在 职 情 况:</td>
            <td><select name="incumbency" id="incumbency">
                <option value="在职" selected>在职</option>
                …
                </select>*</td></tr>
        <tr><td>用 工 形 式:</td>
            <td><select name="incumbencytype" id="incumbencytype">
                <option value="正式工" selected>正式工</option>
                …
                </select>*</td></tr>
        <tr><td>个 人 简 历:</td>
            <td><textarea name="resume" cols="60" rows="4" id="resume"></textarea>
</td></tr>
        <tr><td><input name="Submit" type="reset" value="清  除"/></td>
            <td><input name="Submit" type="submit" value="提  交"/></td></tr>
</tbody></table></form>
</td></tr></table></body></html>
```

（2）添加员工档案信息 AddEmployee

AddEmployee 负责获取 addEmployee.jsp 页面表单元素值，通过调用 BaseDAO，将新进员工档案信息添加到指定数据库。AddEmployeee.java 编译为一个类（AddEmployeee.class）文件，把该类（连同所在的包）存放在指定的 Tomcat 应用程序中的 classes 文件夹（本系统存放位置为 D:\Tomcat6.0\webapps\hrms\WEB-IMF\classes）。

AddEmployeee.java 文件参考代码如下所示：

```
package myservlet;
import java.io.*;
import javax.servlet.*;
import javax.servlet.http.*;
import java.sql.*;
import mybean.BaseDAO;
public class AddEmployee extends HttpServlet {
public void doGet(HttpServletRequest request, HttpServletResponse response)
        throws ServletException, IOException {
    doPost(request,response); }
```

```
public void doPost(HttpServletRequest request, HttpServletResponse response)
        throws ServletException, IOException {
    response.setContentType("text/html;charset = gb2312");
    PrintWriter out = response.getWriter();
    request.setCharacterEncoding("gb2312");
    BaseDAO bd = new BaseDAO();
    String department = "", graduatedate = "", university = "", resume = "";
    String employeeid = request.getParameter("employeeid");
    String username = request.getParameter("username");
    String sex = request.getParameter("sex");
    String branch = request.getParameter("branch");
    String birthday = request.getParameter("birthday");
    String nativeplace = request.getParameter("nativeplace");
    String marriage = request.getParameter("marriage");
    String identityid = request.getParameter("identityid");
    String politics = request.getParameter("politics");
    String folk = request.getParameter("folk");
    String education = request.getParameter("education");
    department = request.getParameter("department");
    graduatedate = request.getParameter("graduatedate");
    university = request.getParameter("university");
    String position = request.getParameter("position");
    String incumbency = request.getParameter("incumbency");
    String incumbencytype = request.getParameter("incumbencytype");
    resume = request.getParameter("resume");
    try {
        String sql3 = "insert into employee values('" + employeeid + "','" + username + "','"
 + sex + "','" + branch + "','" + birthday + "','";
    sql3 += nativeplace + "','" + marriage + "','" + identityid + "','" + politics + "','" + folk
 + "','";
    sql3 += education + "','" + department + "','" + graduatedate + "','" + university + "','" +
position + "','";
        sql3 += incumbency + "','" + incumbencytype + "','" + resume + "')";
        int n = bd.Exec(sql3);
                if(n > 0) {
out.print("<script Language = 'JavaScript'> window.alert('添加成功，即将返回添加页面')
</script>");
out.print("<script Language = 'JavaScript'> window.location = 'employee/addEmployee.jsp'
</script>"); }
                } else {
out.print("<script Language = 'JavaScript'> window.alert('添加失败，即将返回添加页面')
</script>");
```

```
out.print ( " < script Language =' JavaScript' > window.location =' employee/addEmployee.jsp'
</script > " ) ; }
            bd.closeCon( ) ;
            } catch (Exception e) {
                throw new ServletException( e.toString( ) ) ; }
}
```

web.xml 文件中有关 AddEmployee 配置部分的代码如下所示：

```
< servlet >
    < description > Add Employee Servlet </description >
    < display - name > AddEmployee </display - name >
    < servlet - name > AddEmployee </servlet - name >
    < servlet - class > myservlet.AddEmployee </servlet - class >
</servlet >
< servlet - mapping >
    < servlet - name > AddEmployee </servlet - name >
    < url - pattern > /AddEmployee </url - pattern >
</servlet - mapping >
```

2. 管理员工档案

管理员工档案操作包括 3 个 JSP 页面和 1 个 Servlet。其中 manageEmployee.jsp 页面负责显示员工基本档案信息；detailInfo.jsp 页面负责显示指定员工的所有档案信息（包括档案信息、职称信息、培训记录、奖惩情况、调动记录）；modEmployee.jsp 页面负责在表单元素中显示指定员工编号的员工档案信息以供管理员修改；ModEmployee 负责调用 BaseDAO，用于修改员工档案信息。

（1）管理员工档案信息页面 manageEmployee.jsp

manageEmployee.jsp 页面负责显示员工档案基本信息，运行界面如图 9-10 所示。单击“详细信息”超链接，页面跳转至 detailInfo.jsp 页面；单击“修改”超链接，页面跳转至 modEmployee.jsp 页面。

管理员工档案信息

员工编号	员工姓名	员工性别	出生日期	员工籍贯	婚姻状况	身份证号	民族	操作
000001	刘素芳	女	1980-01-01	福建省福州市	已婚	350101000000000000	汉族	详细信息 修改
000002	张三	男	1985-01-01	福建省福州市	未婚	350101000000000003	汉族	详细信息 修改
000003	李四	男	1975-01-01	福建省福州市	已婚	350100000000000001	汉族	详细信息 修改

第1页 共4页　　下一页 最后一页　转到第 ＿ 页

图 9-10　manageEmployee.jsp 页面

manageEmployee.jsp 文件参考代码如下所示：

```
<%@ page contentType = " text/html; charset = GB2312" language = " java" import = " java.sql.
* "% >
<%@ include file = "../inc/title.jsp" % >
```

```
<%@ include file = "../inc/checks.jsp" %>
<jsp:useBean id = "bd" class = "mybean.BaseDAO" scope = "page" />
<html><head><title><% =titleStr% ></title></head>
  <body><table width = "1000" border = "0" cellspacing = "0" cellpadding = "0">
   <tr><td width = "150" valign = "top">
<table width = "140" border = "0" cellspacing = "0" cellpadding = "0"><tr> <td>
    <a href = "${pageContext.request.contextPath}/employee/addEmployee.jsp" target = "content" title = "添加人员档案">添加员工档案</a>
   </td></tr><tr><td>
    <a href = "${pageContext.request.contextPath}/employee/manageEmployee.jsp" target = "content" title = "添加人员档案">管理员工档案</a>
   </td></tr><tr><td>
    <a href = "${pageContext.request.contextPath}/employee/serchEmployee.jsp" target = "content" title = "添加人员档案">查询员工档案</a>
</td></tr></table></td>
        <td width = "850">
<%
   try{
        String strSql = "SELECT EmployeeID,UserName,Sex,Birthday,NativePlace, "
        strSql += "Marriage,IdentityID,Folk FROM employee";
        ResultSet rs = bd.getRs(strSql);
%>
      <center><h2>管理员工档案信息</h2></center>
      <table><tr>
            <th>员工编号</th><th>员工姓名</th><th>员工性别</th>th>出生日期</th><th>员工籍贯</th>
                <th>婚姻状况</th><th>身份证号</th>th>民族</th><th>操作</th></tr>
<%
        int p,rowcount, intpagecount,p2 = 1,pagecount = 3;
        String page1 = request.getParameter("page");
        if(page1 == null){
              p = 1;}
        else{
              p = Integer.parseInt(page1);}
        rs.last();
        rowcount = rs.getRow();
        intpagecount = (rowcount + pagecount - 1)/pagecount;
        if(p > intpagecount) p = intpagecount;
        if(p < 1) p = 1;
        rs.beforeFirst();
        while(rs.next()){
```

```
            if(p2 > (p - 1) * pagecount&&p2 < = p * pagecount) {
    % >
                < tr height = "30"  align = "center" >
                    < td > < % = rs. getString(1) % > < /td > < td > < % = rs. getString(2) % > < /td >
                    < td > < % = rs. getString(3) % > < /td > < td > < % = rs. getString(4) % > < /td >
                    < td > < % = rs. getString(5) % > < /td > < td > < % = rs. getString(6) % > < /td >
                    < td > < % = rs. getString(7) % > < /td > < td > < % = rs. getString(8) % > < /td >
                    < td > < a href = "detailInfo. jsp? id =< % = rs. getString(1)% > " >详细信息 < /a >
                < a href = "modEmployee. jsp? id =< % = rs. getString(1) % > " >修改 < /a > < /td >
  < /tr >
  < % }
        p2 ++ ; }
  % >
          < /table > < p align = "center" > < form method = "POST"  action = "manageEmployee. jsp" >
                第 < % = p % > 页 共 < % = intpagecount % > 页   
                < % if(p > 1) { % >
                < a href = "manageEmployee. jsp? page = 1" >第一页 < /a >
                < a href = "manageEmployee. jsp? page =< % = p - 1 % > " >上一页 < /a >
                < % } % >   
                < % if(p < intpagecount) { % >
                < a href = "manageEmployee. jsp? page =< % = p + 1 % > " >下一页 < /a >
                < a href = "manageEmployee. jsp? page =< % = intpagecount % > " >最后一页 < /a >
                < % } % >   转到第 < input type = "text"  name = "page"  size = "4" >页
                < input name = "Submit"  type = "submit"  value = "GO"  / > < /form >
  < %
       bd. closeCon( ) ;
     } catch( SQLException e) {
        out. println( e. getMessage( ) ) ; }
  % >
  < /td > < /tr > < /table > < /body > < /html >
```

（2）显示员工档案信息页面 detailInfo. jsp

detailInfo. jsp 页面负责显示指定员工的所有档案信息（包括档案信息、职称信息、培训记录、奖惩情况、调动记录等），运行界面如图 9-11 所示。

detailInfo. jsp 文件参考代码如下所示：

```
  < %@  page language = "java"  import = "java. util. * "  pageEncoding = "gb2312" % >
  < %@  page import = "java. sql. * " % >
  < %@  include file = ". . /inc/title. jsp" % >
  < %@  include file = ". . /inc/checks. jsp" % >
  < jsp:useBean id = "bd"  class = "mybean. BaseDAO"  scope = "page"  / >
  < html > < head > < title > < % = titleStr% > < /title >
```

添加员工档案
管理员工档案
查询员工档案

员工档案信息	
员工编号：	000002
姓名：	张三
性别：	男
所属部门：	销售部
出生日期：	1985-01-01
籍贯：	福建省福州市
婚姻状况：	未婚
身份证号：	350101000000000003
政治面貌：	群众
民族：	汉族
学历：	专科
专业：	市场营销
毕业日期：	2008-07-01
毕业院校：	福建商业高等专科学校
职称：	其他
在职情况：	在职
用工形式：	正式工
个人简历：	个人简历个人简历

员工职称信息	
员工培训记录	
培训名称：	销售策略研讨
培训内容：	有效销售策略研讨
开始日期：	2010-07-01

图 9-11　detailInfo. jsp 页面

```
<body> <table width="1000" border="0" cellspacing="0" cellpadding="0">
  <tr> <td width="150" valign="top">
<table width="140" border="0" cellspacing="0" cellpadding="0"> <tr> <td>
      <a href="${pageContext.request.contextPath}/employee/addEmployee.jsp" target="content" title="添加人员档案">添加员工档案</a>
  </td> </tr> <tr> <td>
      <a href="${pageContext.request.contextPath}/employee/manageEmployee.jsp" target="content" title="添加人员档案">管理员工档案</a>
  </td> </tr> <tr> <td>
      <a href="${pageContext.request.contextPath}/employee/serchEmployee.jsp" target="content" title="添加人员档案">查询员工档案</a>
</td> </tr> </table> </td>
          <td width="850">
 <table width="100%" border="0" cellspacing="0" cellpadding="0"> <tr> <td>
<%
String id = null, sql = null;
ResultSet rs = null;
id = request.getParameter("id");
sql = "SELECT * FROM employee where EmployeeID ='" + id + "'";
rs = bd.getRs(sql);
```

```
while(rs.next()){
        String username = rs.getString(2);
        String sex = rs.getString(3);
        String branch = rs.getString(4);
        String birthday = rs.getString(5);
        String nativeplace = rs.getString(6);
        String marriage = rs.getString(7);
        String identityid = rs.getString(8);
        String politics = rs.getString(9);
        String folk = rs.getString(10);
        String education = rs.getString(11);
        String department = rs.getString(12);
        String graduatedate = rs.getString(13);
        String university = rs.getString(14);
        String position = rs.getString(15);
        String incumbency = rs.getString(16);
        String incumbencytype = rs.getString(17);
        String resume = rs.getString(18);
%>
    <table width="750"><tbody>
        <tr><td colspan="2">员工档案信息</td></tr>
        <tr><td>员工编号:</td><td><%=id %></td></tr>
        <tr><td>姓名:</td><td><%=username %></td></tr>
        <tr><td>性别:</td><td><%=sex %></td></tr>
        <tr><td>所属部门:</td><td><%=branch %></td></tr>
        <tr><td>出生日期:</td><td><%=birthday %></td></tr>
        <tr><td>籍贯:</td><td><%=nativeplace %></td></tr>
        <tr><td>婚姻状况:</td><td>><%=marriage %></td></tr>
        <tr><td>身份证号:</td><td><%=identityid %></td></tr>
        <tr><td>政治面貌:</td><td><%=politics %></td></tr>
        <tr><td>民族:</td><td><%=folk %></td></tr>
        <tr><td>学历:</td><td><%=education %></td></tr>
        <tr><td>专业:</td><td><%=department %></td></tr>
        <tr><td>毕业日期:</td><td><%=graduatedate %></td></tr>
        <tr><td>毕业院校:</td><td><%=university %></td></tr>
        <tr><td>职称:</td><td><%=position %></td></tr>
        <tr><td>在职情况:</td><td><%=incumbency %></td></tr>
        <tr><td>用工形式:</td><td><%=incumbencytype %></td></tr>
        <tr><td>个人简历:</td><td>%=resume %></td></tr>
        <tr><td colspan="2"><hr size=1></td></tr>
      </tbody></table>
  <%
```

```
}
 rs.close();
 %>
</td></tr><tr><td><table><tbody>
          <tr><td colspan="2">员工职称信息</td></tr>
<%
sql = "SELECT * FROM assess where EmployeeID ='" + id + "'";
rs = bd.getRs(sql);
while(rs.next()){
          String position = rs.getString(3);
          String getdate = rs.getString(4);
          String gettype = rs.getString(5);
          String duty = rs.getString(6);
          String startdate = rs.getString(7) ;
          String enddate = rs.getString(8) ;
          String department = rs.getString(9) ;
          String english = rs.getString(10) ;
          String computer = rs.getString(11);
          String remark = rs.getString(12);
%>
          <tr><td>职称:</td><td><% =position %></td></tr>
          <tr><td>取得日期:</td><td><% =getdate %></td></tr>
          <tr><td>取得方式:</td><td><% =gettype %></td></tr>
          <tr><td">聘用专业技术职务:</td><td><% =duty %></td></tr>
          <tr><td>聘用起始日期:</td><td><% =startdate %></td></tr>
          <tr><td>聘用结束日期:</td><td><% =enddate %></td></tr>
          <tr><td>聘用单位:</td><td><% =department %></td></tr>
           <tr><td>职称英语:</td><td><% =english %></td></tr>
           <tr><td>职称计算机:</td><td><% =computer %></td></tr>
          <tr><td>备注:</td><td><% =remark %></td></tr>
          <tr><td colspan="2"><hr size=1></td></tr>
   <%
   }
   rs.close();
   %>
        </tbody></table></td></tr><tr><td><table><tbody>
        <tr><td colspan="2">员工培训记录</td></tr>
 <%
sql = "SELECT * FROM train where EmployeeID ='" + id + "'";
rs = bd.getRs(sql);
while(rs.next()){
          String trainname = rs.getString(3);
```

```
            String trainwhat = rs. getString(4) ;
            String startdate = rs. getString(5) ;
            String enddate = rs. getString(6) ;
            String trainorgan = rs. getString(7)  ;
            String trainresult = rs. getString(8)  ;
            String remark = rs. getString(9)  ;
  % >
            < tr > < td >培训名称: < /td > < td > < % = trainname % > < /td > < /tr >
            < tr > < td >培训内容: < /td > < td > < % = trainwhat % > < /td >/tr >
            < tr > < td >开始日期: < /td > < td > < % = startdate % > < /td > < /tr >
            < tr > < td >结束日期: < /td > < td > < % = enddate % > < /td > < /tr >
            < tr > < td >培训单位: < /td > < td > < % = trainorgan % >/td > < /tr >
             < tr > < td >培训结果: < /td > < td > < % = trainresult % > < /td > < /tr >
             < tr > < td >备注: < /td > < td > < % = remark % > < /td > < /tr >
            < tr > < td colspan = "2" > < hr size = 1 > < /td > < /tr >
< %
}
rs. close( ) ;
  % >
        < /tbody > < /table > < /td > < /tr > < tr > < td > < table > < tbody >
        < tr > < td colspan = "2" >员工奖惩情况 < /td > < /tr >
 < %
sql = "SELECT * FROM reward where EmployeeID ='" + id + "'" ;
rs = bd. getRs( sql) ;
while( rs. next( ) ) {
            String rewardpunish = rs. getString(3) ;
            String rewardcontent = rs. getString(4) ;
            String reason = rs. getString(5) ;
            String branch = rs. getString(6) ;
            String handlename = rs. getString(7)  ;
            String startdate = rs. getString(8)  ;
            String canceldate = rs. getString(9)  ;
            String cancelreason = rs. getString(10)  ;
            String remark = rs. getString(11)  ;
  % >
            < tr > < td >奖/惩: < /td > < td > < % = rewardpunish % > < /td > < /tr >
            < tr > < td >奖惩内容: < /td > < td > < % = rewardcontent % > < /td > < /tr >
            < tr > < td >奖惩原因: < /td > < td > < % = reason % > < /td > < /tr >
            < tr > < td >批准部门: < /td > < td > < % = branch % > < /td > < /tr >
            < tr > < td >批准人: < /td > < td > < % = handlename % > < /td > < /tr >
            < tr > < td >开始日期: < /td > < td > < % = startdate % > < /td > < /tr >
            < tr > < td >撤销日期: < /td > < td > < % = canceldate % > < /td > < /tr >
```

```
            <tr><td>撤销原因:</td><td><%=cancelreason%></td></tr>
            <tr><td>备注:</td><td><%=remark%></td></tr>
            <tr><td colspan="2"><hr size=1></td></tr>
<%
}
rs.close();
 %>
        </tbody></table></td></tr><tr><td><table><tbody>
        <tr><td colspan="2">员工调动记录</td></tr>
<%sql="SELECT * FROM translate where EmployeeID='"+id+"'";
rs=bd.getRs(sql);
while(rs.next()){
            String translatedate=rs.getString(3);
            String priorbranch=rs.getString(4);
            String nextbranch=rs.getString(5);
            String priorduty=rs.getString(6);
            String nextduty=rs.getString(7) ;
            String handlename=rs.getString(8) ;
            String remark=rs.getString(9) ;
 %>
           <tr><td>调动日期:</td><td><%=translatedate%></td></tr>
            <tr><td>调动前部门:</td><td><%=priorbranch%></td></tr>
            <tr><td>调动后部门:</td><td><%=nextbranch%></td></tr>
            <tr><td>调动前职务:</td><td><%=priorduty%></td></tr>
            <tr ><td>调动后职务:</td><td><%=nextduty%></td></tr>
            <tr ><td>经办人:</td><td><%=handlename%></td></tr>
            <tr ><td>备注:</td><td><%=remark%></td></tr>
            <tr ><td colspan="2"><hr size=1></td></tr>
<%
}
rs.close();
%>
</tbody></table></td></tr></table>
</td></tr></table></body></html>
```

(3) 修改员工档案信息页面 modEmployee.jsp

modEmployee.jsp 页面负责在表单元素中显示指定员工编号的员工档案信息以供管理员修改，运行界面如图 9-12 所示。其表单属性“action="ModEmployee"”指定本页面的表单由 ModEmployee 负责处理。

modEmployee.jsp 文件参考代码如下所示：

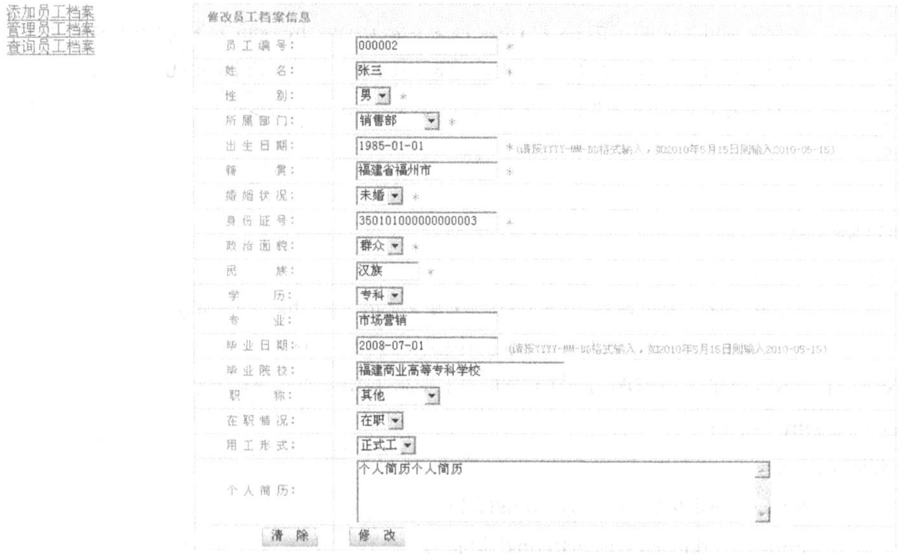

添加员工档案
管理员工档案
查询员工档案

修改员工档案信息

员工编号：000002 *
姓　　名：张三 *
性　　别：男 *
所属部门：销售部 *
出生日期：1985-01-01 *(请按YYYY-MM-DD格式输入，如2010年5月15日则输入2010-05-15)
籍　　贯：福建省福州市 *
婚姻状况：未婚 *
身份证号：350101000000000003 *
政治面貌：群众 *
民　　族：汉族 *
学　　历：专科
专　　业：市场营销
毕业日期：2008-07-01 (请按YYYY-MM-DD格式输入，如2010年5月15日则输入2010-05-15)
毕业院校：福建商业高等专科学校
职　　称：其他
在职情况：在职
用工形式：正式工
个人简历：个人简历个人简历

清 除　修 改

图 9-12　modEmployee. jsp 页面

```
<%@ page language="java" import="java.util.*" pageEncoding="GB2312"%>
<%@ page import="java.sql.*"%>
<%@ include file="../inc/title.jsp"%>
<%@ include file="../inc/checks.jsp"%>
<html><head><title><%=titleStr%></title>
<script Language="JavaScript">
function check_input(theForm) {
  if (theForm.username.value == "") {
    alert("请输入姓名。");
    return (false); }
  if (theForm.birthday.value == "") {
    alert("请输入出生日期。");
    return (false); }
  if (theForm.nativeplace.value == "") {
    alert("请输入籍贯。");
    return (false); }
  if (theForm.identityid.value == "") {
    alert("请输入身份证号。");
    return (false); }
    if (theForm.folk.value == "") {
    alert("请输入民族。");
    return (false); }
} </script></head>
   <body><table width="1000" border="0" cellspacing="0" cellpadding="0">
    <tr><td width="150" valign="top">
```

```
<table width = "140" border = "0" cellspacing = "0" cellpadding = "0" > <tr > <td >
    <a href = " ${pageContext. request. contextPath}/employee/addEmployee. jsp" target = " content"
title = "添加人员档案" >添加员工档案 </a >
  </td >  </tr > <tr > <td >
    <a href = " ${pageContext. request. contextPath}/employee/manageEmployee. jsp" target = " content" title = "添加人员档案" >管理员工档案 </a >
  </td > </tr > <tr > <td >
    <a href = " ${pageContext. request. contextPath}/employee/serchEmployee. jsp" target = " content" title = "添加人员档案" >查询员工档案 </a >
 </td >  </tr > </table > </td > <td width = "850" >
 <%     try{
         String id = request. getParameter( "id" ) ;
         String strSql = "SELECT  *  FROM employee where EmployeeID ='" + id + "'" ;
         ResultSet rs = bd. getRs( strSql) ;
         while( rs. next( ) ) {
         String EmployeeID = rs. getString( 1 ) ;
         String UserName = rs. getString( 2 ) ;
         String Sex = rs. getString( 3 ) ;
         String Branch = rs. getString( 4 ) ;
         String Birthday = rs. getString( 5 ) ;
         String NativePlace = rs. getString( 6 ) ;
         String Marriage = rs. getString( 7 ) ;
         String IdentityID = rs. getString( 8 ) ;
         String Politics = rs. getString( 9 ) ;
         String Folk = rs. getString( 10 ) ;
         String Education = rs. getString( 11 ) ;
         String Department = rs. getString( 12 ) ;
         String GraduateDate = rs. getString( 13 ) ;
         String University = rs. getString( 14 ) ;
         String Position = rs. getString( 15 ) ;
         String Incumbency = rs. getString( 16 ) ;
         String IncumbencyType = rs. getString( 17 ) ;
         String Resume = rs. getString( 18 ) ;    % >
 <form id = " form2" name = " form2" method = " post" action = " ModEmployee"    onSubmit = " return check_input( this)" >
    <table width = "750" > <tbody >
         <tr > <td >添加员工档案信息 </td > </tr > <tr > <td >员 工 编 号: </td > <td >
 <input name = " employeeid" type = " text" id = " employeeid" value = " <% = EmployeeID % > " readonly/ > *
          </td > </tr > <tr > <td >姓          名: </td > <td >
 <input name = "username" type = "text" id = "username" value = " <% = UserName % > "/ > * </td >
 </tr >
```

```
<tr><td>性　　别:</td>
    <td><select name="sex" id="sex">
        option value="<%=Sex%>"selected><%=Sex%></option>
        <option value="男"selected>男</option>
        <option value="女">女</option>
        </select>*</td></tr>
<tr><td>所 属 部 门:</td>
    <td><select name="branch" id="branch">
        <option value="<%=Branch%>"selected><%=Branch%></option>
        <option value="总经理室">总经理室</option>
        …
        </select>*</td></tr>
<tr><td>出 生 日 期:</td>
    <td><input name="birthday" type="text" id="birthday" value="<%=Birthday%
>"/>*(请按 YYYY-MM-DD 格式输入,如 2010 年 5 月 15 日则输入 2010-05-15)</td>
</tr>
<tr><td>籍　　贯:</td><td>
<input name="nativeplace" type="text" id="nativeplace" value="<%=NativePlace%>"/>*
    </td></tr><tr><td>婚 姻 状 况:</td>
    <td><select name="marriage" id="marriage">
        <option value="<%=Marriage%>"selected><%=Marriage%></option>
        <option value="未婚">未婚</option>
        …
        </select>*</td></tr>
<tr><td>身 份 证 号:</td>
<td><input name="identityid" type="text" id="identityid" value="<%=IdentityID%>/>*
</td></tr>
<tr><td>政 治 面 貌:</td>
    <td><select name="politics" id="politics">
        <option value="<%=Politics%>"selected><%=Politics%></option>
        <option value="党员">党员</option>
        …
        </select>*</td></tr>
<tr><td>民　　族:</td>
  <td><input name="folk" type="text" id="folk" value="<%=Folk%>"/>*</td>
</tr>
<tr><td>学　　历:</td>
    <td><select name="education" id="education">
        <option value="<%=Education%>"selected><%=Education%></option>
        <option value="初中">初中</option>
```

```
                    …
                    </select > * </td > </tr >
          <tr > <td >专          业: </td >
<td > <input name = "departme0nt" type = "text" id = "department" value = " <% = Department % >"/ >
</td > </tr >
          <tr > <td >毕 业 日 期: </td >
<td > <input name = "graduatedate" type = "text" id = "graduatedate" value = " <% = GraduateDate %
>"/ > (请按 YYYY - MM - DD 格式输入,如 2010 年 5 月 15 日则输入 2010 - 05 - 15) </td >
</tr >
          <tr > <td >毕 业 院 校: </td >
<td > <input name = "university" type = "text" id = "university" value = " <% = University % >"/ >
</td > </tr >
          <tr > <td >职          称: </td >
               <td > <select name = "position" id = "position" >
                    < option value = " <% = Position % > " selected > <% = Position % >
</option >
                    <option value = "助理工程师" selected >助理工程师 </option >
                    …
                    </select > * </td > </tr >
          <tr > <td >在 职 情 况: </td >
               <td > <select name = "incumbency" id = "incumbency" >
                    <option value = " <% = Incumbency % > " selected > <% = Incumbency % >
</option >
                    <option value = "在职" selected >在职 </option >
                    …
                    </select > * </td > </tr >
          <tr > <td >用 工 形 式: </td >
               <td > <select name = "incumbencytype" id = "incumbencytype" >
            < option value = " <% = IncumbencyType % > " selected > <% = IncumbencyType % >
</option >
                    <option value = "正式工" >正式工 </option >
                    …
                    </select > * </td > </tr >
          <tr > <td >个 人 简 历: </td >
<td > < textarea name = " resume" cols = "60" rows = "4" id = " resume" > <% = Resume % >
</textarea >
</td > </tr > <tr > <td > <input name = "Submit" type = "reset" value = "清  除"/ > </td >
               <td > <input name = "Submit" type = "submit" value = "修  改"/ > </td > </tr >
</tbody > </table > </form >
<%    }
          bd. closeCon( ) ;
     } catch( SQLException e) {
```

```
            out.println(e.getMessage());}
    %></td></tr></table></body></html>
```

（4）修改员工档案信息 ModEmployee

ModEmployee 负责获取 modEmployee.jsp 页面表单元素值，通过调用 BaseDAO，修改指定员工编号的员工档案信息。ModEmployee.java 编译为一个类（ModEmployee.class）文件，把该类（连同所在的包）存放在指定的 Tomcat 应用程序中的 classes 文件夹（本系统存放位置为 D:\Tomcat6.0\webapps\hrms\WEB-IMF\classes）。

ModEmployee.java 文件参考代码如下所示：

```
package myservlet;
import java.io.*;
import javax.servlet.*;
import javax.servlet.http.*;
import java.sql.*;
import mybean.BaseDAO;
public class ModEmployee extends HttpServlet {
    public void doGet(HttpServletRequest request,HttpServletResponse response)
            throws ServletException, IOException {
        doPost(request,response); }
    public void doPost(HttpServletRequest request,HttpServletResponse response)
            throws ServletException,IOException {
        response.setContentType("text/html;charset=gb2312");
        PrintWriter out = response.getWriter();
        request.setCharacterEncoding("gb2312");
        try {
        String employeeid = request.getParameter("employeeid");
        String username = request.getParameter("username");
        String sex = request.getParameter("sex");
        String branch = request.getParameter("branch");
        String birthday = request.getParameter("birthday");
        String nativeplace = request.getParameter("nativeplace");
        String marriage = request.getParameter("marriage");
        String identityid = request.getParameter("identityid");
        String politics = request.getParameter("politics");
        String folk = request.getParameter("folk");
        String education = request.getParameter("education");
        String department = request.getParameter("department");
        String graduatedate = request.getParameter("graduatedate");
        String university = request.getParameter("university");
        String position = request.getParameter("position");
        String incumbency = request.getParameter("incumbency");
```

```
            String incumbencytype = request. getParameter( " incumbencytype" ) ;
            String resume = request. getParameter( " resume" ) ;
            BaseDAO bd = new BaseDAO( ) ;
    String sql = " update  employee  set  UserName ='" + username +  "', Sex ='" + sex + "', Branch ='" +
    branch + "'" ;
    sql + =  " , Birthday ='" + birthday + "', NativePlace ='" +  nativeplace + "', Marriage ='" + marriage
     + "'" ;
    sql + =  " , IdentityID ='" + identityid + "' , Politics ='" + politics +  "' , Folk ='" + folk + "'" ;
    sql + =  " , Education ='" +  education + "' , Department ='" + department + "' , GraduateDate ='" + grad-
    uatedate + "'" ;
    sql + =  " , University ='" + university + "' , Position ='" + position +  "' , Incumbency ='" + incumbency
     + "'," ;
    sql + = " IncumbencyType ='" + incumbencytype + "' , Resume ='" +  resume + "' where EmployeeID ='"
     + employeeid + "'" ;
            int n = bd. Exec( sql) ;
            if (n >0) {
    out. print( " <script Language ='JavaScript' > window. alert('添加成功,即将返回添加页面) </script > " ) ;
    out. print( " <script Language ='JavaScript' > window. location ='employee/modEmployee. jsp? id =" +
    employeeid + "' </script > " ) ; }
            } else {
    out. print( " <script Language ='JavaScript' > window. alert('        修改失败,即将返回修改员工档案
    信息') </script > " ) ;
    out. print( " <script Language ='JavaScript' > window. location ='employee/modEmployee. jsp? id =" +
    employeeid + "' </script > " ) ; }
            bd. closeCon( ) ;
        } catch (Exception e) {
            throw new ServletException( e. toString( ) ) ; }
    }  }
```

web. xml 文件中有关 ModEmployee 配置部分的代码如下所示：

```
        < servlet >
            < description >  Mod Employee Servlet </description >
            < display - name > ModEmployee </display - name >
            < servlet - name > ModEmployee </servlet - name >
            < servlet - class > myservlet. ModEmployee  </servlet - class >
        </servlet >
        < servlet - mapping >
            < servlet - name > ModEmployee </servlet - name >
            < url - pattern > /ModEmployee </url - pattern >
        </servlet - mapping >
```

3. 查询员工档案

查询员工档案操作包括两个 JSP 页面。其中 serchEmployee. jsp 页面负责提供查询条件界面，serchEmployeee2. jsp 页面负责显示符合查询条件的员工档案信息。

（1）查询员工档案信息页面 serchEmployee. jsp

serchEmployee. jsp 页面负责提供查询条件界面，运行界面如图 9-13 所示。其表单属性设置代码如下所示，即指定本页面的表单由 serchEmployeee2. jsp 负责处理。

```
< form method = " post " action = " $ { pageContext. request. contextPath }/employee/serchEmployeee2. jsp" >
```

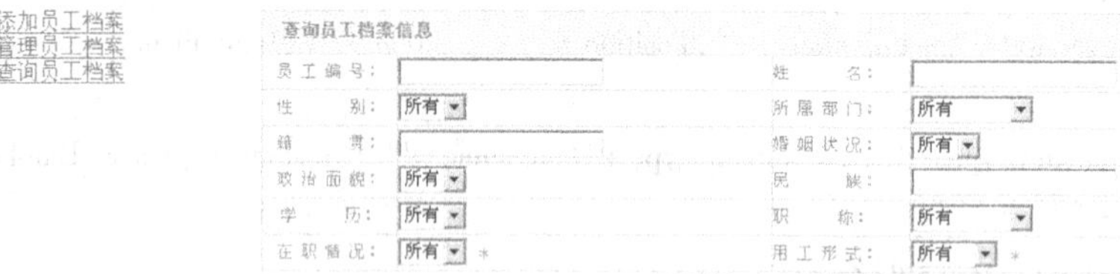

图 9-13　serchEmployee. jsp 页面

（2）显示查询结果页面 serchEmployee2. jsp

serchEmployeee2. jsp 页面负责显示符合查询条件的员工档案信息。图 9-14 显示查询条件设置为性别为男的所有员工档案信息。单击“详细信息”超链接后，转向 detailInfo. jsp 页面。

浏览指定查询条件的员工的基本信息

员工编号	员工姓名	员工性别	出生日期	员工籍贯	婚姻状况	身份证号	民族	
000002	张三	男	销售部	1985-01-01	福建省福州市	未婚	350101000000000003	详细信息
000003	李四	男	采购部	1975-01-01	福建省福州市	已婚	350100000000000001	详细信息
000004	王五	男	生产部	1976-01-01	福建省福州市	已婚	350100000000000005	详细信息
000008	张龙	男	生产部	1983-01-01	福建省福州市	已婚	350100000000000007	详细信息
000009	赵虎	男	研发部	1984-01-01	福建省福州市	已婚	350101000000000009	详细信息
000010	何二	男	总经理室	1977-01-01	福建省福州市	已婚	350101000000000011	详细信息

图 9-14　serchEmployee2. jsp 页面

serchEmployeee2. jsp 文件参考代码如下所示：

```
<%@ page contentType = "text/html; charset = GB2312" language = "java" import = "java. sql.
*" %>
<%@ include file = "../inc/title. jsp" %>
<%@ include file = "../inc/checks. jsp" %>
<jsp:useBean id = "bd" class = "mybean. BaseDAO" scope = "page"/>
<html> <head> <title> <% = titleStr% > </title> </head>
  <body> <table width = "1000" border = "0" cellspacing = "0" cellpadding = "0" >
   <tr> <td width = "150" valign = "top" >
<table width = "140" border = "0" cellspacing = "0" cellpadding = "0" > <tr>  <td>
```

```
    <a href = " ${pageContext.request.contextPath}/employee/addEmployee.jsp" target = " content"
    title = "添加人员档案" >添加员工档案 </a>
  </td>  </tr> <tr> <td>
    <a href = " ${pageContext.request.contextPath}/employee/manageEmployee.jsp" target = " con-
tent"   title = "添加人员档案" >管理员工档案 </a>
  </td> </tr> <tr> <td>
    <a href = " ${pageContext.request.contextPath}/employee/serchEmployee.jsp" target = " con-
tent"   title = "添加人员档案" >查询员工档案 </a>
 </td>  </tr> </table> </td> <td width = "850" >
 <%
try{
         String employeeid = request.getParameter( "employeeid" );
          if( employeeid == null)    employeeid = "";
          String username = request.getParameter( "username" );
          if( username == null)      username = "";
          String sex = request.getParameter( "sex" );
          String branch = request.getParameter( "branch" );
          String nativeplace = request.getParameter( "nativeplace" );
          if( nativeplace == null)      nativeplace = "";
          String marriage = request.getParameter( "marriage" );
          String politics = request.getParameter( "politics" );
          String folk = request.getParameter( "folk" );
          if( folk == null)      folk = "";
          String education = request.getParameter( "education" );
          String position = request.getParameter( "position" );
         String incumbency = request.getParameter( "incumbency" );
          String incumbencytype = request.getParameter( "incumbencytype" );
          String strSQL = "SELECT * FROM employee WHERE";
                 strSQL = strSQL + "EmployeeID LIKE '%" + employeeid + "%'AND";
                 strSQL = strSQL + "UserName LIKE '%" + username + "%'AND";
                 strSQL = strSQL + "Sex LIKE '%" + sex + "%'AND";
                 strSQL = strSQL + "Branch LIKE '%" + branch + "%'AND";
                 strSQL = strSQL + "NativePlace LIKE '%" + nativeplace + "%'AND";
                 strSQL = strSQL + "Marriage LIKE '%" + marriage + "%'AND";
                 strSQL = strSQL + "Politics LIKE '%" + politics + "%'AND";
                 strSQL = strSQL + "Folk LIKE '%" + folk + "%'AND";
                 strSQL = strSQL + "Education LIKE '%" + education + "%'AND";
                 strSQL = strSQL + "Position LIKE '%" + position + "%'AND";
                 strSQL = strSQL + "Incumbency LIKE '%" + incumbency + "%'   AND";
                 strSQL = strSQL + "IncumbencyType LIKE '%" + incumbencytype + "%'";
               strSQL = strSQL + "ORDER BY EmployeeID ASC";
         ResultSet rs = bd.getRs( strSQL);
```

```
%><center><h2>浏览指定查询条件的员工的基本信息</h2></center><table>
    <tr><th>员工编号</th><th>员工姓名</th><th>员工性别</th>th>出生日期
</th>
<th>员工籍贯</th><th>婚姻状况</th><th>身份证号</th>th>民族</th></tr>
    <%while(rs.next()){%>
    <tr><td><%=rs.getString(1) %></td><td><%=rs.getString(2) %></td>
        <td><%=rs.getString(3) %></td><td><%=rs.getString(4) %></td>
        <td><%=rs.getString(5) %></td><td><%=rs.getString(6) %></td>
        <td><%=rs.getString(7) %></td><td><%=rs.getString(8) %></td>
</tr>
    <%}
        bd.closeCon();
    }catch(SQLException e){
        out.println(e.getMessage());}
%>
</table></td></tr></table></body></html>
```

9.3.4 培训管理模块开发

员工培训记录管理模块包括添加员工培训记录和管理员工培训记录。

本模块的所有 JSP 文件都存放在人事管理系统根目录 hrms 中的 train 目录下。

1. 添加员工培训记录

添加员工培训记录操作包括一个 JSP 页面和一个 Servlet，其中 addTrain.jsp 页面负责显示添加界面，AddTrain 负责调用 BaseDAO，用于添加指定员工的培训记录到指定数据库。

（1）添加员工培训记录的页面 addTrain.jsp

addTrain.jsp 页面负责显示添加员工培训记录界面，运行页面如图 9-15 所示。其表单属性“action="AddTrain"”指定本页面的表单由 AddTrain 负责处理。

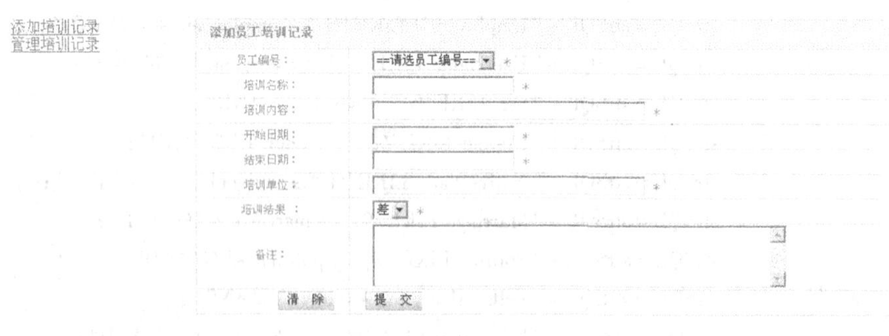

图 9-15　addTrain.jsp 页面

addTrain.jsp 文件参考代码如下所示：

```
<%@ page contentType="text/html;charset=GB2312" language="java" import="java.sql.
*"%>
```

```
<%@ include file = "../inc/title.jsp" %>
<%@ include file = "../inc/checks.jsp" %>
<jsp:useBean id = "bd" class = "mybean.BaseDAO" scope = "page"/>
<html> <head> <title> <% = titleStr%> </title>
<script Language = "JavaScript" >
function check_input(theForm){
  if (theForm.employeeid.value == "")  {
    alert("请选择员工编号。");
    return (false);  }
  if (theForm.trainname.value == "")  {
    alert("请输入培训名称。");
    return (false);  }
  if (theForm.trainwhat.value == "")  {
    alert("请输入培训内容。");
    return (false);  }
  if (theForm.startdate.value == "")  {
    alert("请输入开始日期。");
    return (false);  }
  if (theForm.enddate.value == "")  {
    alert("请输入结束日期。");
    return (false);  }
  if (theForm.trainorgan.value == "")  {
    alert("请输入培训单位。");
    return (false);  }
  return (true);}
</script> </head>
  <body> <table width = "1000" border = "0" cellspacing = "0" cellpadding = "0" >
   <tr> <td width = "150" valign = "top" >
<table width = "140" border = "0" cellspacing = "0" cellpadding = "0" > <tr>  <td>
<a href = " ${pageContext.request.contextPath}/train/addTrain.jsp" target = "content" >添加培训记
录</a>
  </td>  </tr> <tr> <td>
<a href = " ${pageContext.request.contextPath}/train/manageTrain.jsp" target = "content" >管理培
训记录</a>
  </td> </tr> </table> </td> <td width = "850" >
<form id = "form2" name = "form2" method = "post" action = "AddTrain" onSubmit = "return check_in-
put(this)" >
    <table> <tbody> <tr> <td>添加员工培训记录</td> </tr>
        <tr > <td>员工编号:</td>
          <td> <SELECT name = "employeeid" size = "1" id = "employeeid" >
                <OPTION > ==请选员工编号 == </OPTION >
<%  ResultSet rs = null;
```

```
            String sql = "SELECT EmployeeID FROM employee order by EmployeeID asc";
            rs = bd.getRs(sql);
              while(rs.next()){
              String EmployeeID = rs.getString("EmployeeID"); %>
                        <option value = <% = EmployeeID %> > <% = EmployeeID %> </option>
<% } %>              </select> * </td> </tr>
             <tr > <td >培训名称:</td>
               <td> <input name = "trainname" type = "text" id = "trainname"/> * </td> </tr>
             <tr > <td>培训内容:</td>
               <td> <input name = "trainwhat" type = "text" id = "trainwhat"/ * </td> </tr>
             <tr > <td>开始日期:</td>
               <td> <input name = "startdate" type = "text" id = "startdate"/> * </td> </tr>
             <tr > <td>结束日期:</td>
               <td> <input name = "enddate" type = "text" id = "enddate"/> * </td> </tr>
             <tr > <td>培训单位:</td>
               <td> <input name = "trainorgan" type = "text" id = "trainorgan"/> * </td> </tr>
             <tr > <td>培训结果:</td>
               <td> <select name = "trainresult" id = "trainresult" >
                     <option value = "差" selected>差</option>
                       ...
                       </select> * </td> </tr>
             <tr > <td>备注:</td>
               <td> <textarea name = "remark" cols = "60" rows = "4" id = "remark" > </textarea>
</td> </tr>
             <tr > <td> <input name = "Submit" type = "reset" value = "清  除"/> </td>
               <td> <input name = "Submit" type = "submit" value = "提  交"/> </td> </tr>
</tbody> </table> </form> </td> </tr> </table> </body> </html>
```

（2）添加员工培训记录 AddTrain

AddTrain 负责获取 addTrain.jsp 页面表单元素值，通过调用 BaseDAO，将指定员工的培训记录添加到指定数据库。AddTrain.java 编译为一个类（AddTrain.class）文件，把该类（连同所在的包）存放在指定的 Tomcat 应用程序中的 classes 文件夹（本系统存放位置为 D:\Tomcat6.0\webapps\hrms\WEB-IMF\classes）。

AddTrain.java 文件参考代码如下所示：

```
package myservlet;
import java.io.*;
import javax.servlet.*;
import javax.servlet.http.*;
import java.sql.*;
import mybean.BaseDAO;
public class AddAssess extends HttpServlet {
```

```
        public void doGet( HttpServletRequest request, HttpServletResponse response)
                throws ServletException, IOException {
            doPost( request,response) ;     }
        public void doPost( HttpServletRequest request, HttpServletResponse response)
                throws ServletException, IOException {
            response. setContentType( " text/html;charset = GB2312" ) ;
            PrintWriter out = response. getWriter( ) ;
            request. setCharacterEncoding( " GB2312" ) ;
            String employeeid =  request. getParameter( " employeeid" ) ;
            String trainname =  request. getParameter( " trainname" ) ;
            String trainwhat =  request. getParameter( " trainwhat" ) ;
            String startdate =  request. getParameter( " startdate" ) ;
            String enddate =  request. getParameter( " enddate" ) ;
            String trainorgan =  request. getParameter( " trainorgan" ) ;
            String trainresult =  request. getParameter( " trainresult" ) ;
            String remark =  request. getParameter( " remark" ) ;
    try { BaseDAO bd = new BaseDAO( ) ;
            String sql3 = " insert into train( EmployeeID,TrainName,TrainWhat,StartDate, EndDate,
    TrainOrgan,TrainResult,Remark)  values('" ;
          sql3 + =  employeeid + "','" + trainname + "','" + trainwhat + "','"      + startdate + "','" + end-
    date + "','" ;
                sql3 + =  trainorgan + "','" + trainresult + "','" + remark + "')" ;
                int n = bd. Exec( sql3) ;
                            if( n > 0)  {
    out. print( " <script Language ='JavaScript' > window. alert('添加成功,即将返回添加页面) </script > " ) ;
    out. print( " <script Language ='JavaScript' > window. location ='train/addTrain. jsp' </script > " ) ;    }
                                } else{
    out. print( " <script Language ='JavaScript' > window. alert('添加失败,即将返回添加页面) </script > " ) ;
    out. print( " <script Language ='JavaScript' > window. location ='train/addTrain. jsp' </script > " ) ;  }
            bd. closeCon( ) ;
            } catch (Exception e) {
                throw new ServletException( e. toString( ) ) ;     }
    }     }
```

web. xml 文件中有关 AddTrain 配置部分的代码如下所示：

```
        < servlet >
                < description > Add Train Servlet </description >
                < display - name > AddTrain </display - name >
                < servlet - name > AddTrain </servlet - name >
```

```
        <servlet-class>myservlet.AddTrain</servlet-class>
    </servlet>
    <servlet-mapping>
        <servlet-name>AddTrain</servlet-name>
        <url-pattern>/AddTrain</url-pattern>
    </servlet-mapping>
```

2. 管理员工培训记录

管理员工培训记录操作包括 3 个 JSP 页面和 2 个 Servlet。其中 manageTrain.jsp 页面负责显示员工基本培训记录信息；viewTrain.jsp 页面负责显示指定记录序号的员工详细培训记录信息；modTrain.jsp 页面负责在表单元素中显示指定记录序号的员工培训记录信息以供管理员修改；ModTrain 负责调用 BaseDAO，用于修改指定记录序号的员工培训记录信息；DelTrain 负责删除指定记录序号的员工培训记录。

（1）管理员工培训记录页面 manageTrain.jsp

manageTrain.jsp 页面负责显示员工基本培训记录信息，运行界面如图 9-16 所示。单击"详细"超链接，页面跳转至 viewTrain.jsp 页面；单击"修改"超链接，页面跳转至 modTrain.jsp 页面；单击"删除"超链接，页面跳转至 DelTrain。

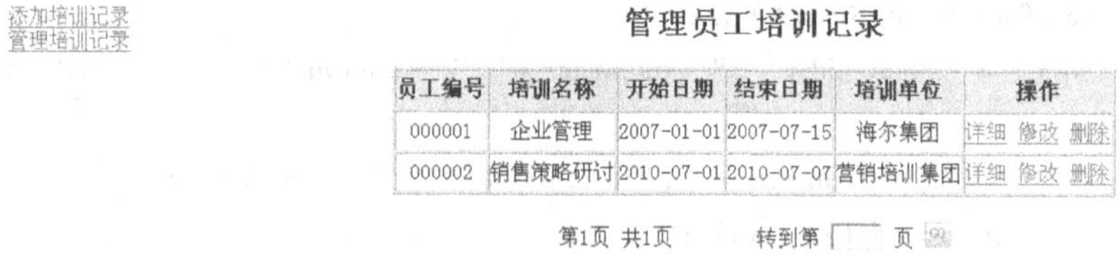

添加培训记录
管理培训记录

管理员工培训记录

员工编号	培训名称	开始日期	结束日期	培训单位	操作
000001	企业管理	2007-01-01	2007-07-15	海尔集团	详细 修改 删除
000002	销售策略研讨	2010-07-01	2010-07-07	营销培训集团	详细 修改 删除

第1页 共1页　　转到第 [ ] 页

图 9-16　manageTrain.jsp 页面

manageTrain.jsp 文件参考代码如下所示：

```
<%@ page contentType="text/html; charset=GB2312" language="java" import="java.sql.*"%>
<%@ include file="../inc/title.jsp"%>
<%@ include file="../inc/checks.jsp"%>
<jsp:useBean id="bd" class="mybean.BaseDAO" scope="page"/>
<html><head><title><%=titleStr%></title></head>
  <body><table width="1000" border="0" cellspacing="0" cellpadding="0">
    <tr><td width="150" valign="top">
<table width="140" border="0" cellspacing="0" cellpadding="0"><tr> <td>
<a href="${pageContext.request.contextPath}/train/addTrain.jsp" target="content">添加培训记录</a>
  </td></tr><tr><td>
<a href="${pageContext.request.contextPath}/train/manageTrain.jsp" target="content">管理培训记录</a>
  </td></tr></table></td><td width="850">
```

```
<%
    try{   String strSql = "SELECT * FROM train ";
           ResultSet rs = bd.getRs(strSql);
%>         <center><h2>管理员工培训记录</h2></center>
           <table><tr><th>员工编号</th>
                <th>培训名称</th><th>开始日期</th>th>结束日期</th><th>培训单
位</th> <th>操作</th></tr>
<%         int p,rowcount, intpagecount,p2 = 1,pagecount = 3;
           String page1 = request.getParameter("page");
           if(page1 == null){
                p = 1; }
           else{
                p = Integer.parseInt(page1); }
           rs.last();
           rowcount = rs.getRow();
           intpagecount = (rowcount + pagecount - 1)/pagecount;
           if(p > intpagecount) p = intpagecount;
           if(p < 1) p = 1;
           rs.beforeFirst();
           while(rs.next()){
             if(p2 > (p - 1) * pagecount&&p2 <= p * pagecount){
  %>
                <tr height = "30"   align = "center">
                <td><% = rs.getString(2) %></td><td><% = rs.getString(3) %></td>
                <td><% = rs.getString(5) %></td><td><% = rs.getString(6) %></td>
                <td><% = rs.getString(7) %></td>
                <td><a href = "viewTrain.jsp? id = <% = rs.getString(1) %>" >详细</a>
         <a href = "modTrain.jsp? id = <% = rs.getString(1) %>" >修改</a>
         <a href = "DelTrain? id = <% = rs.getString(1) %>" >删除</a></td></tr>
<% }
      p2 ++; }
%>
       </table><p align = "center"><form method = "POST" action = "manageTrain.jsp">
          第<% = p %>页 共<% = intpagecount %>页   
          <% if(p > 1){ %><a href = "manageTrain.jsp? page = 1" >第一页</a>
          <a href = "manageTrain.jsp? page = <% = p - 1 %>" >上一页</a>
          <% } %>  
          <% if(p < intpagecount){ %>
          <a href = "manageTrain.jsp? page = <% = p + 1 %>" >下一页</a>
          <a href = "manageTrain.jsp? page = <% = intpagecount %>" >最后一页</a>
          <% } %>  转到第<input type = "text" name = "page" size = "4" >页
          <input name = "Submit" type = "submit" value = "GO"/></form>
```

```
<%        bd.closeCon();
      }catch(SQLException e) {
            out.println(e.getMessage());}
%>
</td></tr></table></body></html>
```

（2）显示员工培训记录详细信息页面 viewTrain.jsp

viewTrain.jsp 页面负责显示指定记录序号的员工详细培训记录信息，运行界面如图 9-17所示。单击“返回”按钮，返回到 manageTrain 页面。

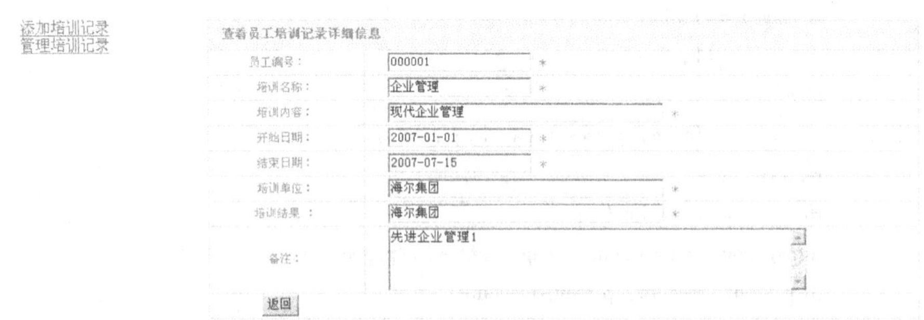

图 9-17　viewTrain.jsp 页面

viewTrain.jsp 文件参考代码如下所示：

```
<%@ page language="java" import="java.util.*" pageEncoding="GB2312"%>
<%@ page import="java.sql.*"%>
<%@ include file="../inc/title.jsp"%>
<%@ include file="../inc/checks.jsp"%>
<jsp:useBean id="bd" class="mybean.BaseDAO" scope="page"/>
<html><head><title><% =titleStr%></title>
  <body><table width="1000" border="0" cellspacing="0" cellpadding="0">
    <tr><td width="150" valign="top">
<table width="140" border="0" cellspacing="0" cellpadding="0"><tr> <td>
<a href="${pageContext.request.contextPath}/train/addTrain.jsp" target="content">添加培训记录</a>
  </td></tr><tr><td>
<a href="${pageContext.request.contextPath}/train/manageTrain.jsp" target="content">管理培训记录</a>
  </td></tr></table></td><td width="850">
<%
        try{
        String id=request.getParameter("id");
        String strSql="SELECT * FROM train where TrainNO="+id;
        ResultSet rs=bd.getRs(strSql);
        while(rs.next()){
```

```
%>
<form id="form2" name="form2" method="post">
  <table><tbody><tr><td colspan="2">查看员工培训记录详细信息</td></tr>
      <tr   ><td>员工编号:</td><td>
<input name="employeeid" type="text" id="employeeid" value="<%=rs.getString(2)%>" readonly/>
*</td></tr><tr   ><td>培训名称:</td><td>
<input name="trainname" type="text" id="trainname" value="<%=rs.getString(3)%>" readonly/>*
      </td></tr><tr   ><td>培训内容:</td><td>
<input name="trainwhat" type="text" id="trainwhat" value="<%=rs.getString(4)%>" readonly/>*
      </td></tr><tr   ><td>开始日期:</td><td>
<input name="startdate" type="text" id="startdate" value="<%=rs.getString(5)%>" readonly/>*
      </td></tr><tr   ><td>结束日期:</td><td>
<input name="enddate" type="text" id="enddate" value="<%=rs.getString(6)%>" readonly/>*
      </td></tr>   <tr   ><td>培训单位:</td><td>
<input name="trainorgan" type="text" id="trainorgan" value="<%=rs.getString(7)%>" readonly/>*
      </td>   </tr><tr   ><td>培训结果:</td><td>
<input name="trainresult" type="text" id="trainresult" value="<%=rs.getString(8)%>" readonly/>*
      </td></tr><tr   ><td>备注:</td><td>
<textarea name="remark" cols="60" rows="4" id="remark" readonly="readonly">
<%=rs.getString(9)%></textarea></td></tr><tr   ><td>
<input name="back" type="button" id="back" value="返回" onClick="javascript:history.back()">
</td></tr></tbody></table></form>
  <%        }
        bd.closeCon();
    }catch(SQLException e)      {
        out.println(e.getMessage());      }
%>
</td></tr></table></body></html>
```

（3）修改员工培训记录页面 modTrain.jsp

modTrain.jsp 页面负责在表单元素中显示指定记录序号的员工培训记录信息以供管理员修改，运行界面如图 9-18 所示。其表单属性 “action="ModTrain"” 指定本页面的表单由 ModTrain 负责处理。

modTrain.jsp 文件参考代码如下所示：

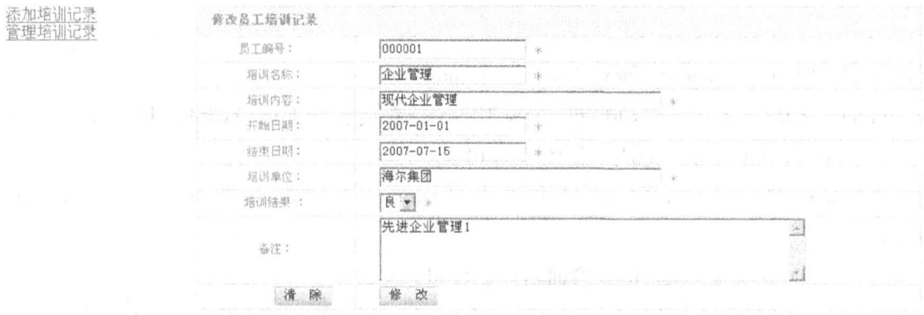

图 9-18　modTrain.jsp 页面

```
<%@ page language="java" import="java.util.*" pageEncoding="gb2312"%>
<%@ page import="java.sql.*"%>
<%@ include file="../inc/title.jsp"%>
<%@ include file="../inc/checks.jsp"%>
<html><head><title><%=titleStr%></title>
<script Language="JavaScript">
function check_input(theForm){
  if (theForm.trainname.value=="")  {
    alert("请输入培训名称。");
    return (false);  }
  if (theForm.trainwhat.value=="")  {
    alert("请输入培训内容。");
    return (false);  }
  if (theForm.startdate.value=="")  {
    alert("请输入开始日期。");
    return (false);  }
  if (theForm.enddate.value=="") {
    alert("请输入结束日期。");
    return (false);  }
  if (theForm.trainorgan.value=="")  {
    alert("请输入培训单位。");
    return (false);  }
    return (true);}
}</script></head>
  <body><table width="1000" border="0" cellspacing="0" cellpadding="0">
   <tr><td width="150" valign="top">
<table width="140" border="0" cellspacing="0" cellpadding="0"><tr> <td>
<a href="${pageContext.request.contextPath}/train/addTrain.jsp" target="content">添加培训记录</a>
    </td> </tr><tr><td>
<a href="${pageContext.request.contextPath}/train/manageTrain.jsp" target="content">管理培训记录</a>
```

```
</td></tr></table></td><td width="850">
<%
        try{
        String id = request.getParameter("id");
        String strSql = "SELECT * FROM train where TrainNO ='" + id + "'";
        ResultSet rs = bd.getRs(strSql);
        while(rs.next()){
        String employeeid = rs.getString(2);
        String trainname = rs.getString(3);
        String trainwhat = rs.getString(4);
        String startdate = rs.getString(5);
        String enddate = rs.getString(6);
        String trainorgan = rs.getString(7);
        String trainresult = rs.getString(8);
        String remark = rs.getString(9);
%>
  <form name="form2"  method="post"  action="ModTrain"  onSubmit="return check_input
(this)">
    <table width="750"><tbody><tr><td>修改员工培训记录</td></tr>
      <tr><td>员 工 编 号:</td><td>
<input name="employeeid" type="text" id="employeeid" value="<% = employeeid %>" readon-
ly/> *
        </td></tr><tr ><td >培训名称:</td><td>
<input name="trainname" type="text" id="trainname" value="<% = trainname %>"/> *
        </td></tr><tr ><td>培训内容:</td><td>
         <input name="trainwhat" type="text" id="trainwhat" value="<% = trainwhat %>"/
> *
        </td></tr> <tr ><td>开始日期:</td><td>
          <input name="startdate" type="text" id="startdate" value="<% = startdate %>"/
> *
        </td></tr><tr ><td>结束日期:</td><td>
          <input name="enddate" type="text" id="enddate" value="<% = enddate %>"/
> *
        </td></tr><tr ><td>培训单位:</td><td>
          <input name="trainorgan" type="text" id="trainorgan" value="<% = trainorgan %
>"/> *
        </td></tr><tr ><td>培训结果:</td>
          <td><select name="trainresult" id="trainresult">
              <option value="<% = trainresult %>" selected><% = trainresult %></op-
tion>
              <option value="差">差</option>
              ...
```

```
                </select> * </td> </tr>
        <tr > <td>备注: </td> <td>
            <textarea name = "remark" cols = "60" rows = "4" id = "remark" > <% = remark % >
</textarea>
        </td> </tr> <tr > <td> <input name = "Submit" type = "reset" value = "清   除"/>
</td>
            <td> <input name = "Submit" type = "submit" value = "修   改"/> </td> </tr>
</tbody> </table> </form>
<%      }
        bd. closeCon( ) ;
    }catch( SQLException e) {
        out. println( e. getMessage( ) ) ;}
%>
</td> </tr> </table> </body> </html>
```

（4）修改员工培训记录 ModTrain

ModTrain 负责获取 modTrain. jsp 页面表单元素值，通过调用 BaseDAO，修改指定记录序号的员工培训记录信息。ModTrain. java 编译为一个类（ModTrain. class）文件，把该类（连同所在的包）存放在指定的 Tomcat 应用程序中的 classes 文件夹（本系统存放位置为 D:\Tomcat6. 0\webapps\hrms\WEB - IMF\classes）。

ModTrain. java 文件参考代码如下所示：

```
package myservlet;
import java. io. * ;
import javax. servlet. * ;
import javax. servlet. http. * ;
import java. sql. * ;
import mybean. BaseDAO;
public class ModTrain extends HttpServlet {
    public void doGet( HttpServletRequest request, HttpServletResponse response)
            throws ServletException, IOException {
        doPost( request,response) ; }
    public void doPost( HttpServletRequest request, HttpServletResponse response)
            throws ServletException, IOException {
        response. setContentType( "text/html;charset = gb2312" ) ;
        PrintWriter out = response. getWriter( ) ;
        request. setCharacterEncoding( "gb2312" ) ;
        try {
        String TrainNO =  request. getParameter( "TrainNO" ) ;
        String employeeid =  request. getParameter( "employeeid" ) ;
        String trainname =  request. getParameter( "trainname" ) ;
        String trainwhat =  request. getParameter( "trainwhat" ) ;
```

```
            String startdate = request. getParameter( "startdate" );
            String enddate = request. getParameter( "enddate" );
            String trainorgan = request. getParameter( "trainorgan" );
            String trainresult = request. getParameter( "trainresult" );
            String remark = request. getParameter( "remark" );
        BaseDAO bd = new BaseDAO( );
    String sql = "update train set TrainName ='" + trainname + "',TrainWhat ='" + trainwhat + "',StartDate
    ='" + startdate + "',EndDate ='" + enddate + "'";
    sql + = ",TrainOrgan ='" + trainorgan + "',TrainResult ='" + trainresult + "'";
    sql + = ",Remark ='" + remark + "'where EmployeeID ='" + employeeid + "'and TrainNO =" + Trai-
    nNO;
            int n = bd. Exec( sql);
            if (n >0) {
    out. print( " <script Language ='JavaScript' >window. alert('修改成功,即将返回修改页面 ') </script
    >");
    out. print ( " < script Language =' JavaScript' > window. location =' train/modTrain. jsp? id = " +
    TrainNO +
    "' </script >"); }
            } else {
    out. print( " <script Language ='JavaScript' >window. alert('修改失败,即将返回修改页面 ') </script
    >");
    out. print ( " < script Language =' JavaScript' > window. location =' train/modTrain. jsp? id = " +
    TrainNO +
    "' </script >"); }
            bd. closeCon( );
        } catch (Exception e) {
            throw new ServletException( e. toString( ) ); }
    } }
```

web. xml 文件中有关 ModTrain 配置部分的代码如下所示：

```
 <servlet>
        <description>Mod Train Servlet</description>
        <display-name>ModTrain</display-name>
        <servlet-name>ModTrain</servlet-name>
        <servlet-class>myservlet. ModTrain</servlet-class>
 </servlet>
 <servlet-mapping>
        <servlet-name>ModTrain</servlet-name>
        <url-pattern>/ModTrain</url-pattern>
 </servlet-mapping>
```

(5) 删除员工培训记录 DelTrain

DelTrain 负责获取 manageTrain. jsp 页面传递的参数 id，通过调用 BaseDAO，删除指定记录序号的员工培训记录信息。DelTrain. java 编译为一个类（DelTrain. class）文件，把该类（连同所在的包）存放在指定的 Tomcat 应用程序中的 classes 文件夹（本系统存放位置为 D:\Tomcat6. 0\webapps\hrms\WEB – IMF\classes）。

DelTrain. java 文件参考代码如下所示：

```
package myservlet;
import java.io.*;
import javax.servlet.*;
import javax.servlet.http.*;
import java.sql.*;
import mybean.BaseDAO;
public class DelTrain extends HttpServlet {
    public void doGet(HttpServletRequest request, HttpServletResponse response)
            throws ServletException, IOException {
        doPost(request,response); }
    public void doPost(HttpServletRequest request, HttpServletResponse response)
            throws ServletException, IOException {
        response.setContentType("text/html;charset=GB2312");
        PrintWriter out=response.getWriter();
        request.setCharacterEncoding("GB2312");
        try {
        String id= request.getParameter("id");
    BaseDAO bd=new BaseDAO();
        String sql="delete from train where TrainNO='"+id+"'";
        int n=bd.Exec(sql);
        if (n>0) {
out.print("<script Language='JavaScript'>window.alert('删除成功,即将返回管理页面')</script>");
out.print("<script Language='JavaScript'>window.location='/hrms/train/manageTrain.jsp'
</script>");}
        } else {
out.print("<script Language='JavaScript'>window.alert('删除失败,即将返回管理页面')</script>");
out.print("<script Language='JavaScript'>window.location='/hrms/train/manageTrain.jsp'
</script>");}
        bd.closeCon();
    } catch (Exception e) {
        throw new ServletException(e.toString());}
} }
```

web. xml 文件中有关 DelTrain 配置部分的代码如下所示：

```
<servlet>
    <description>Delete Train Servlet</description>
    <display-name>DelTrain</display-name>
    <servlet-name>DelTrain</servlet-name>
    <servlet-class>myservlet. DelTrain</servlet-class>
</servlet>
<servlet-mapping>
    <servlet-name>DelTrain</servlet-name>
    <url-pattern>/DelTrain</url-pattern>
</servlet-mapping>
```

9.3.5 职称管理模块

员工职称管理模块包括添加指定员工的职称评定记录和管理员工职称信息。

本模块的所有 JSP 文件都存放在人事管理系统根目录 hrms 中的 assess 目录下。

1. 添加员工职称评定记录

添加员工培训记录操作包括一个 JSP 页面和一个 Servlet，其中 addAssess. jsp 页面负责显示添加界面，AddAssess 负责调用 BaseDAO，用于添加指定员工的职称评定记录到指定数据库。

（1）添加员工职称评定记录页面 addAssess. jsp

addAssess. jsp 页面负责显示添加员工职称评定记录界面，运行如图 9-19 所示。其表单属性“action="AddAssess"”指定本页面的表单由 AddAssess 负责处理。

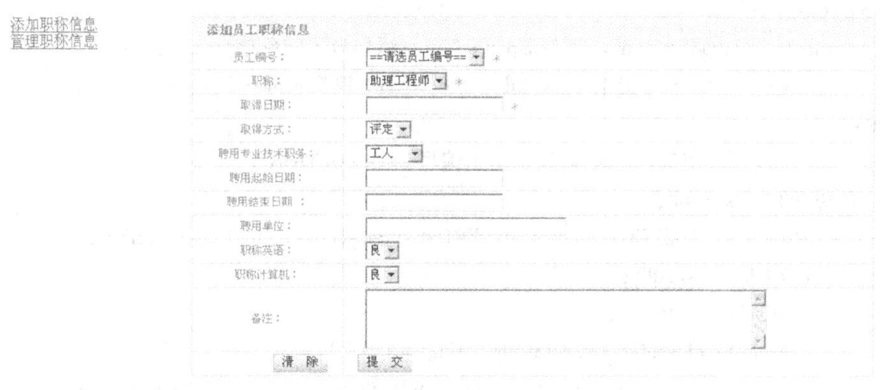

图 9-19 AddAssess. jsp 页面

addAssess. jsp 文件参考代码如下所示：

```
<%@ page contentType="text/html; charset=GB2312" language="java" import="java. sql.
*"%>
<%@ include file="../inc/title. jsp"%>
```

```
<%@ include file = "../inc/checks.jsp" %>
<jsp:useBean id = "bd" class = "mybean.BaseDAO" scope = "page"/>
<html><head><title><% = titleStr%></title>
<script Language = "JavaScript">
function check_input(theForm) {
  if (theForm.employeeid.value == "")   {
    alert("请选择员工编号。");
    return (false);  }
  if (theForm.getdate.value == "")   {
    alert("请选择取得日期。");
    return (false);  }
}
</script></head>
  <body><table width = "1000" border = "0" cellspacing = "0" cellpadding = "0">
   <tr><td width = "150" valign = "top">
<table width = "140" border = "0" cellspacing = "0" cellpadding = "0"><tr>  <td>
<a href = " ${pageContext.request.contextPath}/train/addTrain.jsp" target = "content">添加培训记录</a>
  </td>  </tr><tr><td>
<a href = " ${pageContext.request.contextPath}/train/manageTrain.jsp" target = "content">管理培训记录</a>
  </td></tr></table></td><td width = "850">
<form id = "form2" name = "form2" method = "post" action = "AddAssess" onSubmit = "return check_input(this)">
    <table><tbody><tr><tdcolspan = "2">添加员工职称信息</td></tr>
       <tr><td >员工编号:</td><td><SELECT name = "employeeid" size = "1" id = "employeeid">
              <OPTION > == 请选员工编号 == </OPTION>
<% ResultSet rs = null;
     String sql = "SELECT EmployeeID FROM employee order by EmployeeID asc";
     rs = bd.getRs(sql);
      while(rs.next()) {
      String EmployeeID = rs.getString("EmployeeID");   %>
              <option value = <% = EmployeeID %>><% = EmployeeID %></option>
<%   }   %>      </select>> * </td></tr>
       <tr><td>职称:</td><td><select name = "position" id = "position">
              <option value = "助理工程师" selected>助理工程师</option>
              ...
              </select> * </td></tr>
       <tr><td>取得日期:</td><td><input name = "getdate" type = "text" id = "getdate"/> * </td></tr>
       <tr><td>取得方式:</td>
```

```
            <td><select name="gettype" id="gettype">
                <option value="评定"selected>评定</option>
                <option value="考试">考试</option></select></td></tr>
        <tr><td>聘用专业技术职务:</td>
            <td><select name="duty" id="duty">
                <option value="工人"selected>工人</option>
                ...
                </select>*</td></tr>
        <tr><td>聘用起始日期:</td>
            <td><input name="startdate" type="text"  id="startdate"/></td></tr>
        <tr><td>聘用结束日期:</td>
            <td><input name="enddate" type="text" id="enddate"/></td></tr>
        <tr><td>聘用单位:</td>
            <td><input name="department" type="text" id="department" size="30" ></td>
</tr>
        <tr><td>职称英语:</td>
            <td><select name="english" id="english">
                <option value="差"selected >差</option>
                ...
                </select>*</td></tr>
        <tr><td>职称计算机:</td>
            <td><select name="computer" id="computer">
                <option value="差"selected >差</option>
                ...
                </select>*</td></tr>
        <tr><td>备注:</td>
            <td><textarea name="remark" cols="60" rows="4" id="remark" ></textarea>
</td></tr>
        <tr><td><input name="Submit" type="reset" value="清  除"/> </td>
            <td><input name="Submit" type="submit" value="提  交"/></td></tr>
</tbody></table></form></td></tr></table></body></html>
```

（2）添加员工职称信息 AddAssess

AddAssess 负责获取 addAssess. jsp 页面表单元素值，通过调用 BaseDAO，将指定员工的职称评定记录添加到指定数据库。AddAssess. java 编译为一个类（AddAssess. class）文件，把该类（连同所在的包）存放在指定的 Tomcat 应用程序中的 classes 文件夹（本系统存放位置为 D:\Tomcat6. 0\webapps\hrms\WEB－IMF\classes）。

AddAssess. java 文件参考代码如下所示：

```
package myservlet;
import java.io.*;
import javax.servlet.*;
```

```
import javax. servlet. http. * ;
import java. sql. * ;
import mybean. BaseDAO;
public class AddAssess extends HttpServlet {
    public void doGet( HttpServletRequest request, HttpServletResponse response)
            throws ServletException, IOException {
        doPost( request,response) ;     }
    public void doPost( HttpServletRequest request, HttpServletResponse response)
            throws ServletException, IOException {
        response. setContentType( "text/html;charset = GB2312") ;
        PrintWriter out = response. getWriter( ) ;
        request. setCharacterEncoding( "GB2312") ;
        String employeeid = request. getParameter( "employeeid") ;
        String position = request. getParameter( "position") ;
        String getdate = request. getParameter( "getdate") ;
        String gettype = request. getParameter( "gettype") ;
        String duty = request. getParameter( "duty") ;
        String startdate = request. getParameter( "startdate") ;
        String enddate = request. getParameter( "enddate") ;
        String department = request. getParameter( "department") ;
        String english = request. getParameter( "english") ;
        String computer = request. getParameter( "computer") ;
        String remark = request. getParameter( "remark") ;
try { BaseDAO bd = new BaseDAO( ) ;
            String sql3 = "insert into assess( EmployeeID,Position,GetDate,GetType, Duty, StartDate,
EndDate,Department,English,Computer,Remark) values('";
            sql3 + = employeeid + "','" + position + "','" + getdate + "','" + gettype + "','" + duty
 + "','";
            sql3 + = startdate + "','" + enddate + "','" + department + "','" + english + "','" + comput-
er + "','" + remark + "')";
            int n = bd. Exec( sql3) ;
                        if( n >0) {
out. print( " <script Language ='JavaScript' >window. alert('添加成功,即将返回添加页面 ')
</script >") ;
out. print( " <script Language ='JavaScript' >window. location ='assess/addAssess. jsp' </script >") ;
}
        } else{
out. print( " <script Language ='JavaScript' >window. alert('添加失败,即将返回添加页面) </script >") ;
out. print( " <script Language ='JavaScript' >window. location ='assess/addAssess. jsp' </script >") ;
}
         bd. closeCon( ) ;
```

```
        } catch (Exception e) {
            throw new ServletException(e.toString()); }
    }    }
```

web.xml 文件中有关 AddAssess 配置部分代码如下所示：

```
<servlet>
    <description>Add Assess Servlet</description>
    <display-name>AddAssess</display-name>
    <servlet-name>AddAssess</servlet-name>
    <servlet-class>myservlet.AddAssess</servlet-class>
</servlet>
<servlet-mapping>
    <servlet-name>AddAssess</servlet-name>
    <url-pattern>/AddAssess</url-pattern>
</servlet-mapping>
```

2. 管理员工职称信息

管理员工职称信息操作包括 3 个 JSP 页面和 2 个 Servlet。其中 manageAssess. jsp 页面负责显示员工基本职称评定信息；viewAssess. jsp 页面负责显示指定记录序号的员工详细职称评定信息；modAssess. jsp 页面负责在表单元素中显示指定记录序号的员工职称评定信息以供管理员修改；ModAssess 负责调用 BaseDAO，用于修改指定记录序号的员工职称评定信息；DelAssess 负责删除指定记录序号的员工职称评定记录。

（1）管理员工职称信息页面 manageAssess. jsp

manageAssess. jsp 页面负责显示员工基本职称评定信息，运行界面如图 9-20 所示。单击“详细”超链接，页面跳转至 viewAssess. jsp 页面；单击“修改”超链接，页面跳转至 modAssess. jsp 页面；单击“删除”超链接，页面跳转至 DelAssess。

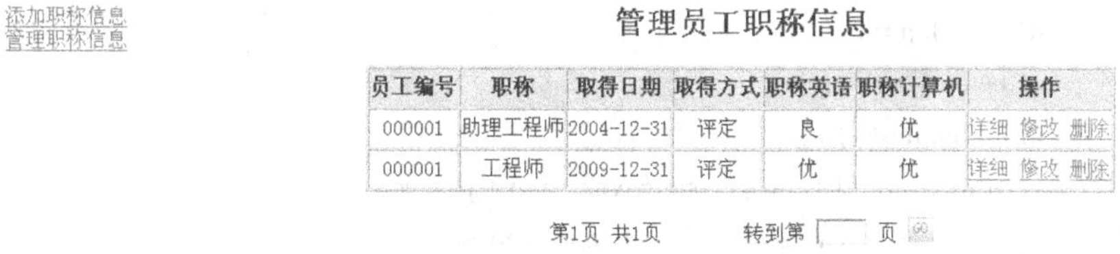

添加职称信息
管理职称信息

管理员工职称信息

员工编号	职称	取得日期	取得方式	职称英语	职称计算机	操作
000001	助理工程师	2004-12-31	评定	良	优	详细 修改 删除
000001	工程师	2009-12-31	评定	优	优	详细 修改 删除

第1页 共1页　　转到第 　 页

图 9-20　manageAssess. jsp 页面

manageAssess. jsp 文件参考代码如下所示：

```
<%@ page contentType="text/html; charset=GB2312" language="java" import="java.sql.
*" %>
<%@ include file="../inc/title.jsp" %>
<%@ include file="../inc/checks.jsp" %>
<jsp:useBean id="bd" class="mybean.BaseDAO" scope="page"/>
```

```
<html> <head> <title> <% =titleStr% > </title> </head>
   <body> <table width = "1000" border = "0" cellspacing = "0" cellpadding = "0" >
     <tr> <td width = "150" valign = "top" >
<table width = "140" border = "0" cellspacing = "0" cellpadding = "0" > <tr>  <td>
<a href = " ${pageContext. request. contextPath}/train/addTrain. jsp" target = "content" >添加培训记
录</a>
   </td>  </tr> <tr> <td>
<a href = " ${pageContext. request. contextPath}/train/manageTrain. jsp" target = "content" >管理培
训记录</a>
   </td> </tr> </table> </td> <td width = "850" >
<%
      try{
            String strSql = "SELECT  *  FROM assess " ;
            ResultSet rs = bd. getRs( strSql) ;
% >
            <center> <h2>管理员工培训记录</h2> </center>
            <table> <tr> <th>员工编号</th>     <th>职称</th> <th>取得日期</th>
               th>取得方式</th> <th>职称英语</th>  <th>职称计算机</th> <th>操作
 </th> </tr>
 <%         int p,rowcount, intpagecount,p2 = 1,pagecount = 3;
            String page1 = request. getParameter( "page") ;
            if( page1 == null) {
                     p = 1 ; }
            else{    p = Integer. parseInt( page1) ; }
            rs. last( ) ;
            rowcount = rs. getRow( ) ;
            intpagecount = ( rowcount + pagecount - 1)/pagecount;
            if( p > intpagecount)  p = intpagecount;
            if(p < 1)  p = 1;
            rs. beforeFirst( ) ;
            while( rs. next( ) ) {
               if( p2 > ( p - 1)  * pagecount&&p2 <= p * pagecount) {
      % >                   <tr height = "30"     align = "center" >
                            <td> <% =rs. getString(2)  % > </td> <td> <% =rs. getString(3)  % > </td>
                            <td> <% =rs. getString(4)  % > </td> <td> <% =rs. getString(5)  % > </td>
                            <td> <%  = rs. getString( 10)  %  > </td>  <td>  <%  = rs. getString( 11)  %  >
 </td>
                            <td> <a href = "viewAssess. jsp? id = <% =rs. getString(1)  % > " >详细</a>
                    <a href = "modAssess. jsp? id = <% = rs. getString( 1)  % > " >修改</a>
                    <a href = "DelAssess? id = <% = rs. getString(1)  % > " >删除</a> </td> </tr>
 <% }
            p2 ++ ; }
```

```
%>
            </table><p align="center"><form method="POST" action="manageAssess.jsp">
                第<%=p%>页 共<%=intpagecount%>页  
                <%if(p>1){%>
                <a href="manageAssess.jsp?page=1">第一页</a>
                <a href="manageAssess.jsp?page=<%=p-1%>">上一页</a>
                <%}%>  
                <%if(p<intpagecount){%>
                <a href="manageAssess.jsp?page=<%=p+1%>">下一页</a>
                <a href="manageAssess.jsp?page=<%=intpagecount%>">最后一页</a>
                <%}%>  转到第<input type="text" name="page" size="4">页
                <input name="Submit" type="submit" value="GO"/></form>
<%    bd.closeCon();
    }catch(SQLException e){
        out.println(e.getMessage());}
%>
</td></tr></table></body></html>
```

（2）显示员工职称评定详细信息页面 viewAssess.jsp

viewAssess.jsp 页面负责显示指定记录序号的员工详细职称评定信息，运行界面如图 9-21 所示。单击“返回”按钮，返回 manageAssess 页面。

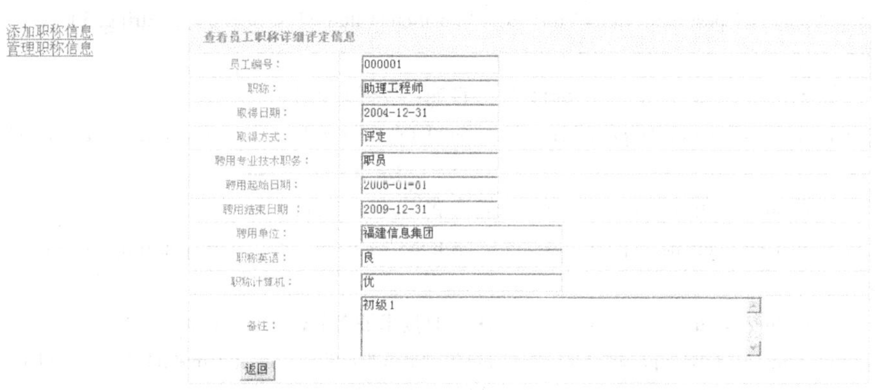

图 9-21　viewAssess.jsp 页面

viewAssess.jsp 文件参考代码如下所示：

```
<%@ page language="java" import="java.util.*" pageEncoding="GB2312"%>
<%@ page import="java.sql.*"%>
<%@ include file="../inc/title.jsp"%>
<%@ include file="../inc/checks.jsp"%>
<jsp:useBean id="bd" class="mybean.BaseDAO" scope="page"/>
<html><head><title><%=titleStr%></title>
  <body><table width="1000" border="0" cellspacing="0" cellpadding="0">
```

```
    <tr><td width="150" valign="top">
<table width="140" border="0" cellspacing="0" cellpadding="0"><tr><td>
<a href="${pageContext.request.contextPath}/train/addTrain.jsp" target="content">添加培训记录</a>
    </td></tr><tr><td>
<a href="${pageContext.request.contextPath}/train/manageTrain.jsp" target="content">管理培训记录</a>
    </td></tr></table></td><td width="850">
<%
        try{
        String id = request.getParameter("id");
        String strSql = "SELECT * FROM assess where AssessNO = " + id;
        ResultSet rs = bd.getRs(strSql);
        while(rs.next()){
  %>
<form id="form2" name="form2" method="post">
  <table><tbody><tr><td colspan="2">查看员工职称详细评定信息</td></tr>
        <tr   ><td>员工编号:</td><td>
<input name="employeeid" type="text" id="employeeid" value="<% = rs.getString(2) %>" readonly/>
* </td></tr><tr   ><td>职称:</td><td>
<input name="position" type="text" id="position" value="<% = rs.getString(3) %>" readonly/> *
        </td></tr><tr   ><td>取得日期:</td><td>
<input name="getdate" type="text" id="getdate" value="<% = rs.getString(4) %>" readonly/> *
        </td></tr><tr   ><td>取得方式:</td><td>
<input name="gettype" type="text" id="gettype" value="<% = rs.getString(5) %>" readonly/> *
        </td></tr><tr   ><td>聘用专业技术职务:</td><td>
<input name="duty" type="text" id="duty" value="<% = rs.getString(6) %>" readonly/> *
        </td></tr>    <tr   ><td>聘用起始日期:</td><td>
<input name="startdate" type="text" id="startdate" value="<% = rs.getString(7) %>" readonly/> *
        </td>    </tr><tr   ><td>聘用结束日期:</td><td>
<input name="enddate" type="text" id="enddate" value="<% = rs.getString(8) %>" readonly/> *
        </td></tr>    <tr   ><td>聘用单位:</td><td>
<input name="department" type="text" id="department" value="<% = rs.getString(9) %>" readonly/> *
        </td>    </tr><tr   ><td>职称英语:</td><td>
<input name="english" type="text" id="english" value="<% = rs.getString(10) %>" readonly/> *
```

```
        </td>   </tr> <tr   > <td>职称计算机:</td> <td>
<input name = "computer" type = "text" id = "computer" value = " <% = rs.getString(11) % >" rea-
donly/ > *
        </td> </tr> <tr   > <td>备注:</td> <td>
<textarea name = "remark" cols = "60" rows = "4" id = "remark" readonly = "readonly" >
<% = rs.getString(12) % > </textarea> </td> </tr> <tr   > <td>
<input name = "back" type = "button" id = "back" value = "返回" onClick = "javascript:history.back
()" >
</td> </tr> </tbody> </table> </form>
  <%     }
          bd.closeCon();
     }catch(SQLException e)      {
          out.println(e.getMessage());     }
% >
</td> </tr> </table> </body> </html>
```

(3) 修改员工职称评定信息页面 modAssess.jsp

modAssess.jsp 页面负责在表单元素中显示指定记录序号的员工职称评定信息以供管理员修改，运行界面如图 9-20 所示。其表单属性 "action = "ModAssess"" 指定本页面的表单由 ModAssess 负责处理。

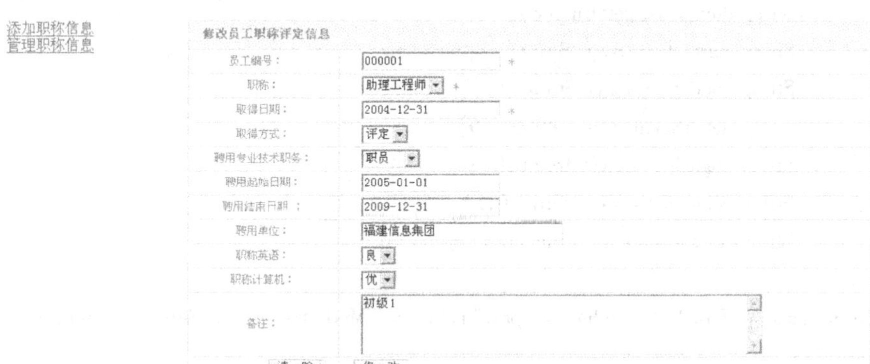

图 9-20　modAssess.jsp 页面

modAssess.jsp 文件参考代码如下所示：

```
<%@ page language = "java" import = "java.util.*" pageEncoding = "GB2312" % >
<%@ page import = "java.sql.*" % >
<%@ include file = "../inc/title.jsp" % >
<%@ include file = "../inc/checks.jsp" % >
<html> <head> <title> <% = titleStr% > </title>
<script Language = "JavaScript" >
function check_input(theForm) {
   if (theForm.getdate.value == "")    {
```

```
        alert("请选择取得日期。");
        return (false);    }
} </script> </head>
    <body> <table width = "1000" border = "0" cellspacing = "0" cellpadding = "0">
      <tr> <td width = "150" valign = "top">
<table width = "140" border = "0" cellspacing = "0" cellpadding = "0" > <tr> <td>
<a href = " ${pageContext.request.contextPath}/train/addTrain.jsp" target = "content">添加培训记
录 </a>
    </td>  </tr> <tr> <td>
<a href = " ${pageContext.request.contextPath}/train/manageTrain.jsp" target = "content" >管理培
训记录 </a>
    </td> </tr> </table> </td> <td width = "850" >
<% try{ String id = request.getParameter("id");
        String strSql = "SELECT * FROM assess where AssessNO = '" + id + "'";
        ResultSet rs = bd.getRs(strSql);
        while(rs.next()){
        String employeeid =  rs.getString(2);
        String position = rs.getString(3);
        String getdate = rs.getString(4);
        String gettype =  rs.getString(5);
        String duty =  rs.getString(6);
        String startdate =  rs.getString(7);
        String enddate =  rs.getString(8);
        String department =  rs.getString(9);
        String english =  rs.getString(10);
        String computer =  rs.getString(11);
        String remark =  rs.getString(12);
%>
<form name = "form2"   method = "post" action = "ModAssess"   onSubmit = "return check_input
(this)" >
     <table width = "750" > <tbody> <tr> <td>修改员工职称评定信息 </td> </tr>
     <tr> <td>员 工 编 号: </td> <td>
<input name = "employeeid" type = "text" id = "employeeid" value = " <% = employeeid % >" readon-
ly/> *
         </td> </tr> <tr> <td>职称: </td>
              <td> <select name = "position" id = "position" >
                  < option  value = "  <% = position % > " selected > <% = position % >
</option>
                <option value = "助理工程师" >助理工程师 </option>
                ...
                </select> * </td> </tr>
         <tr> <td>取得日期: </td>
```

```
        <td > < input name = " getdate" type = " text" id = " getdate" value = " < % = getdate %
>"/> *
    </td > </tr > <tr > <td >取得方式:</td >
        <td > < select name = " gettype" id = " gettype" >
            < option value = " < % = gettype % > " selected > < % = gettype % > </option >
            < option value = "评定" >评定</option >
            < option value = "考试" >考试</option > </select > </td > </tr >
    <tr > <td >聘用专业技术职务:</td >
        <td > < select name = " duty" id = " duty" >
            < option value = " < % = duty % > " selected > < % = duty % > </option >
            < option value = "工人" >工人</option >
            …
            </select > * </td > </tr >
    <tr > <td >聘用起始日期:</td >
      <td > < input name = " startdate" type = " text"   id = " startdate" value = " < % = startdate
% >"/>
    </td > </tr > <tr > <td >聘用结束日期:</td >
        <td > < input name = " enddate" type = " text" id = " enddate" value = " < % = enddate
% >"/>
    </td > </tr > <tr > <td >聘用单位:</td > <td >
    < input name = " department" type = " text" id = " department" value = " < % = department %
>"/>
    </td > </tr > <tr > <td >职称英语:</td >
        <td > < select name = " english" id = " english" >
            < option value = " < % = english % > " selected > < % = english % > </option >
            < option value = "差" >差</option >
            …
            </select > * </td > </tr >
    <tr > <td >职称计算机:</td >
        <td > < select name = " computer" id = " computer" >
            < option value = " < % = computer % > " selected > < % = computer % > </op-
tion >
            < option value = "差" >差</option >
            …
            </select > * </td > </tr > <tr > <td >备注:</td > <td >
    < textarea name = " remark" cols = " 60" rows = " 4" id = " remark" > < % = remark % >
</textarea >
</td > </tr > <tr  > <td > < input name = " Submit" type = " reset" value = "清  除"/ > </td >
      <td > < input name = " Submit" type = " submit" value = "修  改"/ > </td > </tr >
</tbody > </table > </form >
```

```
<%}
        bd.closeCon();
    }catch(SQLException e){
        out.println(e.getMessage());}
%>
    </td></tr></table></body></html>
```

（4）修改员工培训记录 ModAssess

ModAssess 负责获取 modAssess.jsp 页面表单元素值，通过调用 BaseDAO，修改指定记录序号的员工职称评定信息。ModAssess.java 编译为一个类（ModAssess.class）文件，把该类（连同所在的包）存放在指定的 Tomcat 应用程序中的 classes 文件夹（本系统存放位置为 D:\Tomcat6.0\webapps\hrms\WEB-IMF\classes）。

ModAssess.java 文件参考代码如下所示：

```
package myservlet;
import java.io.*;
import javax.servlet.*;
import javax.servlet.http.*;
import java.sql.*;
import mybean.BaseDAO;
public class ModAssess extends HttpServlet{
    public void doGet(HttpServletRequest request, HttpServletResponse response)
            throws ServletException, IOException{
        doPost(request,response);}
    public void doPost(HttpServletRequest request, HttpServletResponse response)
            throws ServletException, IOException{
        response.setContentType("text/html;charset=GB2312");
        PrintWriter out=response.getWriter();
        request.setCharacterEncoding("GB2312");
        try{String AssessNO = request.getParameter("AssessNO");
        String employeeid = request.getParameter("employeeid");
        String position = request.getParameter("position");
        String getdate = request.getParameter("getdate");
        String gettype = request.getParameter("gettype");
        String duty = request.getParameter("duty");
        String startdate = request.getParameter("startdate");
        String enddate = request.getParameter("enddate");
        String department = request.getParameter("department");
        String english = request.getParameter("english");
        String computer = request.getParameter("computer");
        String remark = request.getParameter("remark");
            BaseDAO bd=new BaseDAO();
```

```
String sql = " update assess set Position ='" + position +  "', GetDate ='" + getdate + "', GetType ='" + gettype + "'";
sql + =  ", Duty ='" + duty + "', StartDate ='" +  startdate + "', EndDate ='" + enddate + "'";
sql + =  ", Department ='" + department + "', English ='" + english + "', Computer ='" + computer + "'";
sql + =  ", Remark ='" + remark + "'where EmployeeID ='" + employeeid + "'and AssessNO = " + AssessNO;
        int n = bd. Exec( sql) ;
        if (n >0) {
out. print(" <center>员工职称信息修改成功！可通过选择左侧导航继续进行其他操作。</center>") ;
        } else {
out. print(" <script Language ='JavaScript' >window. alert('修改失败，即将返回修改页面') </script>") ;
out. print(" <script Language ='JavaScript' >window. location ='assess/modAssess. jsp? id = " + AssessNO + "' </script>") ; }
        bd. closeCon( ) ;
    } catch (Exception e) {
        throw new ServletException( e. toString( ) ) ; }
} }
```

web. xml 文件中有关 ModAssess 配置部分的代码如下所示：

```
<servlet>
    <description>Mod Assess Servlet</description>
    <display - name>ModAssess</display - name>
    <servlet - name>ModAssess</servlet - name>
    <servlet - class>myservlet. ModAssess</servlet - class>
</servlet>
<servlet - mapping>
    <servlet - name>ModAssess</servlet - name>
    <url - pattern>/ModAssess</url - pattern>
</servlet - mapping>
```

(5) 删除员工职称评定记录 DelAssess

DelAssess 负责获取 manageAssess. jsp 页面传递的参数 id 通过，调用 BaseDAO，删除指定记录序号的员工职称评定记录信息。DelAssess. java 编译为一个类（DelAssess. class）文件，把该类（连同所在的包）存放在指定的 Tomcat 应用程序中的 classes 文件夹（本系统存放位置为 D:\Tomcat6. 0\webapps\hrms\WEB – IMF\classes）。

DelAssess. java 文件参考代码如下所示：

```
package myservlet;
import java.io.*;
import javax.servlet.*;
import javax.servlet.http.*;
import java.sql.*;
import mybean.BaseDAO;
public class DelAssess extends HttpServlet {
    public void doGet(HttpServletRequest request, HttpServletResponse response)
            throws ServletException, IOException {
        doPost(request,response); }
    public void doPost(HttpServletRequest request, HttpServletResponse response)
            throws ServletException, IOException {
        response.setContentType("text/html;charset=GB2312");
        PrintWriter out = response.getWriter();
        request.setCharacterEncoding("GB2312");
        try {String id = request.getParameter("id");
    BaseDAO bd = new BaseDAO();
        String sql = "delete from assess where AssessNO ='" + id + "'";
        int n = bd.Exec(sql);
        if (n>0) {
out.print("<script Language ='JavaScript' >window.alert('删除失败,即将返回管理页面')</script >");
out.print ("<script Language ='JavaScript' > window.location ='/hrms/assess/manageAssess.jsp'
</script >");}
        } else {
out.print("<script Language ='JavaScript' > window.alert('删除失败,即将返回管理页面')
</script >");
out.print ("<script Language ='JavaScript' > window.location ='/hrms/assess/manageAssess.jsp'
</script >");}
        bd.closeCon();
    } catch (Exception e) {
        throw new ServletException(e.toString());}
} }
```

web.xml 文件中有关 DelAssess 配置部分的代码如下所示：

```
<servlet>
    <description>Delete Assess Servlet</description>
    <display-name>DelAssess</display-name>
    <servlet-name>DelAssess</servlet-name>
    <servlet-class>myservlet.DelAssess</servlet-class>
</servlet>
```

```
<servlet-mapping>
    <servlet-name>DelAssess</servlet-name>
    <url-pattern>/DelAssess</url-pattern>
</servlet-mapping>
```

9.3.6 奖惩管理及调动管理模块

员工奖惩管理模块包括添加员工奖惩情况和管理员工奖惩情况。该模块的所有 JSP 文件都存放在人事管理系统根目录 hrms 中的 reward 目录下。

员工调动管理模块包括添加员工调动记录和管理员工调动记录。该模块的所有 JSP 文件都存放在人事管理系统根目录 hrms 中的 translate 目录下。

这两个模块的实现与培训管理及职称管理模块的实现类似，本章由于篇幅所限，不再给出详细参考代码。读者可参考培训管理及职称管理模块自行设计。

参 考 文 献

[1] 张跃平，耿祥义．JSP 程序设计[M]．北京：清华大学出版社，2009.

[2] 杨学全，等．JSP 编程技术[M]．北京：清华大学出版社，2009.

[3] 王晓军，等．JSP 动态网站开发基础教程与实验指导[M]．北京：清华大学出版社，2008.

[4] 林巧民．JSP 动态网站开发实用教程[M]．北京：清华大学出版社，2009.

[5] 苗连强．JSP 程序设计基础教程[M]．北京：人民邮电出版社，2009.

[6] 刘志成．JSP 程序设计实例教程[M]．北京：人民邮电出版社，2009.

[7] 郭伟业，仇新红．动态网页设计（JSP）[M]．北京：机械工业出版社，2008.

[8] 李咏梅，余元辉．JSP 应用教程[M]．北京：清华大学出版社，2011.

[9] 明日科技．JSP 项目开发案例全程实录（第 2 版）[M]．北京：清华大学出版社，2011.

[10] 杨俊生．JSP 开发技术[M]．北京：清华大学出版社，2010.